装配式建造关键技术丛书

装配式混凝土新型构件生产与质量控制关键技术

杨思忠　任成传　赵志刚　刘　洋　刘兴华　编著

中国建材工业出版社

图书在版编目（CIP）数据

装配式混凝土新型构件生产与质量控制关键技术/杨思忠等编著．--北京：中国建材工业出版社，2020.5
 ISBN 978-7-5160-2827-8

Ⅰ.①装… Ⅱ.①杨… Ⅲ.①装配式混凝土结构—装配式构件—生产管理 ②装配式混凝土结构—混凝土施工 Ⅳ.①TU37 ②TU755

中国版本图书馆 CIP 数据核字（2020）第 030217 号

内容简介

发展装配式建筑是国家大力支持的实现建筑工业化转型升级的重大举措，目前，其应用主要以装配式混凝土住宅为主。

本书介绍了装配式混凝土住宅应用中新型构件生产自动化、信息化与质量控制等方面的关键技术和工艺的最新研究成果。这些国际先进水平的研究成果，在多个装配式建筑工程中进行了成功应用，具有显著的社会效益和经济效益，这些成果的推广应用，将极大地提升我国装配式混凝土住宅部品部件制造和施工技术水平。

本书可供从事装配式混凝土部品部件制造和施工等相关企事业单位的生产、科研和设计等人员参考使用。

装配式混凝土新型构件生产与质量控制关键技术

Zhuangpeishi Hunningtu Xinxing Goujian Shengchan yu Zhiliang Kongzhi Guanjian Jishu

杨思忠　任成传　赵志刚　刘　洋　刘兴华　编著

出版发行：中国建材工业出版社
地　　址：北京市海淀区三里河路 1 号
邮　　编：100044
经　　销：全国各地新华书店
印　　刷：北京鑫正大印刷有限公司
开　　本：787mm×1092mm　1/16
印　　张：14.5
字　　数：330 千字
版　　次：2020 年 5 月第 1 版
印　　次：2020 年 5 月第 1 次
定　　价：**88.00 元**

本社网址：www.jccbs.com，微信公众号：zgjcgycbs
请选用正版图书，采购、销售盗版图书属违法行为
版权专有，盗版必究。本社法律顾问：北京天驰君泰律师事务所，张杰律师
举报信箱：zhangjie@tiantailaw.com　举报电话：（010）68343948
本书如有印装质量问题，由我社市场营销部负责调换，联系电话：（010）88386906

序　言

  装配式建筑的发展已成为我国重要的建筑产业政策之一。2016年国务院办公厅发布大力发展装配式建筑的指导意见（国办发〔2016〕71号），之后又有多个政策文件相继发布，提出了非常明确的阶段性发展指标，很快在全国形成了装配式建筑发展的热潮。装配式建筑具有施工环保快捷、质量稳定可靠、环境影响低、材料消耗少等特点，但是这些优势和特点都取决于预制建筑构件和部品生产制造的效率、质量控制和材料性能，以及大规模生产制造所需的信息化管理以及施工关键材料技术。在政策驱动下，许多企业仓促进入预制建筑构件产业，由于缺乏技术人才和生产制造与工程安装的经验，更没有相关技术研发积累，在装配式建筑的设计、构件规模化生产、建筑安装施工等方面出现了很多问题，相对于现浇混凝土建筑生产成本居高不下，很多预制混凝土建筑构件企业因此陷入了进退两难的境地。

  恕我直言，我国近年预制装配式建筑的爆发式发展源于可持续发展的需求和国家政策的推动，不是预制装配式建筑技术进步"水到渠成"的结果。但是，国内许多设计、施工和生产企业积极应对挑战，学习借鉴发达国家的经验，出版了一批指导装配式混凝土构件生产和施工的技术书籍，编制了相关标准规范，起到了积极的促进作用。预制混凝土建筑构件产业从材料设计、结构深化设计、生产制作、质量管理到工程施工，流程很长，技术环节很多，是一个非常复杂的多学科跨界融合的系统工程。尤其是面对北京市大规模、高质量、高标准、高速度发展装配式混凝土住宅和公共建筑的要求，实际上企业没有经验可循，没有成熟的技术支撑，例如华北地区低温套筒灌浆材料与作业要求。即使有相关技术借鉴，由于种种原因，也不可能简单复制国外的经验和做法，必须发展出中国特色技术。本书作者们所呈现的正是他们勇于迎接挑战，自主研究开发，克服一个又一个困难和挑战，努力解决低温施工高强灌浆料及其施工技术、低成本耐候密封材料、以及大规模高效率生产制造所需的数字化信息化管理等关键技术。更为可贵的是，作者们面向装配式建筑将来在绿色节能、装饰造型个性化等方面的更高发展需求，成功地将超高性能真空绝热节能材料、大规格瓷板等一批新技术、新材料应用于结构与功能一体化的复合外墙板，并大规模应用于装配式建筑工程，应用这些科技成果的装配式建筑工程获得国家级的奖励，成为示范工程。

  在本书中，作者们介绍了他们在这些关键技术研发中的思路历程，提供了详细的试验数据资料，例如对耐候密封材料的研发，这些科研工作为后面的研发者提供了可以借鉴的技术路径。本书呈现的一些关键技术，例如，石材、瓷板、露石、彩色、造型等各种外墙饰面材料如何通过反打工艺实现结构与装饰一体化等，虽然在相关书籍中有所涉及，但大多是一般性表述。作者们在书中详细介绍了这些在很大程度上都属于技术诀窍的细节，毫无保留地与读者分享，尤其是他们自主开发的预制构件生产和施工管理的数字化信息化技术，早已通过技术培训让许多同行企业受益。这不仅体现出作者们自主创新能力的自信，而且体现了他们对促进行业技术进步的责任感。顺便指出的是，本书第一作者杨思忠先生正是因为这些贡献在2017年被表彰为中国混凝土与水泥制品行业杰出工程师。

在笔者看来，发展预制装配式建筑，其意义不会止于目前所见的规模化工厂化制造、高品质构件质量、绿色环保施工以及快捷建造等社会经济效益，发展装配式建筑的意义还可以更加深远，例如，绿色建筑发展所需的更高水平的混凝土环保利废、更高性能的部品结构与功能一体化，只有在工厂化预制的条件下才能更好实现。更高远的意义是在社会可持续发展方面。今天，人类社会可持续发展已成为全世界所高度关注的议题，我国2016年9月签署了《巴黎气候协议》，在推动可持续发展方面不断出台新的政策法规，不断提升标准规范，不断推动技术创新。2018年12月29日国务院发布《国务院办公厅关于印发"无废城市"建设试点工作方案的通知》，为可持续发展提出了更加明确具体的途径。"无废城市"的发展聚焦于持续推进固体废物源头减量和资源化利用，最大限度减少填埋量，将固体废物环境影响降至最低，对工业产品提出了大力推行绿色设计，提高产品可拆解性、可回收性的要求，对建筑业提出了开展建筑垃圾治理，提高源头减量及资源化利用水平的要求。该文件虽没能提出建筑垃圾源头减量的具体路径要求，但装配式建筑的发展实际上为实现"无废建筑"提供了可能。笔者在去年的中国混凝土与水泥制品行业大会报告中提出了建筑部品"标准化、高强化、可拆卸、重复使用"的建议，为装配式混凝土建筑的技术创新提出了一个发展方向。不难想象，标准化建筑部品若能重复使用一次、二次会带来多大的社会经济效益。"无废建筑"的发展需要建筑设计单位首先在部品标准化设计、结构可拆卸方面做出努力，预制构件企业在实现构件高强化（确保安装和拆卸过程中构件不受损伤）方面技术难度不大，在目前的技术基础上可以首先在隔墙板部品上实现突破。

这本书所呈现的预制装配式构件生产和施工关键技术不是在这些方面创新的终点，各个地方的企业所面临的装配式建筑发展需求不会相同，关键技术的开发也不会一样，正是在这个意义上，本书为读者提供的不是"鱼"而是"渔"。我相信本书一定会为预制混凝土构件生产和施工领域的技术创新提供有益的借鉴和启发。

是为序。

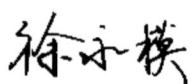

中国混凝土与水泥制品协会 执行会长

前　言

推进住宅产业现代化和建筑工业化是建筑业转型升级的必由之路，更是加快建筑业发展方式转变，减少建筑污染，实现环境友好，促进节能降耗，提高资源利用效率，最终提高社会效益和经济效益以及保持建筑业可持续发展的重要路径。

目前，发展装配式建筑已上升成为推进我国社会经济发展的国家战略。装配式建筑是用预制部品部件在工地装配而成的建筑，具有设计标准化、生产工厂化、施工装配化、装修一体化、管理信息化、应用智能化等特征。装配式建筑主要包括装配式混凝土结构、钢结构、木结构以及组合结构建筑等类型，从功能上分为工业建筑、民用建筑和其他建筑等，民用建筑又可分为公共建筑和居住建筑（住宅）等。

伴随着我国城市化的进程，我国在相当长的时间内处于住宅建设的高峰期，世界大约50%的住宅开发在中国。十多年前，万科、远大住工等先行者在学习借鉴国外装配式混凝土住宅技术和经验的基础上，进行了适合我国国情的装配式混凝土住宅体系的研究探索和示范倡导，随后北京市燕通建筑构件有限公司建成北京市第一条装配式建筑构件流水线和国内首条游牧式构件生产线；近年来，随着国家政策、地方配套规划密集出台和装配式建筑技术体系的不断完善，装配式混凝土住宅建设迎来了继20世纪80年代之后的再次崛起。

虽然装配式混凝土住宅在我国得到快速的推广应用，工艺技术、标准和施工技术也日渐成熟，但在涉及构件制作和施工的某些关键工艺技术、材料和自动化、智能化装备等方面，还与国外存在一定的差距。本书介绍了编著者主持或主要负责的装配式混凝土住宅中应用新型构件生产、配套材料与质量控制等方面关键技术和工艺的最新研究成果，包括北京市科技计划课题"结构装饰保温一体化外墙板及其配套产品的研究与开发"、"真空绝热保温预制板构件开发及产业化"和"装配式住宅用耐候密封材料关键技术研究与应用"，北京市新型墙体材料专项基金支持项目"装配式住宅新型预制墙板生产线建设项目"，北京市政路桥集团课题"建筑构件建造管理信息系统开发与应用"，以及北京市燕通建筑构件有限公司自立课题等的研究成果。这些国际先进水平的研究成果，应用于以北京市保障性住房建设为主的多个大型社区，包括通州区马驹桥（获2017年度中国土木工程詹天佑奖优秀住宅小区金奖、全国优秀示范小区和住房城乡建设部"2017年中国人居环境范例奖"）、台湖、焦化厂公租房项目以及城市副中心职工周转房等，取得了显著的社会效益和经济效益，提升了我国装配式混凝土住宅部品部件制造和施工的整体技术水平。

本书可供从事装配式混凝土部品部件制造和施工等相关企事业单位的生产、科研和设计等人员参考使用。

编著者对在本书出版和相关课题的研究过程中，参与研究工作或提供了支持的人员：北京市住宅产业化集团股份有限公司车向东、李向凯、张仲林；北京市政路桥集团王继生；北京市燕通建筑构件有限公司王志军、董铁良、国仕蕾、徐光辉、齐博磊、王志礼、王群、何长黎、常世涛；中国建筑科学研究院常卫华、赵霄龙、吴广彬、王雪、柳培玉；北京市建筑工程研究院有限责任公司贺奎、王靖、刘俊元、赖振峰；北京化工大学张军营、程珏等表示衷心感谢。感谢中国建材工业出版社的杨娜女士在本书的出版过程中给予的帮助和指导，感谢各位编辑老师为提高本书质量付出的艰辛劳动。同时，也感谢广大读者对本书的支持和爱护。

限于作者的水平和条件，书中难免有疏漏之处，恳请广大师生和读者提出宝贵意见，以便订正。

编著者
2020年3月

目 录

第1章 综述 ········· 1
1.1 国外装配式建筑发展概况 ········· 1
1.2 我国装配式建筑发展和存在的问题 ········· 2

第2章 新型构件生产及配套技术 ········· 6
2.1 自密实免蒸养混凝土技术 ········· 6
2.1.1 概述 ········· 6
2.1.2 试验材料 ········· 8
2.1.3 预制构件用自密实混凝土配合比设计方法 ········· 9
2.1.4 试验结果与分析 ········· 10
2.2 新型构件饰面技术 ········· 18
2.2.1 概述 ········· 18
2.2.2 瓷板饰面工艺 ········· 30
2.2.3 瓷砖饰面技术 ········· 37
2.2.4 弹性衬模清水混凝土饰面技术 ········· 39
2.2.5 露石混凝土饰面技术 ········· 43
2.2.6 清水混凝土饰面技术 ········· 45
2.2.7 彩色抗裂自流平砂浆饰面技术 ········· 48
2.3 新型耐候抗污清水混凝土保护剂 ········· 51
2.3.1 概述 ········· 51
2.3.2 三种有机共聚物类清水混凝土保护剂性能 ········· 52
2.3.3 新型耐候抗污混凝土外墙保护剂性能 ········· 61
2.3.4 新型保护剂施工工艺 ········· 65
2.4 真空绝热板夹芯保温墙板 ········· 65
2.4.1 概述 ········· 66
2.4.2 真空绝热板包覆材料 ········· 75
2.4.3 真空绝热板墙板结构和热工设计方法 ········· 82
2.4.4 真空绝热板墙板制备工艺 ········· 89
2.4.5 超薄绝热保温复合预制墙板生产设备及自动化流水线 ········· 93
2.4.6 真空绝热板墙板施工技术 ········· 94
2.5 耐候密封胶技术 ········· 97

2.5.1　概述 ·· 97
　　2.5.2　耐候密封胶制备 ·· 98
　　2.5.3　耐候密封胶性能 ·· 109
　　2.5.4　耐候密封胶施工技术 ·· 132

第3章　预制构件自动化和信息化生产技术 ································ 145

3.1　预制构件自动化生产线 ·· 145
　　3.1.1　概况 ·· 145
　　3.1.2　生产工艺设计原则 ·· 145
　　3.1.3　预制构件种类及特点 ·· 147
　　3.1.4　钢筋加工设备及特点 ·· 149
　　3.1.5　生产工艺方案确定 ·· 149
　　3.1.6　自动流水线关键参数及设备配置 ·· 151
　　3.1.7　自动流水线系统关键设备 ··· 159

3.2　预制构件生产信息化管理技术 ·· 167
　　3.2.1　概述 ·· 167
　　3.2.2　相关信息化管理技术 ·· 169
　　3.2.3　关键技术 ·· 171
　　3.2.4　软件设计 ·· 184

第4章　预制构件质量控制技术 ··· 192

4.1　概述 ·· 192
4.2　质量管理 ·· 193
　　4.2.1　驻厂监造 ·· 193
　　4.2.2　首件、首段验收 ·· 193
　　4.2.3　隐蔽检查 ·· 193
　　4.2.4　出厂检验 ·· 194
4.3　关键材料、工序质量控制技术 ··· 194
　　4.3.1　套筒质量及安装控制 ·· 194
　　4.3.2　内外叶墙变形和拉结件使用控制 ··· 197
　　4.3.3　保温层选择和设计 ·· 200
　　4.3.4　构件成型质量控制 ·· 201
　　4.3.5　构件吊装和储存 ·· 205

第5章　工程应用案例 ·· 211

5.1　总体情况 ·· 211
5.2　工程应用案例 ·· 211
　　5.2.1　案例1：马驹桥公租房项目 ··· 211
　　5.2.2　案例2：温泉C03公租房项目 ··· 212

5.2.3	案例3：北京城市副中心职工周转房（北区）项目	213
5.2.4	案例4：郭公庄一期公租房项目	214
5.2.5	案例5：平乐园公租房项目	215
5.2.6	案例6：台湖公租房项目	215
5.2.7	案例7：朝阳区百子湾公租房项目	216
5.2.8	案例8：焦化厂公租房项目	217

参考文献 218

第1章 综 述

近年来全国城乡住宅建设工程量巨大，对环境和资源造成很大压力。中央提出要大力发展"节能省地型住宅和公共建筑"的战略方针，国家"十二五"规划将新型装配式结构的集成技术研究列为支撑项目。住宅产业化是我国住宅建设的发展方向，实现住宅产业化的关键是开发适合于产业化、工厂化生产的装配式住宅结构体系，编制技术规程，进而推广应用。装配式住宅具有施工快、质量稳定可靠和节能环保等优点，并且缩短了开发建设的周期。

中华人民共和国成立以来，我国混凝土建筑结构体系经历了装配式结构为主、装配式结构与现浇结构并存以及现浇结构为主的几个主要发展阶段。就目前的情况来看，装配式的结构体系在我国的民用建筑工程中应用很少，而且所建造的高度较低。随着我国经济发展和建筑技术的提高，出现了装配式建筑的发展新机遇。在国家政策层面上，目前中央要求坚持建设资源节约型社会。从经济角度，随着经济发展、地价和房价上升，结构造价在建筑总成本中的比率不断下降，而对施工周期的要求越来越高。随着我国经济发展，劳动力成本越来越高，对装配化生产方式的需求也越来越高。

住宅产业化是住宅生产方式的变革，可实现住宅建设的高效率、高品质、低资源消耗和低环境影响，具有显著的经济效益和社会效益，是当前住宅建设的发展趋势。当前，世界大约50%的住宅开发在中国，我国在住宅建造和使用过程中消耗的能源占社会总能耗的30%，相关建材的生产能耗占16.7%。据统计，通过住宅产业化的途径，可以使住宅建造过程中的资源利用更合理，现场垃圾减少83%，材料损耗减少60%，可回收材料占66%，建筑节能占50%以上；住宅的性能质量更加优化，同时项目开发周期可缩减30%以上，大大缩短住宅的建造周期。因此，推动住宅建筑产业化，对实现节能减排，保护生态环境、改善人居环境、应对气候变化都具有重要意义，是住宅建设发展的必然趋势和必由途径。

1.1 国外装配式建筑发展概况

"二战"之后，欧洲一些国家为解决迅猛增长的住宅需求，采用工业化方式建造了大量住宅，形成了一批标准化、系列化的住宅体系。丹麦是世界上第一个将模数法制化的国家，国际标准化组织的ISO模数协调标准就是以丹麦标准为基础的。瑞典经过长期系统化的建设已成为住宅工业化程度最高的国家，80%的住宅采用了通用体系。法国则是欧洲地区产业化住宅建设规模最大的国家，在经过20世纪60年代以满足需求量为主的发展模式以及70年代以追求质量为基本要求的发展模式以后，法国开始逐步推广样板住宅。法国住宅产业化从20世纪50年代开始进入了数量阶段；到70年代，进入了质量阶段，特点是增加了建筑面积，提高了建筑的隔热、保温和隔声等性能，改善了建筑形象、装修设备水平和居住环境，同时推广了一大批样板住宅。到目前为止，样板住宅仍是法国住宅工业化的主流。

日本的住宅产业化始于20世纪60年代初期，当时住宅需求急剧增加，而建筑技术人员和熟练工人人数明显不足，为了使现场施工简化，提高产品质量和效率，日本对住宅实行批量化生产；70年代是日本住宅产业的成熟期，大企业联合组建集团进入住宅产业，在技术上产生了盒子住宅、单元住宅等形式，同时设立了产业化住宅性能认证制度，以保证产业化住宅的质量和功能；80年代中期，为了提高工业化住宅体系的质量和功能，设立了优良住宅部品认证制度；90年代又开始采用产业化方式形成住宅通用部件。还有加拿大、澳大利亚等国家的住宅产业化也都伴随着本国建筑市场的发展而完善、成熟。

作为建筑业最发达的国家之一，美国大兴土木的时代已经过去，新建的钢筋混凝土结构住宅也越来越少，大多数住宅建筑都是采用轻钢结构，这更加促进了其住宅工业化体系的完善，建材、施工等诸多方面都已实现高度的机械化操作。美国产业化住宅的发展始于20世纪初汽车野营房屋，从50年代到70年代，开发以居住为目的的可移动房屋。70年代中期开始，人们对于产业化住宅的要求不断提高，包括要求面积更大、功能更全、外形更加美观，最重要的是要满足安全、耐用和节能的要求。经过几十年的发展，美国的产业化住宅有了飞速发展：1997年，美国新建住宅147.6万套，其中产业化住宅为113万套；2001年，产业化住宅保有量在1000万套，占美国住宅总量的7%；2007年后，美国产业化住宅产业达到118亿美元。目前，每16个美国人中就有一个人居住的是产业化住宅。

1.2 我国装配式建筑发展和存在的问题

住宅产业化是采用工业化装配式混凝土结构进行住宅建设的现代先进产业化模式。推进住宅产业化有利于提高住宅建设的劳动生产率，促进住宅设计和建造的精细化，提升住宅的整体质量和节能减排水平，推动住宅建设的可持续发展，可促进新的经济增长方式转变和产业升级，是房地产业和建筑业发展的必由之路之一。联合国提出住宅产业化的6条标准：生产的连续性，生产物的标准化，生产过程的集成化，工程建设管理的规范化，生产的机械化，技术生产科研的一体化。

目前我国的住宅建设资源消耗高、环境负荷大、工业化程度低、住宅建设链条呈现一盘散沙的局面，生产方式还停留在粗放型的发展阶段，因此住宅建设的变革是大势所趋。从发达国家的发展经验及目前国内的政策及现状来看，这种变革将以住宅产业化的形式为主体。在过去的几年里，在万科和远大住工等先行者的探索和倡导下，通过国家政策和地方规划的推广，住宅产业化有了实质性进展，总体框架已基本形成，迎来了技术、市场与政策三重拐点。伴随着低碳经济与节能减排观念深入人心、"十二五"规划提出经济转型与产业结构调整、大规模保障房建设为产业化建房提供了广阔空间、消费者对建筑品质要求不断提升、人工成本快速提高、市场竞争加剧等，支持住宅产业化发展的几方面源动力已经形成。

在发达国家和地区，预制混凝土构件（PC）在住宅工程所用混凝土的质量比重为：美国35%，俄罗斯50%，欧洲35%～40%，日本超过40%，香港超过60%。20世纪末期，PC已经广泛用于工业和民用建筑。我国高度重视住宅产业化的发展，1999年国务院发布的《关于推进住宅产业现代化提高住宅质量的若干意见》中提出了住宅产业化的概念，强调住宅建设必须做到节能、节地、节水、节材，注重环境保护，提出发展节能省地型住宅的目标，推进住宅产业化工作。国家建设部在"十一五"期间开始建立了"国家住宅工业化基地"的体制，支持和引导住宅工业化先进技术、成果在住宅示范工程以及其他住宅建设项目中推广应用。2010年北京市住房和城乡建设委员会联合八部委出台了《关于推进本市住宅产业化的指导意见》（京建发〔2010〕125号）及《关于产业化住宅项目实施面积奖励等优惠措施的暂行办法》（京建发〔2010〕141号），指导意见和暂行办法极大地促进了装配式预制混凝土结构的广泛应用。之后市住建委又发布了《北京市混凝土预制构件行业发展专项规划》（京建发〔2010〕168号）对未来五年本市住宅产业化的发展进行明确的规定：2009年至2011年，为住宅产业化试点期，3年内试点项目建筑面积分别为10万、50万和100万平米；2012年至2013年为推广期，住宅产业化项目建筑面积比率分别达到7%和10%。特别是在"十二五"时期，我国以及北京市均加大了保障性安居工程建设力度，2015年北京市建设、收购各类保障性住房100万套，其中公开配租配售50万套，首都功能核心区人口疏解、棚户区改造等定向安置住房50万套。北京市装配式保障房建设量巨大的现状，为装配式建筑技术的发展提供了良好的机遇。同时，装配式住宅产业化技术在保障性住房中的应用也将提高保障房的质量和建设速度。

我国对于装配式混凝土结构住宅建筑的研究和应用始于20世纪80年代前后。当时，北京市采用预制装配式大板建造住宅建筑。预制装配式大板住宅以产业化、标准化推进住宅建筑的发展，对北京市的住宅建设起到了一定的促进作用。但由于装配式大板住宅建筑以"经济性"即低成本为主，随着我国经济的发展和人民生活水平的提高，大板住宅建筑已不能适应新的要求。主要表现在：（1）建筑使用功能较差。装配式大板住宅建筑普遍存在接缝处"热、裂、渗、漏"问题，部分外墙内表面出现结露、霉变现象；保温、隔热、隔声性能差，能源消耗大；户型简单。（2）结构抗震安全性差。装配式大板住宅建筑的结构整体性较差，节点连接弱，连接节点的钢筋易锈蚀等。（3）适用高度低。当时执行的标准《装配式大板居住建筑设计和施工规程》（JGJ 1—91）规定，北京市钢筋混凝土装配大板居住建筑不超过12层。20世纪90年代，随着普通住宅商品化，对住宅多样化和个性化的需求，打破了预制化和标准化的模式，现浇住宅建筑迅速发展。目前，北京地区钢筋混凝土住宅建筑工程中占主导地位的仍是现浇混凝土体系，这一方面是因为大量廉价农民工劳动力，使得目前现浇体系的造价比预制结构体系相对较低；另一方面，对预制结构体系技术的研究开发投入少，相关技术问题没有得到解决。随着北京市住宅建筑的大发展，暴露出了现浇住宅建筑体系存在的问题，比如现浇结构体系开裂问题比较严重，影响了结构的整体质量和耐久性；现场作业的噪声污染问题日益凸显；我国劳动力价格不断上涨，导致现浇住宅建筑的成本增加；由于住宅建筑平立面多样化，原来预想的大量使用定型模板受到限制，建筑外墙模板重复率低，造成了大量木材的浪费。因此，产业化住宅结构技术的优势将不断显现。

目前，预制结构体系在全国民用建筑工程中应用还是较少，仍然处于研究应用和完善阶段。按照现有预算体系，未考虑缩短工期和节约资源的情况下，住宅产业化和传统现浇方式相比，装配式住宅直接建造成本依然高于传统方式，其成本较高是制约大面积推广的关键因素之一。图1-1是近年现浇方式与装配式住宅建造成本比较（上海城建资料）。

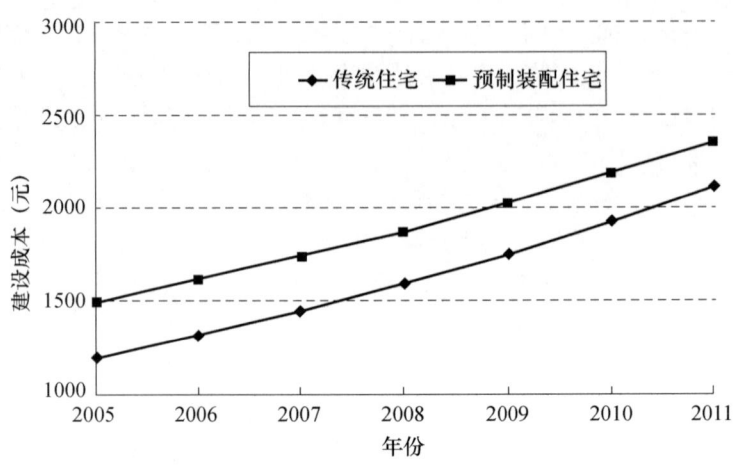

图1-1 现浇与预制建筑成本比较

住宅产业化是个系统性工程，其中预制混凝土外墙是关键技术之一。本书从降低建筑成本的观点出发，通过彩色混凝土装饰材料、保温连接件的国产化等技术手段，制造低成本结构保温装饰一体化外墙板，降低建造成本，通过国产化混凝土防护剂的研究与应用，提高混凝土的耐久性，延长结构使用寿命，减少"二次浪费"。在此基础上，研究成果应用于北京市装配式保障性住房。通过工程应用，总结降低构件生产成本和整体施工成本的经验，进而将该套技术逐步推广应用到商品房住宅结构中，促进北京市装配式住宅产业化的发展。

伴随住宅产业化在我国大陆地区的蓬勃发展，其对技术的成熟度、配套性和专业性的必要性凸显出来。住宅产业化最大的特点是工厂预制化，现场拼装作业。无论是日本的PC建筑采用的钢结构挂PC板的模式，即所谓"内浇外挂"系统，还是以万科为代表，所广泛采用的香港的"预制整浇体系"，都需要对装配后的面板缝进行封闭处理，即采用密封材料进行封闭。其作用主要有三点：(1) 预制板材拼接缝密封，起到防水防腐的作用；(2) 作为板材之间的温度应力变形、拼接误差等承载体；(3) 外墙的美观装饰性作用。因此，密封材料在工业化装配式住宅的技术体系中起到至关重要的作用。但是我国住宅产业化刚刚起步，技术体系中专项技术多是参考和采用相关技术而成，匹配性和专业性较差，仍需要科研开发。其中密封材料主要采用常规的玻璃幕墙用建筑密封胶，主要有硅酮密封胶、聚氨酯密封胶、聚硫密封胶等品种。但是对于装配式住宅来说，其与其他形式建筑相比具有三大区别：(1) 密封材料作用对象是混凝土材料，混凝土属于多微孔、碱性材料，与以往玻璃幕墙、石材、金属、铝塑材料有着本质的区别，对密封胶的技术提出了新的要求。(2) 密封材料承担作用有所不同，以往建筑密封材料主要起美观、密封作用，而预制墙板由于尺寸较大，基本在3m以上，拼接缝累计变形量大，对密封胶的界面粘结力、变形适应能力等提出了新的挑战。（3）由于混凝土是多孔材料，密封胶组分对混凝土材料的污染性提出了更高要求。由于没有专项研究，只能采用常用建筑密封胶进行勾缝处理，常用的有硅酮密封胶、聚氨酯密封胶、聚硫密封胶等。但是这些胶用于装配式住宅建筑中，存在以下缺点：（1）和水泥相容差，硅酮密封胶与混凝土面浸润性差，导致粘结差和耐水性差，失效速度快。（2）能涂性能差，因为表面张力的原因，硅酮胶是不能在表面涂抹水性涂料的，涂料 PC 板住宅的外墙，尤其是保障房的外墙，由于成本原因基本上都是涂的水性涂料。聚氨酯胶虽然也能对涂料相容，但是其较差的耐候性却导致其不适合直接暴露在阳光直射的外墙施工工程。（3）污染性大，由于硅酮胶和聚氨酯胶含有大量的小分子量组分，会有溢出物黏附到接缝附近的墙面继而吸附空气中的粉尘颗粒而造成墙面的泪痕状污染。特别在混凝土墙面，渗透和污染面积更大。如果使用硅酮或聚氨酯胶，则可能一两年内整个墙面的接缝附近就会出现大量灰黑色泪痕状污染。

因此，我国住宅产业化用密封胶最终不得不采用日本的 MS2500 双组分密封胶、美国 DC991 系列等进口材料。但仅仅在日本市场使用的双组分 MS 密封胶即接近 3 万吨每年。中国市场上所完成的较成功的 PC 建筑的施工中，日本的 MS 密封胶用量较大，而且价格昂贵，其相关技术仍由欧美和日本等发达国家掌握，我国目前针对混凝土用密封材料研究较少。对于我国大力发展的住宅产业化，无论是从质量上，还是从数量上，关键技术都急需国产化，以满足我国住宅产业化的技术需求和产品需求，同时实现良好的经济效益。

适用于预制外墙板的饰面种类丰富，但是相关研究主要集中于少数几种类型，如面砖饰面、清水混凝土饰面及喷砂饰面等，多种新型饰面预制外墙板生产流程及工艺缺乏系统研究，且一些现有饰面工艺烦琐，有待优化。

三明治预制外墙板基本采用 XPS、EPS 保温板，厚度较大，连接件设计要求高，缺少采用高性能、薄厚度保温材料板的新型三明治预制外墙板保温性能以及生产工艺的研究。

现有保温连接件多数为国外产品，成本高、价格昂贵，缺少成本低、性能优良的国产连接件产品及其相关设计方法。

现有清水混凝土多数为国外产品，成本高、价格昂贵，缺少成本低、长效耐候抗污的国产保护剂产品及其施工使用工艺研究。

现有一体化外墙板生产工艺的精确、高效性存在一定不足，例如灌浆套筒及套筒钢筋精确安装，有待进一步优化。

同时，装配式保障房的户型相对标准，要求的预制构件的种类及尺寸比较单一，可以通过预制构件的工厂大规模生产，降低模具摊销费用，控制工程造价，满足装配式建筑建设要求。

这一系列问题严重影响了一体化预制外墙板的生产、使用质量和应用推广，制约了装配式建筑的良好、有序发展。

第 2 章　新型构件生产及配套技术

2.1　自密实免蒸养混凝土技术

2.1.1　概述

目前建筑生产方式大多仍以现场浇筑为主，装配式建筑比例和规模化程度较低，与发展低碳、绿色建筑的有关要求以及先进建造方式相比还有很大差距。装配式预制构件是建筑工业化的核心与基础，发展装配式建筑是建筑生产方式的重大变革，有利于节约资源能源、减少施工污染、提升劳动生产效率和质量安全水平，有利于促进建筑业与信息化工业化深度融合、培育新产业新动能、推动化解过剩产能。近年来，效仿欧美发达国家，装配式建筑在国内开始逐步推行。

现阶段装配式建筑所需预制构件工厂化生产，混凝土浇筑和养护基本沿用传统生产工艺，混凝土浇筑采用机械振捣成型工艺，养护采用蒸汽养护工艺快速提高混凝土早强强度。机械振捣成型噪声污染大、耗用人工多、工作环境差、效率低，由于振捣的扰动，模板、预留、预埋部位易变形，对构件的预留洞口或钢筋、预埋件位置及构件外观尺寸影响很大，而且构件外观效果不易控制且不均匀，边角孔洞易漏浆且气泡多；蒸汽养护工艺能耗高、生产环境差、设备锈蚀严重，构件易出现因受热不均匀或温差产生的裂缝，而且，构件表面受蒸汽污染，需要人工清理耗时耗力。

如何符合"绿色低碳"和发展资源节约型环境友好型社会的要求，达到节约人工、改善环境、降低能耗、提高生产效率及提高装配式预制构件品质，开发自密实、免蒸养的"绿色低碳"混凝土技术是非常必要的。

自密实混凝土（SCC）是一种无须振捣，仅依靠自身的重力作用、混凝土的流变性就可以通过钢筋等障碍物填充到模板的各个角落，并且达到密实状态，同时不会产生分层离析等不良现象。构件在生产时，对预埋、留孔洞钢筋、套筒、外漏插筋等的定位要求极高，使用自密实混凝土避免了振捣对构件的扰动，大大提高生产效率，同时消除了噪声对环境的污染；装配式混凝土结构的特点主要体现在预制构件表面平整、外观美观，这就对混凝土质量提出了较高的要求。这方面，自密实混凝土无疑具有明显优势，所浇筑的构件外观质量易于控制且均匀，边角无漏浆和气泡。

自密实混凝土在 1988 年由东京大学的冈村教授、前川教授以及小沢教授首次研制成功并冠以自密实混凝土的名称。经过十几年的发展，日本、德国、英国、美国和加拿大等国已经普遍使用自密实混凝土，在这些国家自密实混凝土的使用量已占混凝土全部产量的 30%～40%。国外自密实混凝土在预制建筑构件中的应用比较成熟。自 1999 年以来，荷兰已有 20 多家生产企业将之应用于混凝土预制建筑构件的生产，2002 年产量到 25 万立方米。不同国家的 SCC 在预制混凝土的比重分别是意大利大约 30%，芬兰大约 30%，西班牙 25%～30%，美国 10%～40%[1]。

国内自 1993 年以来，中国建筑科学研究院、中南大学、清华大学、原重庆建筑大学和武汉理工大学等相继开展自密实混凝土的配制和性能等研究，自密实混凝土也逐步应用于各种工程中。薛洲海等人[2]介绍了自密实混凝土在双板预制混凝土剪力墙中的应用，对于自密实混凝土的浇筑速度，模板长度以及混凝土的触变性和水化反应进行了说明。李书进等人[3]介绍了针对阶梯式生态护坡混凝土构件异形复杂的特点制备的低泌水率、高流态的自密实混凝土。高建鹏[4]采用 P·O 42.5 水泥、Ⅱ级粉煤灰、石灰石粉和聚羧酸系高性能减水剂配制了 C30 自密实混凝土，并将之应用到预制 PCF 板中。

对于自密实混凝土的配制方法一般有以下三种[5]：

粉体系：高性能（AE）减水剂+水+细骨料+粗骨料+粉体（水泥+石灰石粉、高炉矿渣、粉煤灰、硅灰等），其中又根据粉体成分可以分为单组分系（仅水泥）、双组分系（水泥和一种掺合料）、三组分系（水泥和两种掺合料）。

增粘剂系：高性能（AE）减水剂+水+细骨料+粗骨料+水泥+增粘剂

并用系：高性能（AE）减水剂+水+细骨料+粗骨料+水泥+粉体+增粘剂

从实际应用情况来看，由于增粘剂本身的一些性能尚不够完善，目前所用的自密实混凝土主要以第一种粉体系为其配制的理论基础，即我们目前所用的"双掺"技术。

目前使混凝土早期获得高强度的方法主要有：早强型复合胶凝材料技术，包括高性能水泥技术和高强高性能矿物外加剂技术；早强型化学外加剂技术，胶凝材料的热活化技术，例如蒸汽养护、蒸压养护、红外和微波养护等；其他物理化学活化方式，例如磁化水、晶种技术等；混凝土配合比的调整，例如降低混凝土水胶比、采用优质的骨料等，这种方法也是一般混凝土生产单位常用的传统方法。

早强型复合胶凝材料体系涵盖了高强高性能水泥技术、高性能矿物外加剂技术及其两者之间的配伍技术。杨玉启[6]研究发现水泥细度对混凝土早期强度有着显著的影响，各龄期的强度随水泥细度的提高而有所增长。郭永智等[7]研究了掺加比表面积 800～5000m^2/kg 的微米级超细矿渣粉（简称 Pre 粉）和硅灰的 C50～C80 混凝土性能，发现超细矿渣粉 10% 掺量时强度、耐久性等指标与硅灰 8% 掺量基本相当，混凝土早期强度高、抗氯离子渗透性能较强。

早强型化学外加剂技术之中，与萘系、三聚氰胺系、氨基磺酸盐系等高效减水剂相比较，聚酸盐系减水剂具有更为优异的性能，可作为早强型聚羧酸系外加剂用于预制构件混凝土。实现聚羧酸系外加剂早强功能的技术途径有 3 种，第一种是合成常规的聚羧酸减水剂，通过复配早强组分达到早强。第二种是合成聚合物本身具有较好的早强性能，通过在聚羧酸减水剂分子结构中引入功能控制型基团来实现。第三种方法是第一种和第二种方法的复合应用。赵松蔚[8]研究合成了一种早强型聚羧酸减水剂，并对早强型聚羧酸减水剂和复合早强剂配合比例进行了研究。刘振华[9]除了研究合成了一种早强型聚羧酸减水剂外，还优化了石膏品种和掺量。

快硬超早强混凝土目前最主要的应用是在路面抢修工程，可以尽快凝结，缩短养护时间，在最短时间内开放交通。国内外实现混凝土快硬超早强的途径通常有两种：一种是使用特种水泥，另一种是选用特种外加剂。特种水泥主要是使用快硬早强性能的特种水泥（如高铝水泥、硫铝酸盐水泥、喷射水泥等）来配制快硬免蒸养混凝土。在我国，快硬早强混凝土的研究虽然起步较晚，但取得了举世瞩目的成就。快硬早强混凝土混合料组成设计关键技术是国家"八五"重点科技攻关项目中"快硬早强水泥混凝土在高等级公路路面工程应用技术的研究"专题的主要成果之一。特种外加剂主要是依靠带有早强性能的减水剂、早强剂以及成核剂等具有良好早强效果的外加剂来实现，目前常用的早强剂一般分为有机型、无机盐型以及复合型早强剂。郑立霞等[10]采用聚羧酸高性能减水剂和速凝剂，并经配合比和蒸养制度优化，配制的C40早强混凝土6h脱模强度超过20MPa。张勇等[11]通过使用促强减缩剂，有效降低混凝土蒸养温度和蒸养时间，使预制构件生产能源消耗大幅下降。徐佳琦[12]采用合成的早强型聚羧酸减水剂、硅酸盐水泥和硫铝酸盐水泥配制了免蒸养混凝土。

自密实混凝土要求混凝土具有优良的工作性能和保持能力，而实现这一目标，均需掺加较高掺量掺合料，这对混凝土的早期强度是有一定影响的；而免蒸养混凝土研究重点是在混凝土早期强度和凝结硬化上，对混凝土工作性的要求一般较低。将二者结合在预制构件中应用的研究较少，张惠敏[13]采用基于早期强度的胶凝材料组合设计方法进行了自密实混凝土在预制构件中的应用研究。

2.1.2 试验材料

1. 水泥

选择北京地区规模较大厂家生产的不同型号硅酸盐水泥（琉璃河P·O 42.5、冀东P·Ⅰ 42.5R和P·Ⅱ 42.5R，见表2-1）和唐山北极熊公司生产的42.5硫铝酸盐水泥（表2-2）。

表2-1 不同型号硅酸盐水泥物理性能

品种	标准稠度（%）	凝结时间（min）		安定性	抗折强度（MPa）		抗压强度（MPa）	
		初凝	终凝		3d	28d	3d	28d
冀东P·Ⅰ 42.5R	28.5	160	205	合格	5.9	8.7	37.3	55.6
冀东P·Ⅱ 42.5R	29.6	175	220	合格	5.2	9.5	35.9	53.3
琉璃河P·O 42.5	30.0	205	245	合格	5.9	9.4	32.2	58.1

表2-2 42.5硫铝酸盐水泥物理性能

品种	标准稠度（%）	凝结时间（min）		抗折强度（MPa）			抗压强度（MPa）		
		初凝	终凝	1d	3d	28d	1d	3d	28d
硫铝酸盐水泥42.5	28	30	40	5.8	7.5	8.3	35.3	48.4	50.2

2. 砂石

采用河北怀来产中砂和5～16mm碎石。中砂细度模数2.5，含泥量1.9%，泥块含量0.4%；5～16mm碎石含泥量0.4%，泥块含量0，压碎指标6.9%，针片状含量3.3%。

第2章　新型构件生产及配套技术

3. 掺合料

采用张家口产Ⅱ级粉煤灰，细度19.3%，需水量比102%，烧失量4.3%；河北三河产S95级矿渣粉，比表面积428m²/kg，流动度比103%，7d活性指数82%，28d活性指数107%。

4. 外加剂

采用北京同科公司生产的早强型聚羧酸高性能减水剂，唐山北极熊公司生产的促强减缩剂和日本电气化学公司产液体早强剂。

2.1.3　预制构件用自密实混凝土配合比设计方法

目前，自密实混凝土配合比设计有JGJ/T 283—2012、CECS 203：2006和CCES 02—2004等3个规范，这3个规范设计的自密实混凝土配合比特点（以C40自密实混凝土为例，σ取4.0，水泥42.5，粉煤灰掺量20%），对比见表2-3。

表2-3　不同规范自密实混凝土配合比设计结果对比（以C40为例）

项目\规范	JGJ/T 283—2012	CECS 203：2006	CCES 02—2004
水胶比	0.36	0.41	0.41
粗骨料体积（m³）	0.30～0.33（SF2）	0.30～0.33（二级）	松散体积0.5～0.6，换算后0.3～0.36
砂浆中砂的体积分数	0.42～0.45	0.35～0.55	0.42～0.44
单方用水量（kg/m³）	179	155～180	小于200
胶凝材料	511	427（用水量取175）	427（用水量取175）
砂率	48	46（取中间值）	47（取中间值）

从表2-3可知：采用JGJ/T 283设计的自密实混凝土配合比相比采用CECS 203和CCES 02的水胶比小、胶凝材料用量高，用水量和砂率则差距不大。

按照以上配合比进行混凝土试验，水泥采用冀东P·Ⅱ42.5R，Ⅱ级粉煤灰掺量20%。试验结果见表2-4。

表2-4　不同规范设计的自密实混凝土试验结果

配合比编号	扩展度（mm）	T_{500}（s）	免振成型100mm×100mm×100mm试块外观	抗压强度（N/mm²）		收缩值（×10⁻⁴）			
				7d	28d	1d	3d	7d	90d
1（JGJ/T 283）	710	2	致密	46.5	63.4	2.3	3.7	4.7	6.0
2（CECS 203）	605	6	致密	42.1	55.8	1.7	2.5	3.2	3.9
3（CCES 02）	625	5	致密	43.2	55.4	1.8	2.7	3.6	4.4

从表2-4和图2-1可知：

采用JGJ/T 283设计的自密实混凝土扩展度均大于采用CECS 203和CCES 02设计的，T_{500}则相差不大，说明采用JGJ/T283设计的混凝土工作性能优于采用CECS 203和CCES 02设计的。

采用JGJ/T 283设计的自密实混凝土7d和28d抗压强度均高于采用CECS 203和

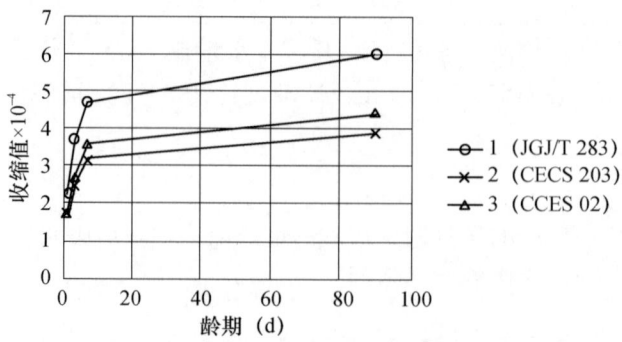

图 2-1 不同规范设计的自密实混凝土收缩

CCES 02 设计的，采用 CECS 203 和 CCES 02 设计的混凝土强度已经达到设计要求，说明采用 JGJ/T 283 设计的混凝土会产生强度超强问题。

采用 JGJ/T 283 设计的自密实混凝土收缩总体均高于采用 CECS 203 和 CCES 02 设计的约 30%，说明采用 JGJ/T 283 设计的混凝土收缩偏大。

总之，采用 CECS 203 或 CCES 02 设计的自密实混凝土相比采用 JGJ/T 283 的具有较小收缩，有利于防止预制构件在制作养护等过程中产生裂缝，因此，比较适宜用于预制构件自密实配合比设计。

2.1.4 试验结果与分析

1. 基于自密实工作性能的免蒸养胶凝材料和外加剂体系

以 C40 自密实混凝土配合比为基准（水胶比 0.41，单方用水量 175kg/m³，砂率 47%），选用不同的胶凝材料和外加剂体系，进行混凝土工作性能、早强性能测试。混凝土配合比见表 2-5，混凝土性能试验结果见表 2-6、表 2-7 和图 2-2 至图 2-6。

表 2-5 混凝土配合比

试验编号	硅酸盐水泥品种	粉煤灰掺量（%）	矿渣粉掺量（%）	硫铝酸盐水泥比率（%）	促强减缩剂掺量（%）	早强型聚羧酸减水剂掺量（%）	早强剂掺量（%）
1	冀东 P·Ⅰ 42.5R	20				1.5	
2	冀东 P·Ⅱ 42.5R	20				1.5	
3	琉璃河 P·O 42.5	20				1.5	
4	冀东 P·Ⅱ 42.5R	20	20			1.5	
5	冀东 P·Ⅱ 42.5R	15	20			1.5	
6	冀东 P·Ⅱ 42.5R	10	20			1.5	
7	冀东 P·Ⅱ 42.5R	15	20	5		1.5	
8	冀东 P·Ⅱ 42.5R	15	20	10		1.5	
9	冀东 P·Ⅱ 42.5R	15	20	15		1.5	
10	冀东 P·Ⅱ 42.5R	15	20		5	1.5	
11	冀东 P·Ⅱ 42.5R	15	20		10	1.5	
12	冀东 P·Ⅱ 42.5R	15	20		15	1.5	
13	冀东 P·Ⅱ 42.5R	15	20			1.5	1
14	冀东 P·Ⅱ 42.5R	15	20			1.5	2

第 2 章 新型构件生产及配套技术

表 2-6 混凝土工作性能及初凝时间

试验编号	扩展度 (mm)		T_{500} (s)		初凝时间 (min)
	初始	1h	初始	1h	
1	625	545	5	10	255
2	635	585	3	8	270
3	640	600	4	8	315
4	655	625	2	6	335
5	645	605	4	9	280
6	615	510	6	12	250
7	580	455	7	20	230
8	485	355	9	36	140
9	395	260	28	68	105
10	610	525	6	11	240
11	590	390	7	24	210
12	565	360	9	35	165
13	660	620	2	5	220
14	645	605	4	9	185

表 2-7 混凝土抗压强度试验结果

试验编号	抗压强度 (N/mm²)							
	蒸养 (30℃)		蒸养 (55℃)		标准养护			
	8h	12h	8h	12h	1d	7d	28d	60d
1	7.4	15.3	16.4	23.7	22.9	46.8	55.2	57.5
2	6.4	13.2	14.1	20.8	20.4	43.2	55.4	58.3
3	4.1	12.3	12.2	16.1	15.4	40.4	56.5	60.4
4	0	10.4	10.6	15.9	14.7	36.6	52.7	62.2
5	6.7	13.6	14.5	21.7	21.3	40.8	56.5	61.9
6	6.6	15.7	16.6	22.7	23.4	45.2	54.7	58.0
7	9.6	21.3	22.5	28.8	28.3	42.5	57.5	60.4
8	16.4	25.4	26.7	34.1	33.0	40.6	54.9	57.1
9	19.3	26.8	28.0	33.2	32.4	38.6	50.9	54.3
10	7.3	18.1	19.5	28.5	28.7	42.9	58.3	61.1
11	12.8	21.5	22.3	29.5	29.9	44.0	59.2	62.1
12	21.3	28.7	29.6	35.7	34.4	47.8	63.4	64.9
13	12.4	22.6	23.3	30.2	31.6	42.9	55.7	58.7
14	13.5	24.5	25.2	33.8	33.3	43.5	55.7	56.8

注：蒸养时间为恒温时间，温度为恒温温度，升温速度不超过 15℃/h，降温速度不超过 20℃/h。

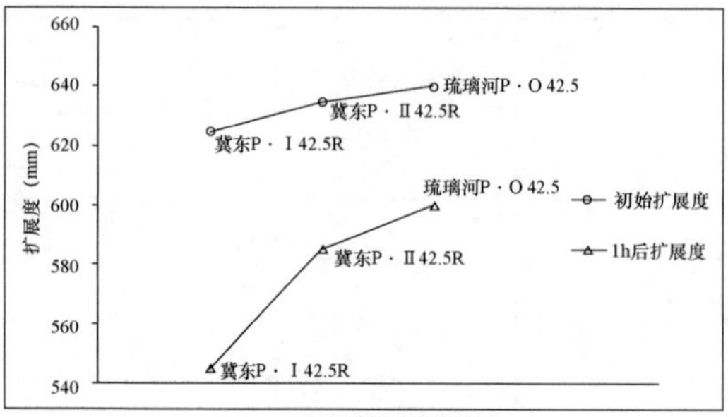

(a) 对扩展度的影响

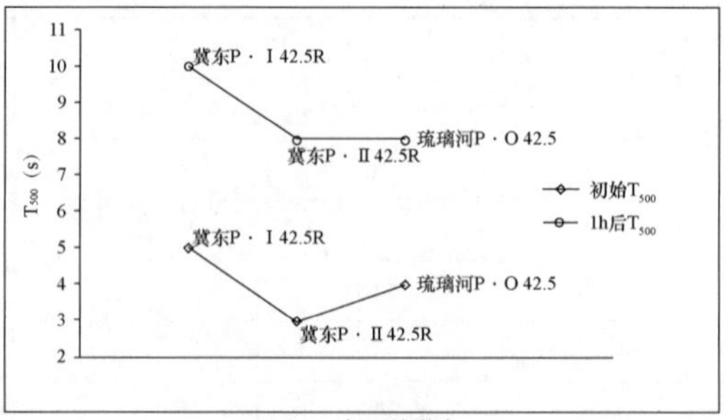

(b) 对T_{500}的影响

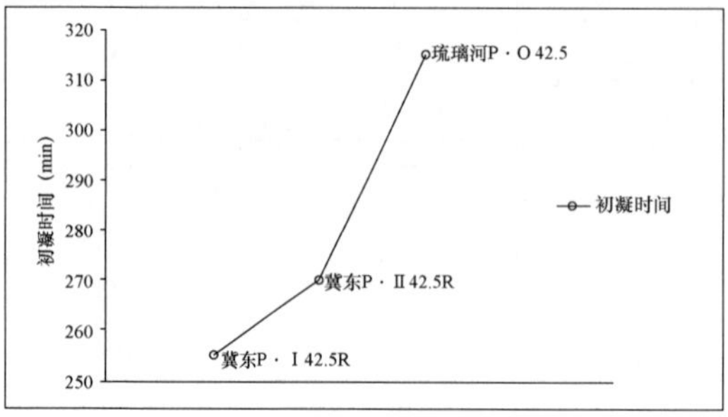

(c) 对初凝时间的影响

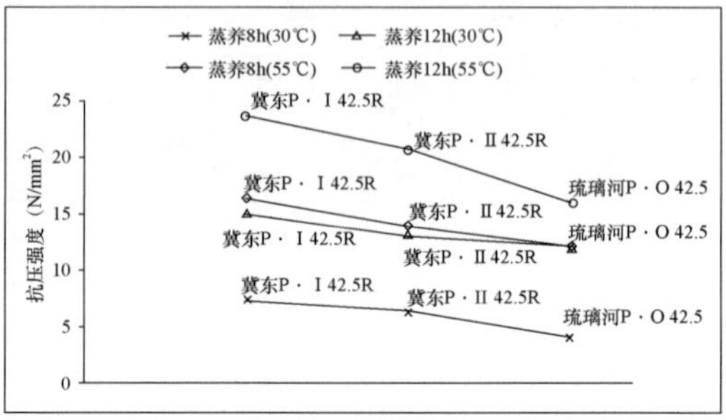

(d) 对蒸养强度的影响

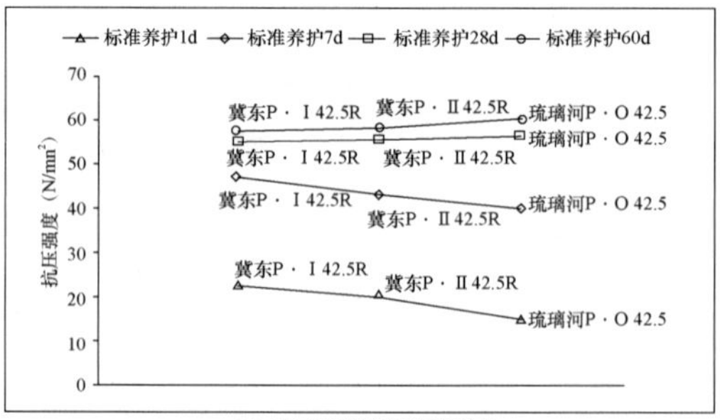

(e) 对标准养护强度的影响

图 2-2　水泥品种对各参数的影响

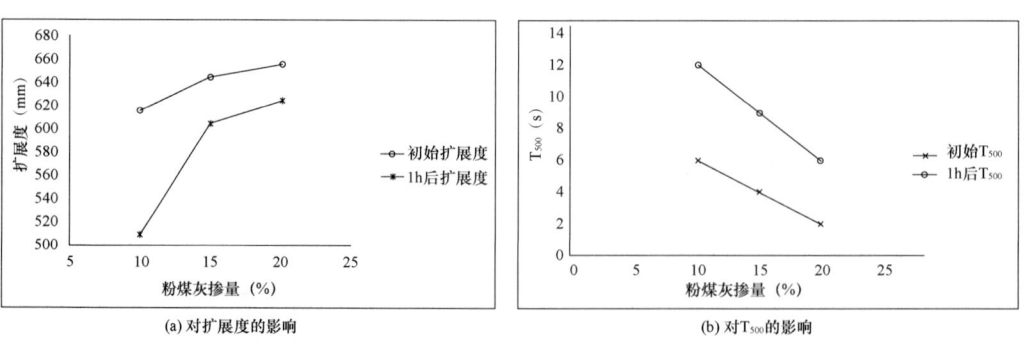

(a) 对扩展度的影响

(b) 对T_{500}的影响

第 2 章 新型构件生产及配套技术

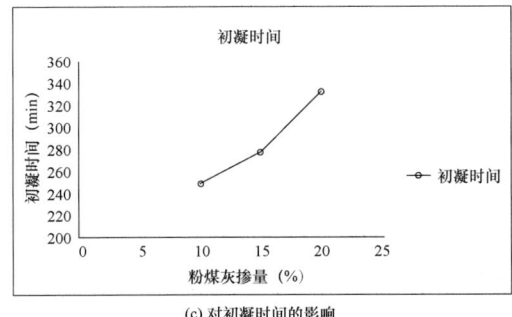

(c) 对初凝时间的影响

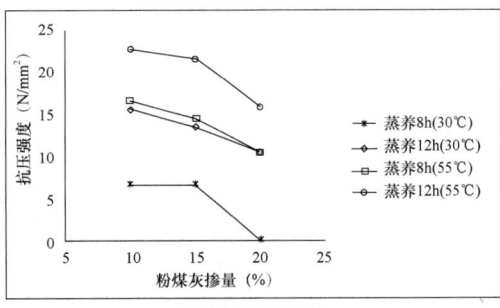

(d) 对蒸养强度的影响

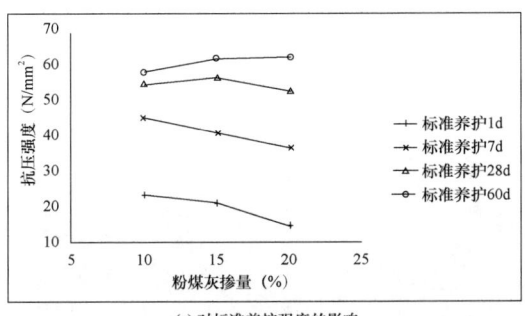

(e) 对标准养护强度的影响

图 2-3　粉煤灰掺量对各参数的影响

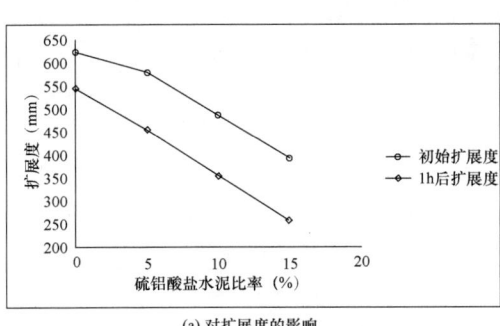

(a) 对扩展度的影响

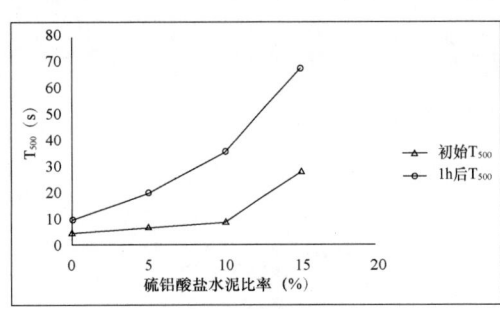

(b) 对 T_{500} 的影响

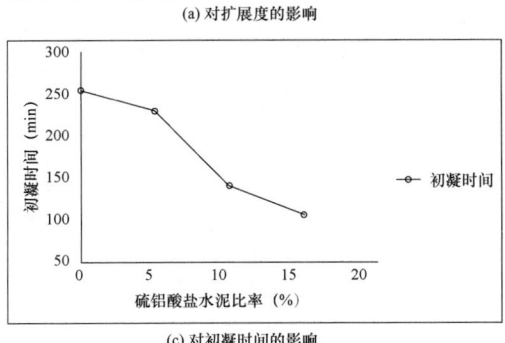

(c) 初凝时间的影响

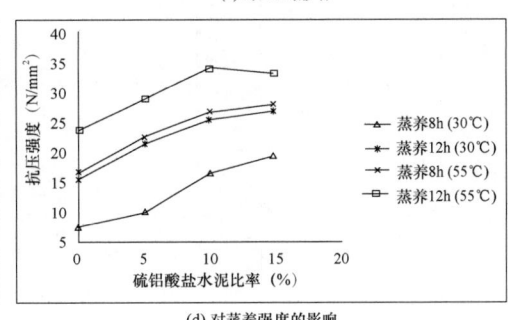

(d) 对蒸养强度的影响

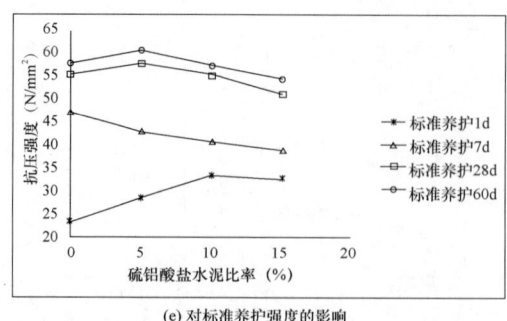

(e) 对标准养护强度的影响

图 2-4　硫铝酸盐水泥比率对各参数的影响

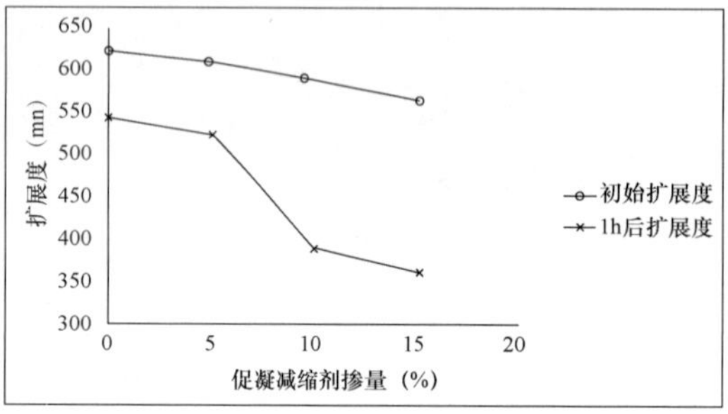

(a) 对扩展度的影响

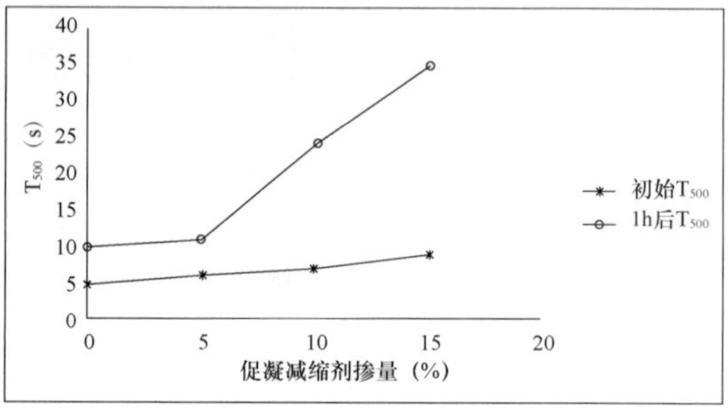

(b) 对 T_{500} 的影响

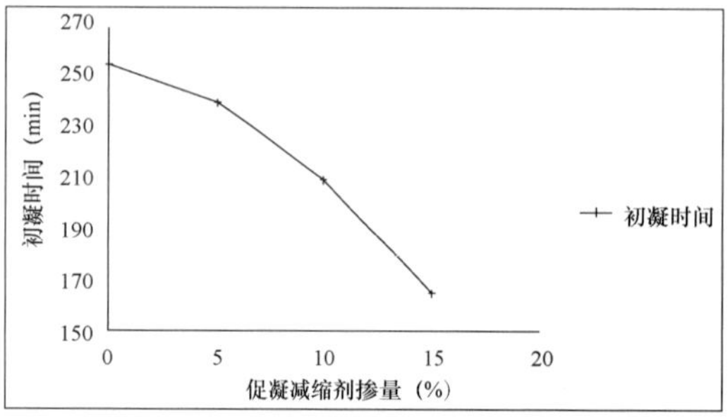

(c) 对初凝时间的影响

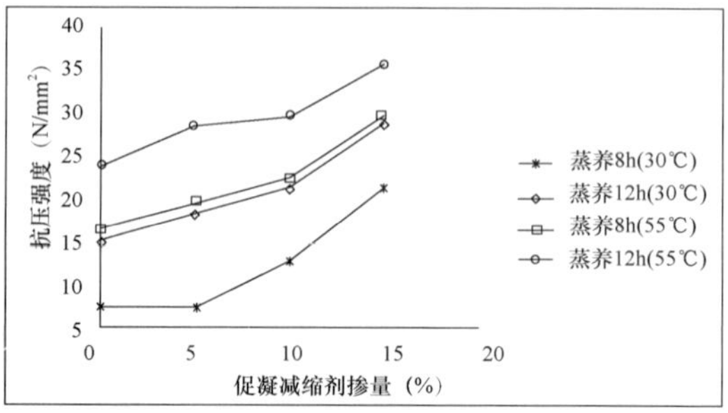

(d) 对蒸养强度的影响

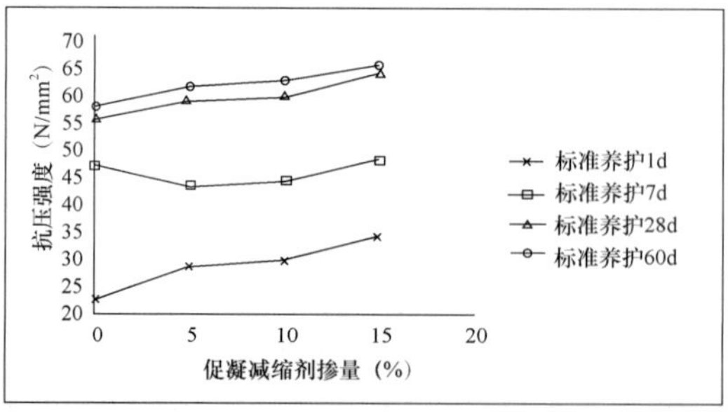

(e) 对标准养护强度的影响

图 2-5　促凝减缩剂掺量对各参数的影响

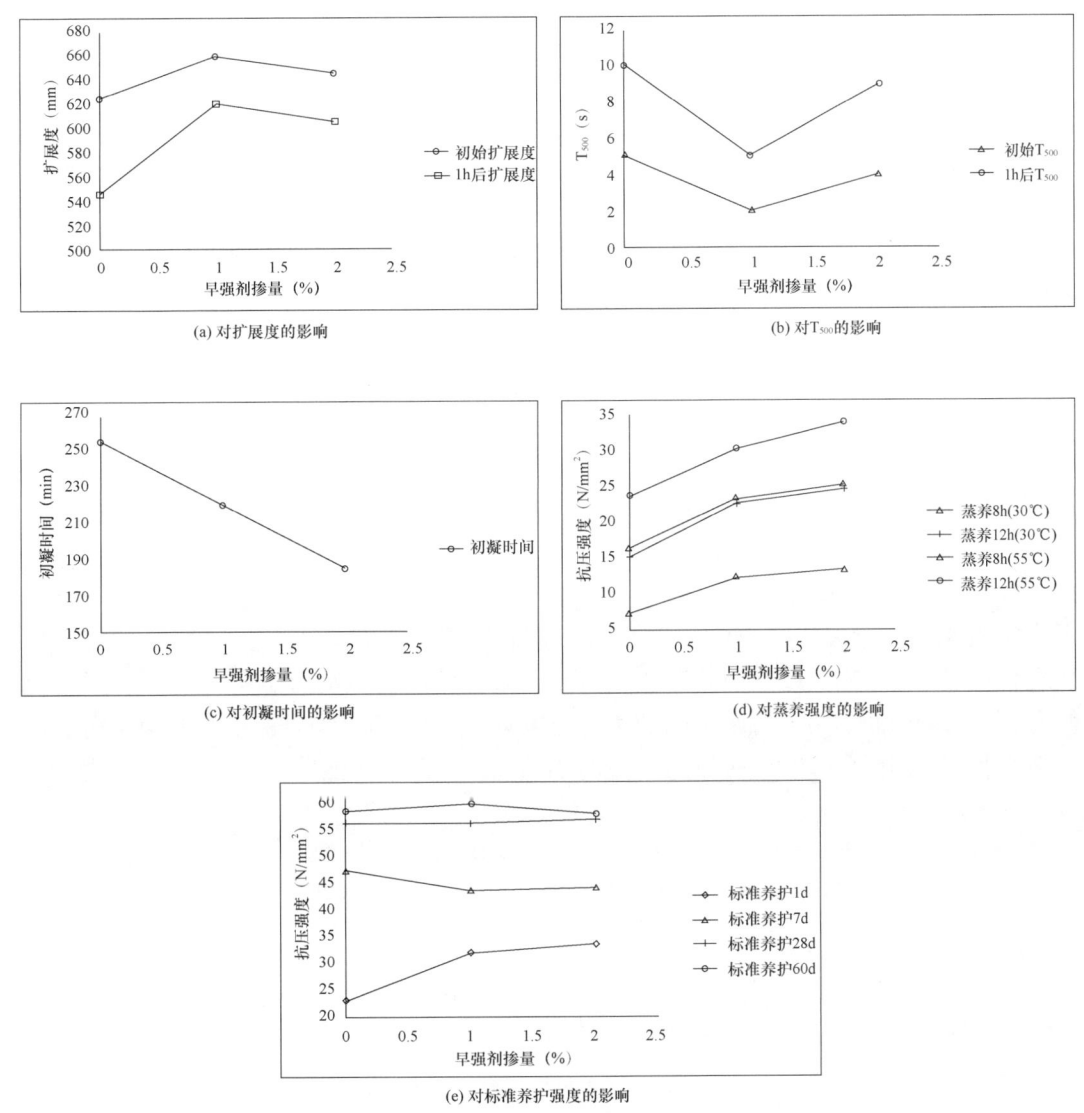

图 2-6　早强剂掺量比率对各参数的影响

分析试验结果如下：

1) 由表 2-5 至表 2-7 及图 2-2 可知：不同水泥品种对混凝土的标准养护 28d 和 60d 强度影响不明显，对其他性能影响明显。初始和 1h 后扩展度 P·Ⅰ最小，P·O最大，P·Ⅱ居中；初始和 1h 后 T_{500} 则 P·Ⅱ和 P·O较短，P·Ⅰ较长，P·Ⅱ和 P·O相差不大；初凝时间较长，P·Ⅰ和 P·Ⅱ较短，和 P·Ⅱ相差不大；蒸养和标准养护 1d、7d 强度按照 P·Ⅰ、P·Ⅱ和 P·O顺序依次降低。从工作性角度，P·Ⅱ和 P·O相对明显优于 P·Ⅰ，从初凝时间和早期强度来说，则 P·O最低，因此，综合比较 P·Ⅱ相对较好。

2) 由表 2-5 至表 2-7 及图 2-3 可知：粉煤灰掺量对初始扩展度、28d 和 60d 标准养护强度影响相对不是很明显，对其他性能影响则比较明显。随着粉煤灰掺量的增加，混凝土扩展度增大、T_{500}减小、初凝时间增大，蒸养和标准养护1d、7d强度降低，说明工作性能提高，但早强性能下降，相比较而言，粉煤灰掺量15%时，工作性能可以满足自密实要求，早强性能相比粉煤灰掺量10%降低不明显。

3）由表2-5至表2-7及图2-4可知：硫铝酸盐水泥比率对标准养护28d和60d强度影响不明显，对其他性能则影响较明显。随着硫铝酸盐水泥比率增大，扩展度降低、T_{500}增加、初凝时间缩短，蒸养和标准养护1d、7d强度提高，说明混凝土工作性变差，早强性能提高，硫铝酸盐水泥比率大于5%以后，工作性已基本不能满足自密实要求，硫铝酸盐水泥比率5%时即有非常好早强性能，30℃蒸养12h强度已超过20MPa的构件脱模强度要求了。

4）由表2-5至表2-7及图2-5可知：促凝减缩剂掺量也对标准养护28d和60d强度影响不明显，对其他性能则影响较明显。随着促凝减缩剂掺量的增大，扩展度降低、T_{500}增加、初凝时间缩短，蒸养和标准养护1d、7d强度提高，说明混凝土工作性变差，早强性能提高，促凝减缩剂掺量大于10%以后，工作性已基本不能满足自密实要求，促凝减缩剂掺量10%时即有非常好早强性能，30℃蒸养12h强度已超过20MPa。

5）由表2-5至表2-7及图2-6可知：早强剂掺量对扩展度和标准养护7d、28d、60d强度影响不明显，对其他性能则影响较明显。随着早强剂掺量的增大，T_{500}先降低又小幅升高，初凝时间缩短，蒸养和标准养护1d强度提高，说明混凝土工作性变化不大，早强性能明显提高，早强剂掺量1%时有非常好早强性能，30℃蒸养12h强度超过20MPa。

6）采用P·Ⅱ型水泥、粉煤灰掺量15%、矿渣粉掺量20%、硫铝酸盐水泥比率5%（促凝减缩剂掺量10%或早强剂1%）时，混凝土综合性能相对较好。

2. 抗氯离子渗透性能

按照表2-4中5号、7号、11号、13号配合比配制混凝土进行抗氯离子渗透试验，试验结果见表2-8。

表2-8 抗氯离子渗透试验结果

配合比编号	5	7	11	13
氯离子扩散系数（$10^{-12}m^2/s$）	3.4	3.5	3.0	3.2

从表2-8知：7号（掺加5%硫铝酸盐水泥）、11号（掺加10%促凝减缩剂）和13号（掺加1%早强剂）与5号（基准）配合比混凝土均具有良好的抗氯离子渗透能力，说明混凝土内部微观结构比较致密，耐久性能良好。掺加硫铝酸盐水泥、促凝减缩剂或早强剂后，混凝土的氯离子扩散系数变化不大，且掺加促凝减缩剂和早强剂后，氯离子扩散系数还略有降低，说明掺加硫铝酸盐水泥、促凝减缩剂或早强剂后，对混凝土的抗渗透性能乃至耐久性能没有有害影响。

3. SEM分析

按照表2-5中5号、7号、11号、13号配合比配制的混凝土30℃蒸养12h后的

SEM 分析结果见图 2-7。

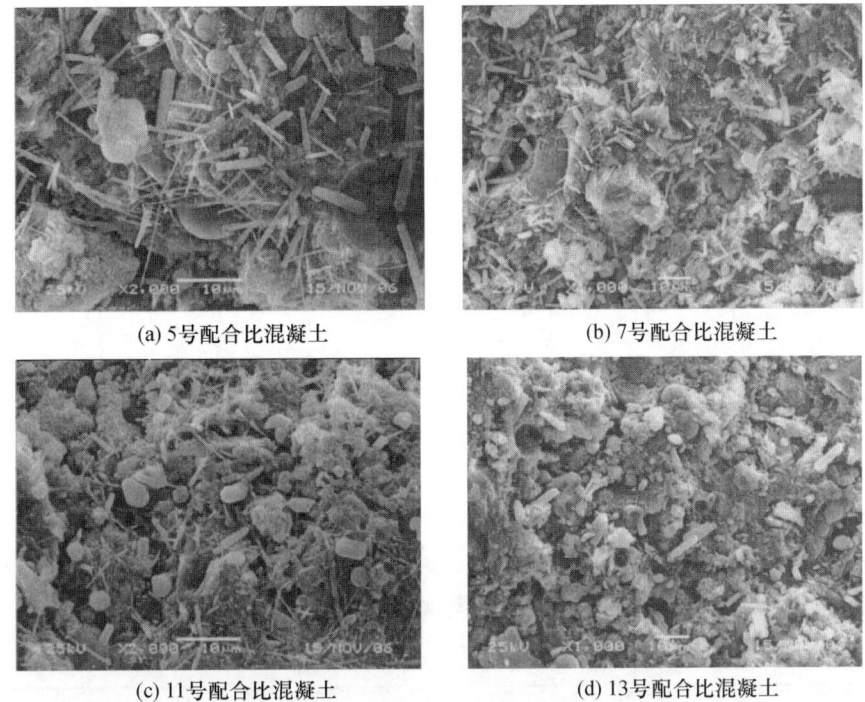

(a) 5号配合比混凝土　　　(b) 7号配合比混凝土

(c) 11号配合比混凝土　　　(d) 13号配合比混凝土

图 2-7　各配合比配制混凝土 SEM 分析图

由图 2-7 可知：

1）5 号配合比混凝土结构相对比较疏松，孔隙较大，水化产物晶体粗大，可以看到有纤维状的凝胶，针棒状钙矾石和片状的晶体，但是粉煤灰颗粒的水化程度较低，甚至还有表面光滑、完全没有水化的颗粒存在。

2）7 号配合比混凝土结构相比 5 号配合比混凝土结构致密，且有较多针状结晶体 AFt 填充在水化产物的缝隙中，粉煤灰颗粒表面有一些物质沉淀及一些被刻蚀的痕迹，水化产物分布比较均匀，没有明显的氢氧化钙晶体，混凝土中有大量卷席状的二次水化产物。

3）11 号配合比混凝土微观结构与 7 号比较相似。

4）13 号配合比混凝土结构则最为致密，水化产物分布比较均匀，同样没有明显的氢氧化钙晶体，粉煤灰二次水化反应形成的水化产物已与水泥的水化产物连成一个整体，说明早强剂破坏了粉煤灰玻璃体表面的致密层，水泥水化生成的 $Ca(OH)_2$ 会与玻璃体表面活性较高的 SiO_2 和 Al_2O_3 反应生成水化硅酸钙和水化铝酸钙。

5）7 号和 11 号很好地印证了李伟[14]和兰明章[15]的研究结果：硅酸盐水泥中掺加硫铝酸盐水泥或掺加促凝减缩剂，混凝土水化产物中 AFt 的生成量明显增多，有利于早期强度的发展。

通过上述试验研究结果可见：

1）采用 P·Ⅱ水泥，粉煤灰掺量 15%，矿渣粉掺量 20%，硫铝酸盐水泥比率 5%

（促凝减缩剂掺量10%或早强剂1%）时混凝土综合性能相对较好，混凝土可以实现自密实，且在夏季平均温度约30℃时免蒸养12h脱模，其他季节可缩短蒸养时间1/3以上。

2）混凝土氯离子渗透性能试验表明：掺加硫铝酸盐水泥、促凝减缩剂或早强剂后，混凝土的渗透性能略有改善。

3）SEM分析得出：掺加硫铝酸盐水泥、促凝减缩剂或早强剂后，混凝土水化产物更多更均匀，微观结构更加致密，掺加硫铝酸盐水泥或促凝减缩剂后混凝土水化产物中填充的AFt相对增多。这些均有利于提高混凝土的强度、抗渗性能乃至耐久性能。

2.2 新型构件饰面技术

2.2.1 概述

为实现建筑外立面的多样性、变化性和艺术性，预制构件可在工厂做出多种饰面效果，起到长效装饰作用。目前主要的饰面类型见表2-9：

表2-9 建筑常用外饰面类型

类型	名称
面砖饰面	瓷砖、石砖等砖体饰面
面板饰面	瓷板、天然石板饰面
涂料饰面	油漆类饰面（早期使用）
	各种新型涂料饰面
装饰混凝土饰面	清水混凝土饰面
	彩色混凝土饰面
	露石混凝土饰面
	喷砂饰面
	水磨石饰面
	硅胶模混凝土饰面（另称：肌理混凝土饰面）

各种新型构件饰面技术工艺流程见图2-8，各饰面工艺适用范围见表2-10，各饰面工艺还对其他生产工艺具有特殊要求，详见表2-11。

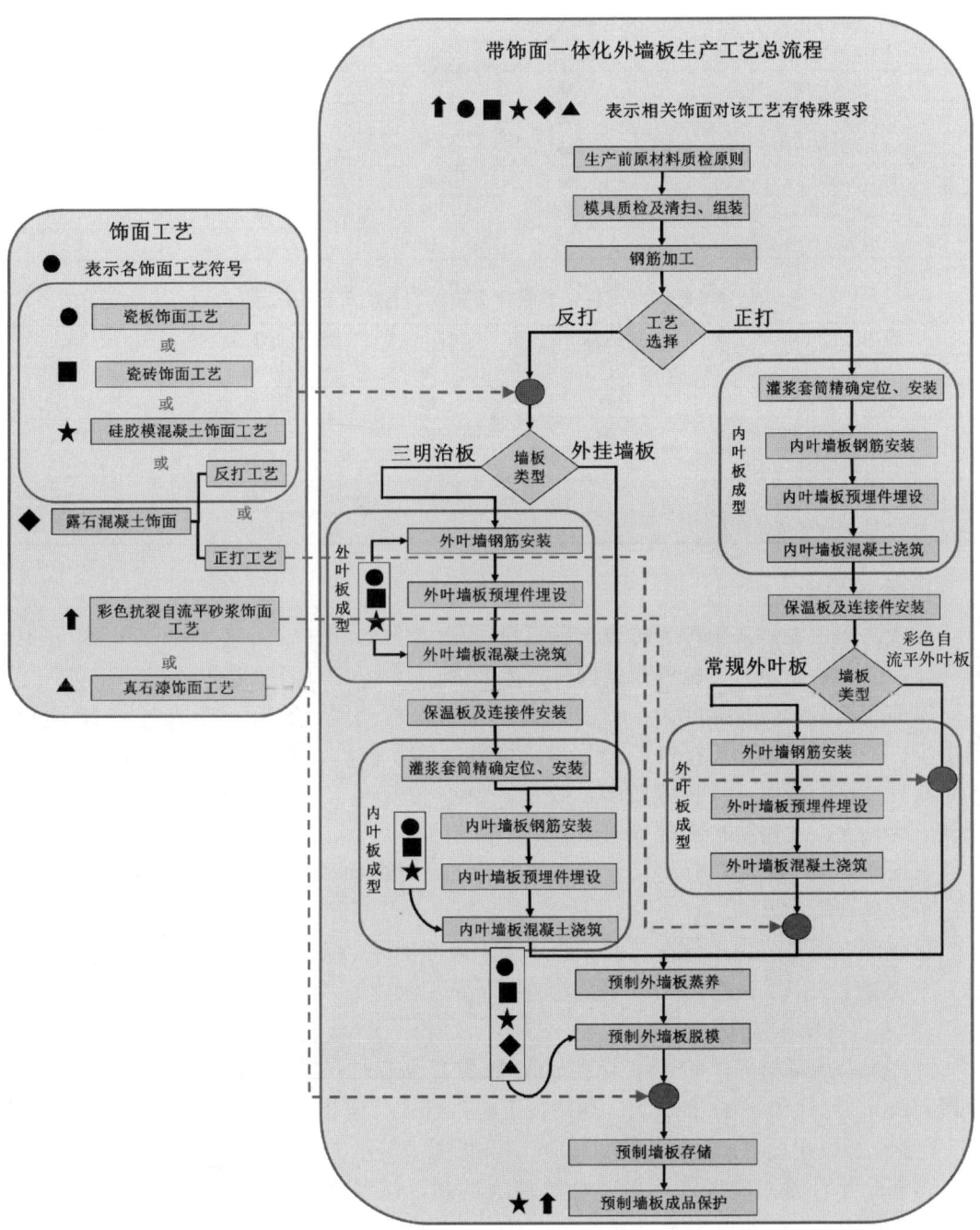

图 2-8 带饰面一体化外墙板生产工艺总流程

表 2-10　各饰面工艺适用范围

饰面工艺名称	适用范围			适应生产流程数（总数3个）
	带饰面三明治外墙板		带饰面单叶外墙挂板反打生产	
	反打生产	正打生产		
瓷板饰面工艺	●		●	2
瓷砖饰面工艺	●		●	2
硅胶模混凝土饰面工艺	●		●	3
露石混凝土饰面工艺	●	●	●	3
真石漆饰面工艺	●	●	●	3
彩色抗裂自流平砂浆饰面工艺		●		1

表 2-11　具有各饰面特殊要求的其他工艺明细

饰面工艺名称	钢筋安装	混凝土浇筑	预制外墙脱模	成品保护
瓷板饰面工艺	●	●	●	
瓷砖饰面工艺	●	●	●	
硅胶模混凝土饰面工艺	●	●		●
露石混凝土饰面工艺			●	
真石漆饰面工艺			●	
彩色抗裂自流平砂浆饰面工艺				●

1. 面砖饰面

面砖饰面主要是采用陶瓷砖或天然石材砖（大理石、花岗石、水磨石等）等各种材料砖体，通过粘贴工艺，包裹预制构件外表面形成的一种外墙板饰面。

该饰面具有：（1）强度大、不宜受损；（2）厚度薄、质量轻、与混凝土结合面抗剪需求小、不需设置锚固连接件；（3）表面光洁、容易保洁、质感强、美观有序等优点，但是具有辅材浪费大，拼接缝较多，胶带、胶条难降解，工费高，需要水洗，浪费大，修复整形量大，运输防护困难等缺点。

根据面砖尺寸大小，分为尺寸较小的瓷砖、石材饰面和尺寸较大的瓷板饰面，两者生产工艺具有较大差别。

目前该饰面工艺主要分为三种：适用于小尺寸面砖的人工预贴胶膜工法和PE胶膜抽真空成型工法以及适用于大尺寸面砖的格子条工法。

1）人工预贴胶膜工法

尹衍梁，詹耀裕等[16]介绍了该工法的基本工序：先将数十块瓷砖依图面要求制作版模，成为一个长方形标准单元，利用人工排砖方式将砖排列入模后，砖缝位置填入发泡PE条，再以单面黏胶膜黏贴加工后成型，见图2-9。

蒋勤俭等[17]通过瓷砖饰面单叶外墙挂板试制，详细研究了该工法工艺流程及技术要点，并提出了该饰面质量验收标准。

2）PE胶膜抽真空成型工法

尹衍梁，詹耀裕等[16]介绍了该工法的基本工序和特点：与前述方式类似，该工法工业化程度较高，胶膜较厚及黏贴效果好，可以放大标准胶膜单元的尺寸，也可用于稍大的瓷砖。先制作标准钢制版模，排入瓷砖后，利用机器设备将已上胶的PE膜黏贴于瓷砖版模上，经高温加热抽真空后将PE胶膜-瓷砖-砖缝一体成型，见图2-10。PE胶膜

第 2 章 新型构件生产及配套技术

(a) 瓷砖版模　　(b) 贴胶膜

(c) 压实　　(d) 反转成型

图 2-9　人工预贴胶膜工法

瓷砖进厂后，工人依据深化图做好排砖规划并裁切一个 PC 构件要用到的瓷砖量准备入模，见图 2-11。

(a) 钢制模板　　(b) 拍砖入模

(c) 真空胶膜机　　(d) PE 胶膜瓷砖成品

图 2-10　PE 胶膜抽真空成型工法

(a) PE胶膜瓷砖进厂　　(b) 瓷砖分割加工
(c) 完成一构件用量　　(d) 拍砖入钢模

图 2-11　PE胶膜瓷砖入模

3) 格子条工法

尹衍梁，詹耀裕等[16]介绍了该工法的基本工序和特点：该工法是将塑料条依图面规格固定于预制构件的模板上，在排入瓷砖之前，先铺上一层加积布（一种具有双向弹性的布，主要目的是让瓷砖紧固于格子中又可以防止水泥浆渗入瓷砖正面造成污染），排砖后在砖缝上填入瓷砖填缝剂，见图 2-12。

(a) 格子条与瓷砖　　(b) 格子条固定模上情形
(c) 砖排入格子中　　(d) 砖缝填缝

图 2-12　格子条工法

第2章 新型构件生产及配套技术

2. 面板饰面

面砖饰面主要是采用陶瓷砖或天然石材砖（大理石、花岗石、水磨石等）等各种材料砖体，通过粘贴工艺，包裹预制构件外表面形成的一种外墙板饰面。

面板饰面主要采用大块的瓷板、石板等各种材料板体，通过粘贴和锚固工艺形成的一种外墙板饰面。该饰面克服了面砖饰面的缺点，具有排版、施工方便、板缝少、饰面效果好等优点，但是具有自重大、与混凝土结合面抗剪需求大、需要设置锚固连接件等缺点。

天然石板，主要包括大理石、花岗岩、水磨石等，具有花纹自然，类型、色彩多样，装饰效果庄重、高端等优点，但是具有产量有限、价格较高、易返碱、延年性能差、易裂纹等共性缺点。同时，大理石板具有背面加刷的返碱胶污染性大、批量生产难控色差、放射性较大等缺点；水磨石具有背栓强度差、浪费水资料、破坏后无法修复等缺点。

在天然石板饰面研究应用方面，中国建筑标准设计研究院有限公司建筑产品应用技术研究所[18]研发了一种用于现浇外墙的石板饰面保温装饰板。该板采用机加工的超薄花岗岩石板和保温板（PU、XPS、EPS）结合形成，并采用无龙骨粘挂工艺与现浇混凝土外墙牢固连接，见图2-13。该板具有轻质（18~22kg/m^2）、阻燃性良好（A级）、施工便捷（节省了埋板、转接件、龙骨和保温四道主要工序，节省工期一半）、造价低等优点。其施工工艺可概括为：基层墙体检查及处理→配制胶粘剂→粘贴石材饰面保温装饰板→调整平整度→锚固→接缝处理。陈志惠[19]研发了另一种石板饰面保温装饰板，采用新型连接件来增强各材料结合面整体性能，见图2-14。尹衍梁，詹耀裕等[16]介绍宜用反打工艺生产带该饰面一体化外墙板，但未详述具体生产工序。

(a) 装饰板实物

(b) 连接件

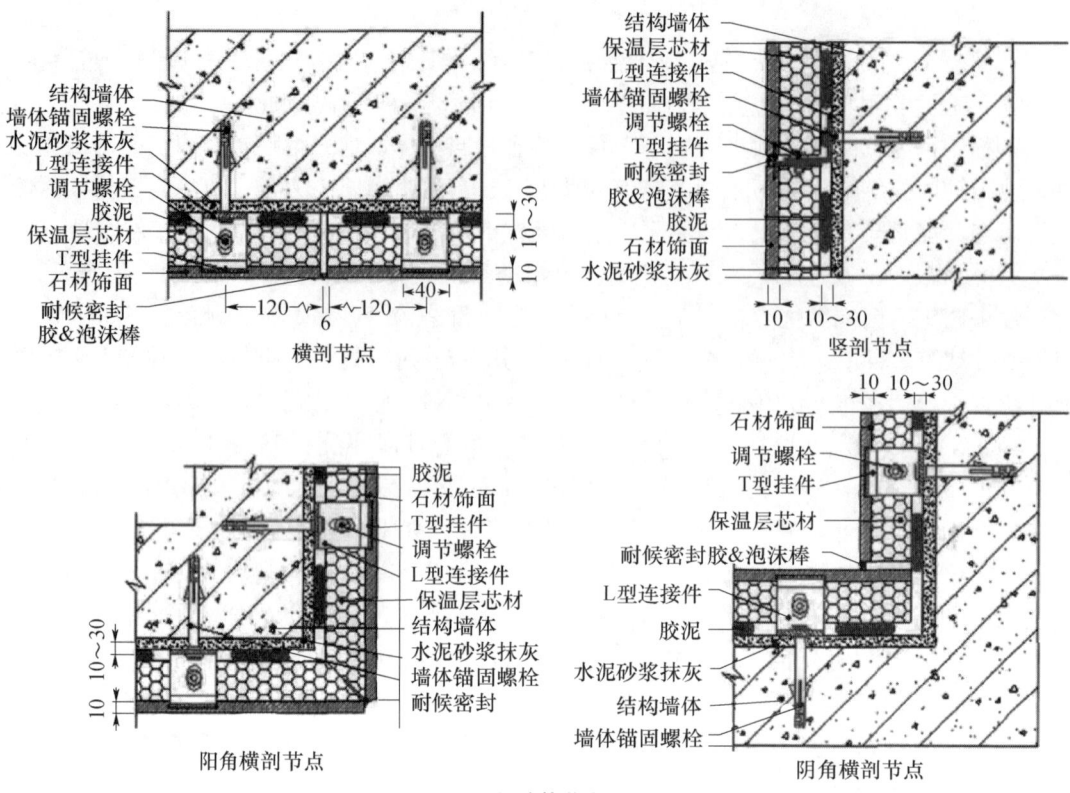

(c) 连接节点

图 2-13 标准院研发的石板饰面保温装饰板

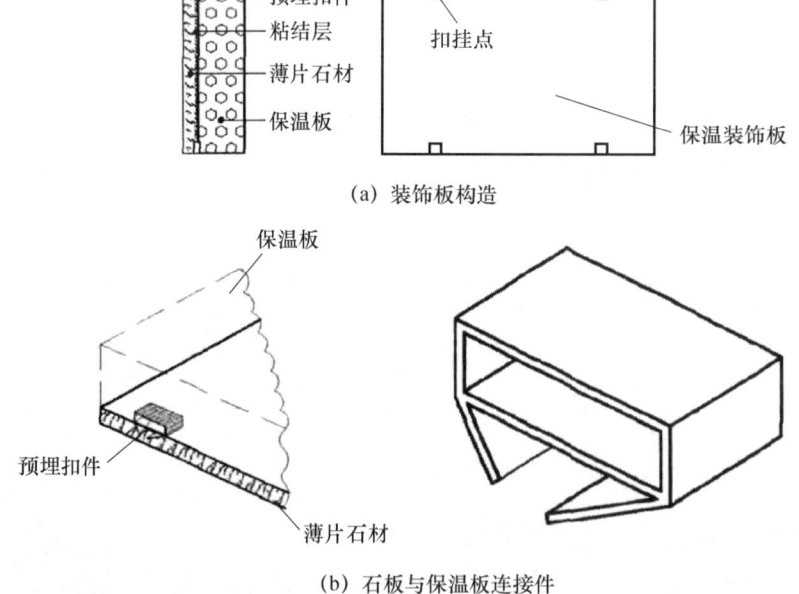

(a) 装饰板构造

(b) 石板与保温板连接件

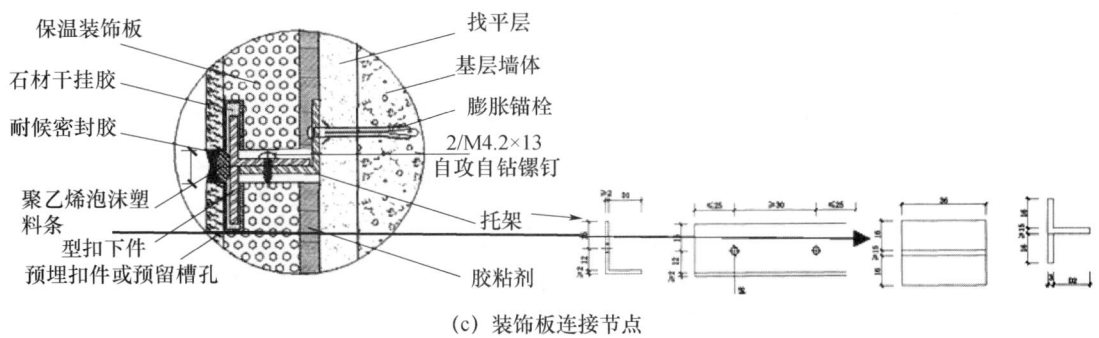

(c) 装饰板连接节点

图 2-14 陈志惠研发的石板饰面保温装饰板

瓷板饰面是另一种常用面板饰面,与天然石板、瓷砖和传统幕墙相比较,见表 2-12 至表 2-14,具有如下优势:

1) 绿色环保,减少石材开采、回收利用建筑废料;
2) 吸水率极低,二次浇注结合不返碱,耐久性强,长期使用不开裂、不剥落、耐酸碱;
3) 强度高、安全性高;
4) 花色丰富,可定制;
5) 无须表面修理整形靠色,交付后免后期清洗,后期维护成本低,延年性能好,长久无色差;
6) 没有大量的辅材,构件一次合格率高。

总之,瓷板饰面是预制墙体板材类饰面的发展方向之一,但是该方面研究较少,未见报道。

表 2-12 瓷板与天然石材性能比较

项目	唯格瓷板	花岗岩	大理石	砂岩	石灰石
吸水率	≤0.1%	≤0.6%	≤0.5%	3%	≤3%
比重	2.6	2.6~3.0	2.6~2.8	2.2~2.3	2.3~2.4
破坏强度	≥13000N	平均 2500N	平均 2500N	—	—
压缩强度	≥159MPa	≥100MPa			
抗弯强度	≥45MPa	≥8MPa	≥7MPa	≥7MPa	≥7MPa
耐冻融性	合格	合格	合格	差	差
抗热震性	可抵御	一般	一般	一般	一般
抗污性	好	一般	好	差	差
耐化学腐蚀性	耐酸碱	耐酸碱	耐碱不耐酸	—	耐碱不耐酸
放射性	通过 3C 认证,经检测认定为绿色建材产品	有放射性危害可能	—	—	—
稳定性	永不褪色	着色产品会褪色			
色差	同一批次色差小,可控	有明显色差			

表 2-13 瓷板与传统瓷砖性能比较

项目	瓷板	传统瓷砖
硬度	莫氏 7 级	莫氏 5～6 级
反光度	P5 面——低于 3 度 SPF 面——柔性光泽	传统仿古砖——7～10 度 抛光砖、全抛釉砖——超过 50 度
破坏强度	≥13000N	2500～4000N
耐磨度	PEI 3 级以上	PEI 1～2 级
抗弯强度	≥45MPa	≥8MPa
建筑外立面	适用	不适用

表 2-14 瓷板幕墙与传统幕墙比较

项目	唯格瓷板幕墙	石材幕墙	混凝土幕墙	陶板幕墙	普通外墙砖
装饰效果	色泽丰富,可根据需要定制	存在明显色差	色泽单调,太阳照射下长时间会褪色	颜色单调	颜色一般为纯色,多采用三色混贴
抗污性	吸水率<0.1%,抗污性好	吸水率 5%～8%,抗污性差,表面需要涂装	吸水率一般在 3%～10%,抗污性差,表面需要涂装	吸水率一般在 10% 左右,抗污性差	吸水率<0.5%,抗污性好
抗冻融性	结构紧密均匀,不会产生开裂	结构不均匀性、层状结构,常发生开裂	比较均匀,但致密性低,易开裂	均匀但不致密,抗冻融性差,易开裂	均匀,但易单片剥落
耐酸碱性	抗酸碱性好,均达到 A 级	花岗岩不耐碱,大理石耐酸只达到 B 级	特种水泥混凝土耐酸碱性好	抗酸碱性好	抗酸碱性好
抗风化老化	抗风化老化,永不褪色	容易褪色、开裂	易发生化学或生物风化和碱骨料反应而开裂剥落	—	—
导热系数[W/(m·K)]	1.33～1.39	2.68～3.35	1.75～2.33	0.5～1.5	—
抗弯强度	>45MPa	要求>8MPa,一般 9～23MPa	C30 的混凝土 30～35MPa	>15MPa	—
放射性	A 级,不受使用场所影响	随着温度升高,放射性急剧增长	基本没有放射性超标危害	A 级,不受使用场所影响	A 级,不受使用场所影响

3. 涂料饰面

涂料饰面在建筑领域应用较早,早期涂料主要是油漆类涂料饰面,近年来逐渐出现了一些改性、环保的新型涂料饰面。涂料饰面具有美观、节能、施工方便、造价低等优点,但是耐污性差,容易弄脏,严重影响饰面效果并且耐久性不高,在紫外线、雨水等外界环境作用下,寿命会降低,容易开裂、起灰、脱落等。

为改善涂料饰面的耐污性和耐久性,张心亚等[20]进行了建筑外墙装饰性乳胶涂料的配方研究,结果表明颜基比 $P/B=3.0$ 时,外墙乳胶涂料的装饰性最佳;当颜料体积

浓度 $PVC=0.45$ 时，涂料的装饰性最好，提出以氟碳乳液、硅丙乳液为成膜基料的外墙乳胶涂料的装饰效果最优。曾玉燕等[21]采用纳米材料，研发出纳米改性外墙涂料，经试验研究表明，其耐污性和耐久性优于同类传统外墙涂料。

在涂料基材改性研究方面，金贞玉等[22]先研制出使用聚乙烯醇（PVA）与硅溶胶产生半互穿网络连接形成的复合胶，并以此作为基料，再添加填料、助剂研制出性能优异的水性外墙涂料。酒新英[23]研究出有机硅改性丙烯酸，并以此作为基料研制出性能优异的水性外墙涂料。陈明毅等[24]对有机硅改性丙烯酸漆的配方和制备工艺进行了研究，分析了乳液选择与不同 PVC 的设计对涂料性能的影响。其他改性方面研究见文献[25]。

为实现建筑外墙仿石材的高装饰性效果，近年来，一些学者研发出真石漆，该漆以天然花岗岩细石屑、天然彩砂为骨料，以合成树脂乳液为粘结剂，水为溶剂，添加适量消泡剂、增稠剂等助剂经特殊工艺加工而成的水溶性涂料。其具有附着力强、质地坚硬、色彩丰富，且造价低廉、绿色环保、耐久性好等诸多优点。

总之，目前涂料饰面研究多集中在传统涂料改性研究、新型涂料研发等方面，涂料饰面预制墙体生产、施工工艺方面的研究相对较少，且不系统。

4. 装饰混凝土饰面

装饰混凝土饰面中的清水混凝土饰面是近年来国内外研究的热点。清水混凝土饰面（As-cast Finish Concrete/Bare Concrete）又称装饰混凝土。它属于一次浇注成型，不做任何外装饰，直接采用现浇混凝土的自然表面效果作为饰面，因此不同于普通混凝土，表面平整光滑、色泽均匀、棱角分明、无碰损和污染，只是在表面涂一层或两层透明的保护剂，显得天然、庄重，极具装饰效果。但是设计与制作费用较高。

清水混凝土产生于 20 世纪 20 年代，建筑师们逐渐开始用混凝土与生俱来的装饰性特征来表达建筑传递出的情感，发展出国际主义风格。最为著名的是路易·康（Louis Kahn）设计的耶鲁大学英国艺术馆，美国设计师埃罗·沙里宁（Eero Searinen）设计的纽约肯尼迪国际机场环球航空大楼、华盛顿达拉斯国际机场候机大楼等。至 60 年代，欧洲、北美洲等发达国家出现了越来越多的清水混凝土建筑。至 80 年代，一批新起的建筑师强调高技术、强调建筑结构的科学技术含量，形成了"高技派"，它们的代表人物有理查德·罗杰斯、诺曼·福斯特等，典型作品如香港汇丰银行。在亚洲，日本最先走到了建筑前列，改变了以前的不加以修饰的水泥表面手法，利用现代的外墙修补技术，将水泥墙面拆掉模板后进行处理，使水泥表面达到非常精致的水平，同时又充分展现出水泥本身特有的原始和朴素面，代表人物为安藤忠雄等建筑师。

在我国，清水混凝土的应用始于 20 世纪 70 年代，主要应用在预制混凝土外墙板反打施工中，取得了一定成果，后来由于人们将外装饰的目光都投诸于面砖和玻璃幕墙中，其应用和实践处于停滞状态。直到 1997 年，北京市设立了"结构长城杯工程"奖，推广清水混凝土施工，使清水混凝土重获发展。该阶段早期，少量高档建筑工程如海南三亚机场、首都机场、上海浦东国际机场航站楼、东方明珠的大型斜筒体等都采用了清水混凝土。近期，已在工业与民用建筑中得到了应用，建成了联想研发基地（图 2-15）、北京中国电信大楼（图 2-16）等一批有代表性的优秀建筑。

图 2-15　联想研发基地

图 2-16　北京中国电信大楼

目前清水混凝土研究主要集中在普通清水混凝土的建筑效果表达、材料性能改进、施工工艺改进等方面。敖林[26]系统地开展了亚洲清水混凝土建筑中的艺术表现研究。侯明华、王旭峰以及蒋金生[27]等结合工程实例和国内外的应用现状，提出从质量控制标准、材料微观机理和设计施工工艺三方面加以研究，以期解决清水混凝土技术应用中遇到的问题。王建君[28]开展了高性能自密实清水混凝土的研究，展开了一系列的耐久性方面的试验，并提出了一套完整的高性能自密实清水混凝土质量控制技术，有效地解决了高性能自密实清水混凝土可能遇到的质量问题。

为丰富清水混凝土的饰面效果，逐渐出现了：（1）表面掺加颜料做一层色彩装饰层的彩色混凝土饰面；（2）表面采用骨料外漏处理表现艺术效果的漏石混凝土饰面；（3）表面采用喷砂工艺实现天然砂质表面的喷砂饰面；（4）表面水磨工艺处理的水磨石饰面；（5）表面采用硅胶膜板做出各种艺术造型的硅胶模混凝土饰面，又叫肌理混凝土饰面，见图 2-17。

(a) 彩色混凝土饰面

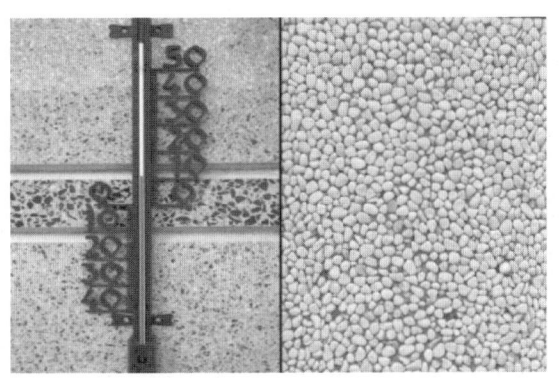
(b) 露石饰面

(c) 喷砂饰面

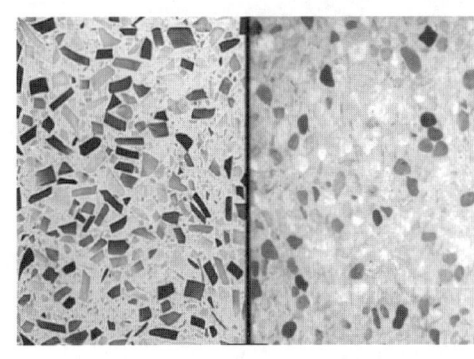
(d) 水磨石饰面

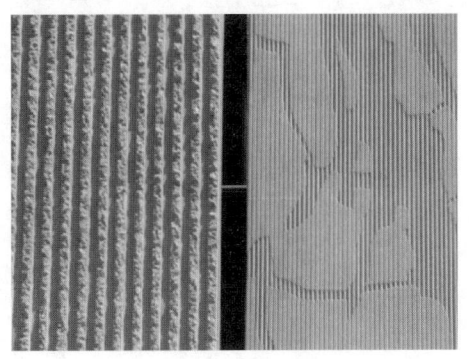
(e) 硅胶模混凝土饰面

图 2-17 装饰混凝土饰面实物（除清水混凝土）

目前，彩色混凝土饰面是用彩色水泥或白水泥掺加颜料以及彩色粗、细骨料和涂料罩面来实现，其关键技术为原材料的选择及生产过程中泛碱、色差、质感的控制，其成本远高于普通混凝土。

露石混凝土饰面关键技术为骨料和缓凝剂的选择。矫民研究了露石饰面装饰技术应用于预制混凝土构件的技术要点。

喷砂工艺原本是一种使用磨料借助压缩空气动力，喷射到工件表面的机械加工手段,用以改善工件外表面的机械性能,后经过演变逐渐应用于建筑施工领域早期的喷砂工艺主要是改善混凝土表面性能,以达到提高摩擦、增强混凝土表面粘结力的目的,例如现浇混凝土贴砖基层、公路的防滑面层等;后期经过改良形成了一种外饰面类型。常双九[29]通过工程实例,对该饰面关键技术进行了系统研究,提出了该饰面原材料配置方法及预制墙板生产工法。

水磨石饰面原先用于地面,因饰面效果较好,逐渐用于外墙装饰,其关键技术为骨料选择及表面切割、打磨工艺。

总体而言,露石混凝土饰面和喷砂饰面工艺相对简单,但艺术表现相对单一。

硅胶模混凝土饰面的艺术表现更优,但是对材料和生产施工技术的要求更高,是一种"高艺术、高工艺"饰面:(1)该饰面要求一次成型,不做任何装饰,明缝和对拉螺栓孔的位置要求整齐、美观,而且不允许出现任何明显的观感缺陷,因此对材料和施工技术提出了更高的要求,否则可能出现如下情况:混凝土表面纹理效果不理想;混凝土面色差较大、出现收缩缝等现象;因碰撞或污染破坏了清水混凝土的观感效果;混凝土浇筑产生施工冷缝影响混凝土观感质量。(2)该饰面需要采用内外双层模板生产工艺。内层模板(与混凝土面接触)为人造橡胶母模,利用现浇混凝土的拓印特性,将橡胶母模上的纹路肌理完整地拓印在混凝土表面,达到母模的装饰效果;外层模板起固定内层模板及通过加固后在混凝土结构成型提供模具的作用。模板加工、拼装尺寸精度要求高。模板系统的平整度、垂直度较普通模板要求更高,要求模板系统具有更高的强度和刚度,拆模后可使结构外观平整度、垂直度直接达到装饰饰面的要求。

总体而言,彩色混凝土饰面、露石混凝土饰面和硅胶模混凝土饰面虽然有小范围的工程应用,但是相关研究相对滞后,较少报道。

2.2.2 瓷板饰面工艺

1. 新型饰面瓷板

为提升瓷板饰面的艺术表现,扩大该饰面的应用范围,加速该饰面的推广,与国内知名建材企业佛山市唯格瓷砖有限责任公司联合研发和生产了十几种瓷板产品系列,详见表2-15和图2-18。

表2-15 开发的瓷板产品系列目录

类别		仿制对象	系列名称	系列编码	规格
仿石材	大理石	德米	德米 Jura	JR	600×600 600×1200
		法国米黄	法国米黄 Pietra Royal	PT	600×600 450×900
		莎士比亚灰	莎士比亚灰 Pietra Grey	PT	600×600 450×900 600×1200
		卡拉拉	卡拉卡塔 Pietra Statuario	PT	600×600 450×900 600×1200

续表

类别	仿制对象		系列名称	系列编码	规格
仿石材	珊瑚或贝壳灰岩	西澳云贝	西澳云贝 Reefstone	RF	600×600 450×900 600×1200
	石英石	石英石	萨丁岩 Quartz	QU	600×600 450×900 600×1200
	洞石	洞石	罗马洞石 Travertine	TR	600×600 450×900 600×1200
	砂岩	澳洲砂岩	澳砂 Sandstone	VC	600×600
	板岩	板岩	安第斯板岩 Mustang	MU	600×600 600×1200
	花岗岩	山西黑 福鼎黑	星钻石 Nextone	GP	600×600 600×1200
仿水泥		粗糙水泥面	卡图拉 Coutura	CC	600×600 450×900
		细腻水泥面	莱姆石 Lime	LM	600×600 450×900 600×1200
		防水磨石	防水磨石	—	—
仿木纹		榛木纹	榛木 Organica	OG	225×900

(a) 仿石材-德米Jura

(b) 仿石材-法国米黄Pietra Royal

(c) 仿石材-莎士比亚灰Pietra Grey

(d) 仿石材-西澳云贝Reefstone

(e) 仿石材-萨丁岩Quartz

(f) 仿石材-罗马洞石Travertine

(g) 仿石材-澳砂Sandstone

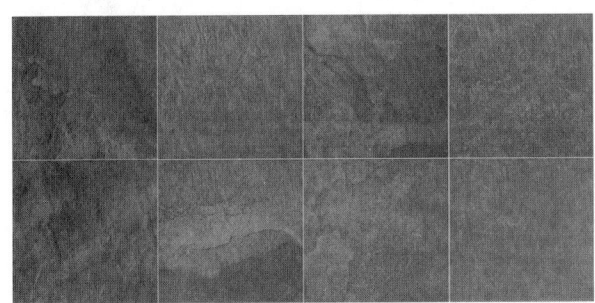
(h) 仿石材-安第斯板岩Mustang

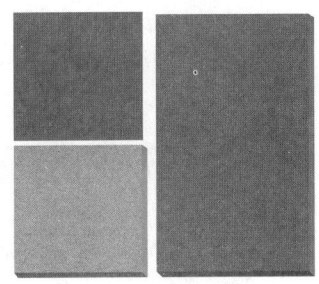
(i) 仿石材-星钻石Nextone

(j) 仿水泥-卡图拉Coutura

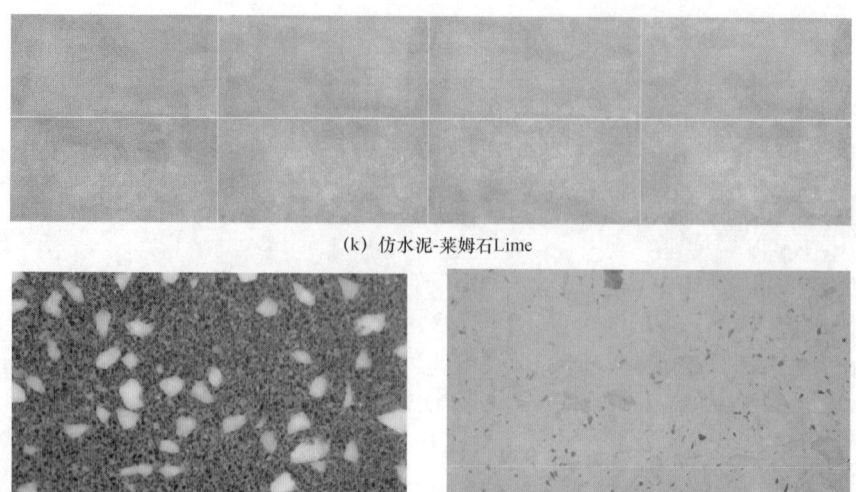

(k) 仿水泥-莱姆石Lime

(l) 防水磨石

(m) 防木纹-榛木Organica

图 2-18　课题研发瓷板系列样式图

2. 瓷板饰面工艺流程及关键技术

通过瓷板饰面单叶外墙挂板的生产试制,研究该饰面工艺流程及关键技术,其中工艺流程详见图2-19,饰面效果实物和建筑见图2-20。同时,由墙板生产总流程图2-8及表2-10可见,采用瓷板饰面的一体化外墙板只能采用反打工艺进行生产。

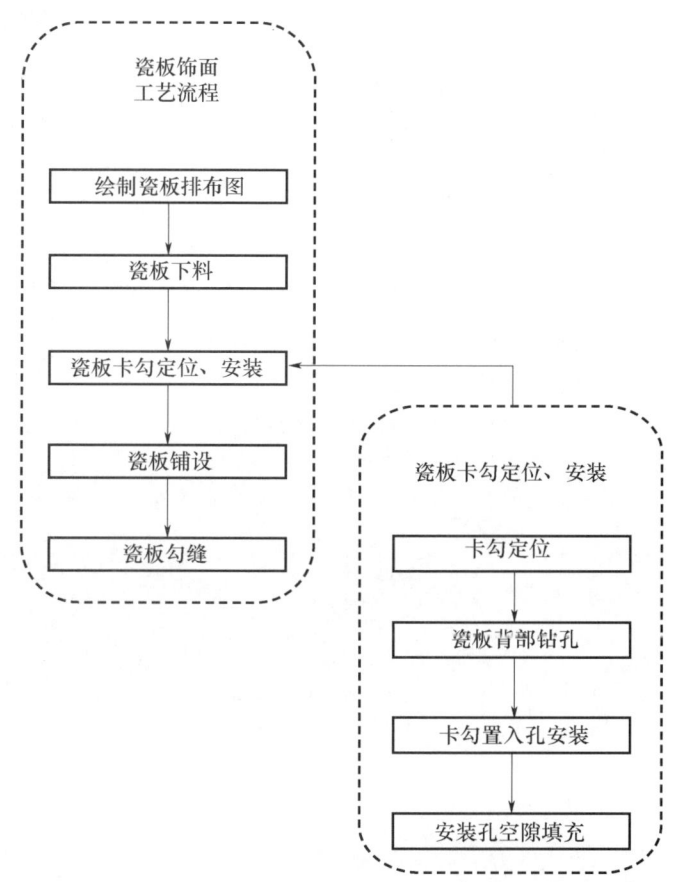

图2-19 瓷板饰面工艺流程图

图2-20 瓷板饰面结构保温一体化外墙板实物和建筑

关键工艺技术控制要点如下:

1)瓷板应严格按照瓷板排布的尺寸、数量切割,进行精确下料,其尺寸误差应≤1mm,板边倒角应取45°。

2）为实现瓷板与混凝土表面结合面可靠连接，瓷板背部应钻孔设置不锈钢卡勾，且每块板不应少于 4 个。为增强卡勾与瓷板和混凝土的锚固性能，建议采用燕尾形卡勾，并在瓷板背面钻出 45°斜安装孔，其深度≥15mm，且不打穿瓷板，再将卡钩固定在安装孔内，进而用专用胶填充空隙，见图 2-21。

(a) 瓷板背部钻孔

(b) 卡勾置入孔安装

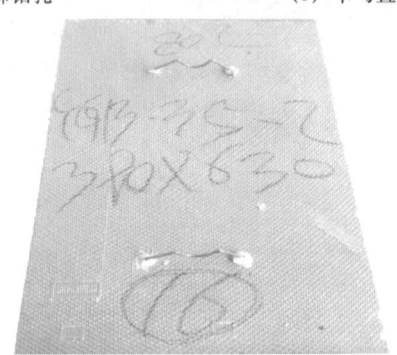
(c) 安装孔空隙填充

图 2-21　瓷板卡勾定位、安装

3）瓷板铺设应按照瓷板排布要求进行，且满足铺设后表面平整，接缝应顺直、宽度符合设计要求和防止瓷板被钢模板污染，采用 100mm×100mm 厚度 2mm 橡胶板和 6mm 硬塑料板对瓷板四个角进行支垫（图 2-22），瓷板每个角的支垫板放入一个塑料袋内防止分离。板缝宽度采用相应厚度的硬塑料板切成条状嵌入板缝进行控制。随后用 10mm PE 棒填横缝、6mm PE 棒填竖缝、PE 棒低于瓷板面 5mm（图 2-23）。

图 2-22　瓷板支垫

第 2 章 新型构件生产及配套技术

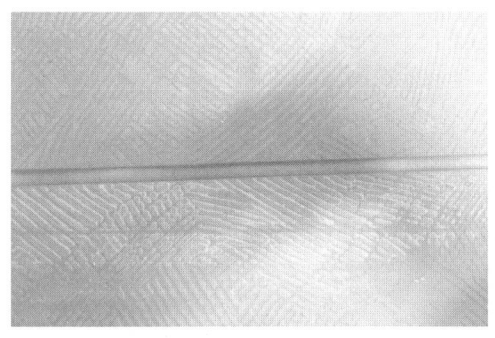

图 2-23 板缝填 PE 条

4）为防止铺设完成的瓷板在浇筑混凝土时移位和漏浆，采用双组分高强快硬填缝剂对瓷板缝隙进行固定和密封（图 2-24），填缝剂能够在 20min 内固化且粘结强度增长迅速，不渗出油性溶剂污染瓷板。采用玻璃胶对瓷板与模板结合部位缝隙进行密封，达到防止漏浆的效果，必须等玻璃胶凝固才可开始浇筑混凝土。瓷板铺设做法见图 2-25。

图 2-24 瓷板勾缝

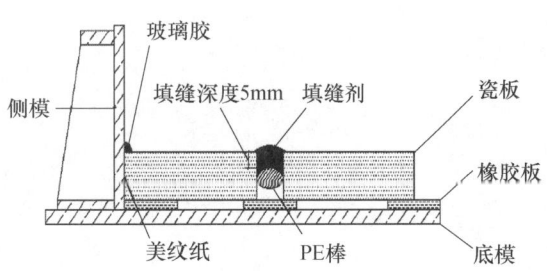

图 2-25 瓷板铺设做法示意图

2.2.3 瓷砖饰面技术

针对大尺寸瓷砖，在格子条法生产工艺基础上，本书研发了绿色环保排版面砖套膜，并采用该套模进行瓷砖装饰单叶外墙挂板生产试制，研究了该饰面工艺流程及关键技术，其中工艺流程详见图 2-26，饰面构件生产及实物效果见图 2-27。由墙板生产总流程图 2-8 及表 2-10 可见，采用瓷砖饰面的一体化外墙板只能采用反打工艺进行生产。

关键工艺技术控制要点如下：

1）绿色环保排版面砖套膜研发：在瓷砖与模板间铺垫套模，起到瓷砖排版以及防止瓷砖与模具直接摩擦等作用。目前，该套模主要是有机材料制成的进口产品，具有价格昂贵、重复利用率低、难以降解和污染环境等缺点。因此，从绿色环保角度出发，研制了带肋橡胶套膜（图 2-28），其生产成型工艺见图 2-26，具有成本低（每平米单价小于进口产品的 50%）、易降解减少环境污染、瓷砖排版容易、瓷砖粘结牢固以及瓷砖表面粘结剂易于清洗等优异性能。

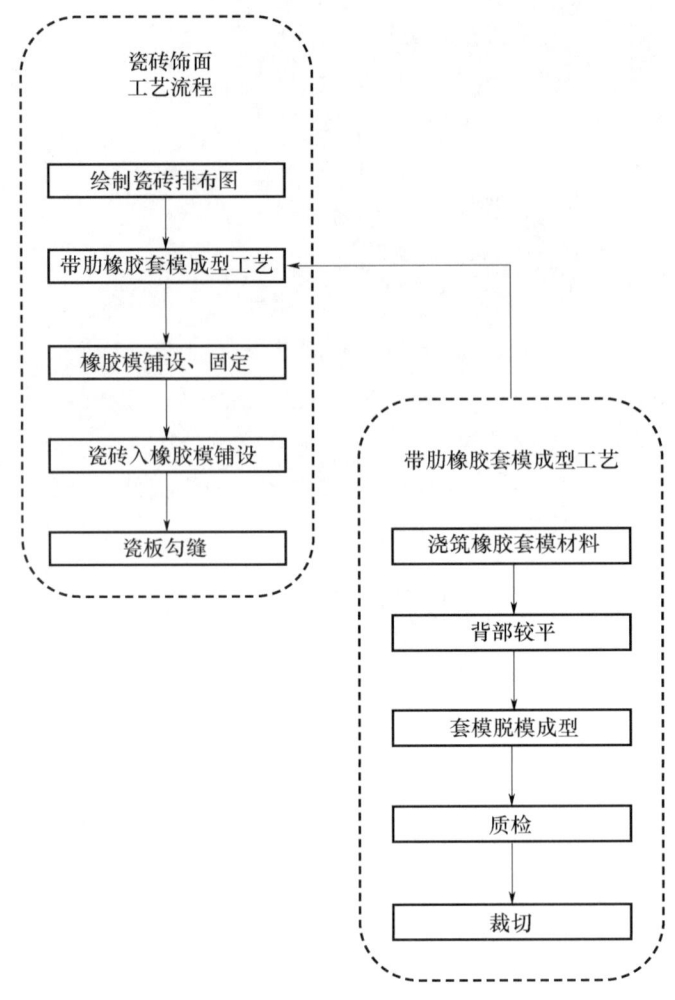

图 2-26 瓷砖饰面工艺流程图

图 2-27 瓷砖饰面构件生产及实物

第 2 章 新型构件生产及配套技术

图 2-28 橡胶模与瓷砖排列情形

2) 为防止浇筑时橡胶套模发生移动，套模应使用双面胶或 502 胶水固定在侧模上。

2.2.4 弹性衬模清水混凝土饰面技术

1. 弹性衬模混凝土饰面工艺流程

通过弹性衬模清水混凝土饰面生产试制，研究了该饰面工艺流程及关键技术，其中工艺流程详见图 2-29，饰面实物和建筑效果见图 2-30。由墙板生产总流程图 2-8 及表 2-10 可见，采用瓷砖饰面的一体化外墙板只能采用反打工艺进行生产。

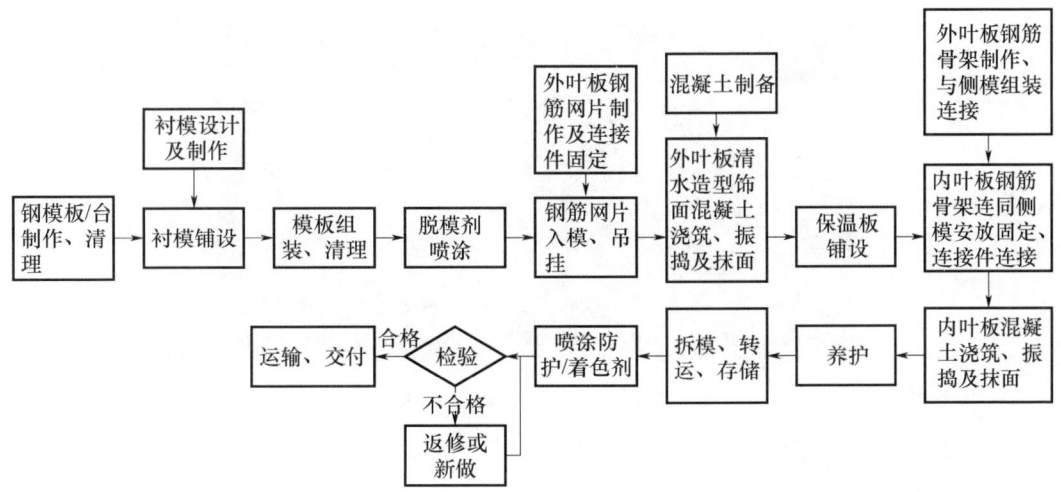

图 2-29 弹性衬模清水混凝土饰面工艺流程图

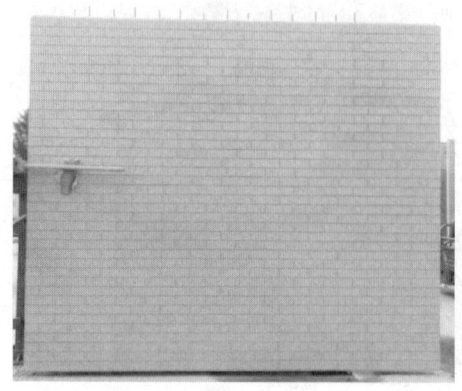

图 2-30　弹性衬模清水混凝土饰面构件成品及建筑实物

2. 关键工艺技术控制要点

1) 弹性衬模的制作

弹性衬模本身无承载作用,而是配合外围支撑模具一起使用,放在支撑模具内侧,主要是给混凝土表面塑造肌理的装饰造型模板。

(1) 模种设计及制作

模种是用于制作弹性衬模的母体,其表面造型与需要呈现的清水混凝土装饰造型相同。模种设计及制作是弹性衬模制作的最主要环节。模种的制作方法通常有利用材料表面纹理直接呈现、加工制作、砌筑、雕刻(或雕塑)方法等。具体采用何种方法制作模种,取决于需要呈现的清水混凝土装饰造型的特点。模种制作还需要考虑弹性衬模的热胀冷缩和需要呈现的清水混凝土装饰造型表面质感。对于比较规则的仿砖造型,比较适合于使用木质材料进行制作,为了增加衬模的表面光洁度,模种制作完成后在表面涂刷2遍以上清漆。制作完成的模种见图 2-31。

图 2-31　制作完成的模种

(2) 弹性衬模材料选择

一般由具有适当硬度的软质弹性材料制成,可冷塑或热塑成型,成型固化前有很好的流动性,成型固化后具有一定弹性和硬度,可以承受浇筑时混凝土拌合物的压力。常用材料包括冷塑硅胶、聚氨酯,热塑氯丁橡胶、橡胶或玻璃钢等。冷塑材料由于便于成型制作,绝大多数弹性衬模均采用此类材料,其中以聚氨酯材料弹性、硬度适中，不易变形，较好的耐老化性能，得到越来越多的应用。弹性衬模性能指标范围见表 2-16。

表 2-16 弹性衬模性能指标范围

项目		性能指标	检测标准
冷塑材料	黏度（mPa·s）	≤4000	GB/T 14797.2
	固化温度（℃）	10～30	
	固化时间（min）	15～20	
	脱模时间（21℃）	≥24h	
	养护时间（d）	7～10	
硬度（Shore A）		≥55	GB/T 2411
抗拉强度（N/mm²）		≥2	GB/T 528
延伸率（%）		≤280	
抗剪强度（N/mm²）		8～9	HG/T 3848
耐热度℃（干热）		65	
耐热度℃（混凝土）		80	
线性收缩率（%）		0.1～0.2	
使用次数		25 次以上（或根据使用情况）	

(3) 浇制、成型及熟化

冷塑材料浇制、成型及熟化流程见图 2-32。脱模剂应选择与冷塑材料和模种具有较好匹配性的品种。一次配制衬模液体原料的量，应根据液体原料流动性保持时间和浇筑用量综合确定。浇筑后要进行覆盖，防止灰尘污染。浇筑时环境温度应不低于 10℃，气温低时应增加养护熟化时间，在强度没有达到要求时，严禁脱模，否则将造成衬模产生较大变形。脱模的衬模应至少在室温状态静停熟化 3d。制作好的衬模应平铺或用圆筒卷起来，不得折叠或随意放置，否则会造成不可恢复的变形。衬模搅拌、浇制及成型见图 2-33，制作完成的衬模见图 2-34。

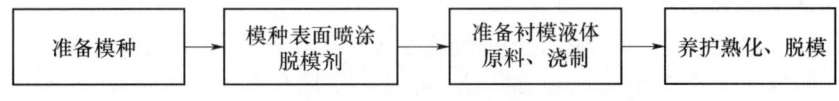

图 2-32 弹性衬模浇制、成型及熟化流程图

2) 清水混凝土质量控制

(1) 混凝土原材料选择和控制

混凝土原材料应选择质量稳定，供应有保障的厂家。重点监控水泥、砂、石、掺合料、外加剂的质量，尤其要加强对水泥和掺合料颜色的监控，可以采用逐车检查的方式。

(2) 混凝土配合比

除了符合相应规范要求外，胶凝材料用量应大于 350，水胶比应大于 0.45；混凝土用水量应适宜，C40 以下混凝土应在 165～175kg/m³ 之间，C40 以上应在 155～

图 2-33 弹性衬模原料搅拌、浇制及成型

图 2-34 制作完成的衬模

170kg/m³之间；掺合料不宜掺加矿渣粉（混凝土收缩大，易产生裂缝），掺合料掺量也应适中，不宜太小或太大；外加剂应与水泥掺合料具有良好的适应性，配制的混凝土黏度应适中偏低。

（3）混凝土质量控制

混凝土不得出现离析、泌水、分层沉降等现象，工作性应采用扩展度和扩展时间进行控制，扩展度应控制在 400～550mm 之间，扩展时间应控制在 3～10s 之间。

3）浇筑成型

（1）弹性衬模应精确铺设于墙板模具内，弹性衬模通过黏合剂黏在钢底模上，注意不能有气泡和空鼓。模具组装应接缝处严密。

（2）钢筋笼不应直接接触胶模亦不应采用垫块支撑，应采用吊杠将钢筋笼吊起的形式，以防止胶模挤压变形，并控制钢筋笼变形及保护层厚度，见图 2-35；同时，钢筋笼绑丝应全部弯向内侧，以免扎破衬模。

（3）振捣应均匀连续，宜采用振动台振捣，振捣时间控制 4min 左右，当混凝土表面无明显塌陷、有水泥浆出现、不再冒气泡时，可结束振捣。振捣完成后，要剪断吊挂钢筋骨架的钢丝，拆除钢筋吊架，注意防止对混凝土产生扰动。

第 2 章 新型构件生产及配套技术

图 2-35 钢筋笼吊挂

3. 弹性衬模清水混凝土饰面构件外观质量检验

弹性衬模清水混凝土饰面构件对外观质量要求较高，目前尚无量化的质量验收标准，根据该墙板生产工艺精度和视觉可接受程度，从 5 个方面，提出了该饰面构件的外观质量检验标准，详见表 2-17。

表 2-17 硅胶模混凝土外观质量验收表

序号	检查项目	质量要求	检查方法
1	颜色	基本均匀一致、无明显色差	距离墙面 5m 观察
2	修补	基本无修补，图案整齐、基本无缺陷	距离墙面 5m 观察
3	气泡	气泡分散，最大直径不得大于 8mm，深度不得大于 2mm，每平方米不大于 20cm²	距离墙面 5m 观察、尺量
4	裂缝	宽度不大于 0.2mm，且长度不大于 1000mm	尺量、刻度放大器
5	光洁度	无漏浆、流淌及冲刷痕迹，无污染、锈斑，无粉化物	观察

2.2.5 露石混凝土饰面技术

通过露石混凝土饰面单叶外墙挂板的生产试制，研究该饰面工艺流程及关键技术，其中工艺流程详见图 2-36，饰面效果实物见图 2-37。同时，由墙板生产总流程图 2-8 及表 2-10 可见，采用露石混凝土饰面的一体化外墙板既可采用反打工艺又可采用正打工艺进行生产。

该饰面关键工艺技术控制要点如下：

1) 骨料和缓凝剂的选择是露石混凝土饰面成型的关键因素：骨料宜选用单粒径圆豆砾石，最大粒径应控制到小于 16mm。缓凝剂应根据露石高度选择不同型号。本课题选用是北京市建筑工程研究院有限责任公司提供的混凝土表面缓凝剂 ANG-X，可直接在模板上使用。

2) ANG-X 应使用机械搅拌机充分搅拌，以确保沉淀的材料重新分散均匀。缓凝剂可采用刷子、滚筒涂刷，或者采用专用机具喷涂方法进行涂覆，见图 2-38，涂层要薄且均匀，涂覆率为 5.0~8.0m²/L（0.125~0.20L/m²）。反打施工时，浇注混凝土前，缓

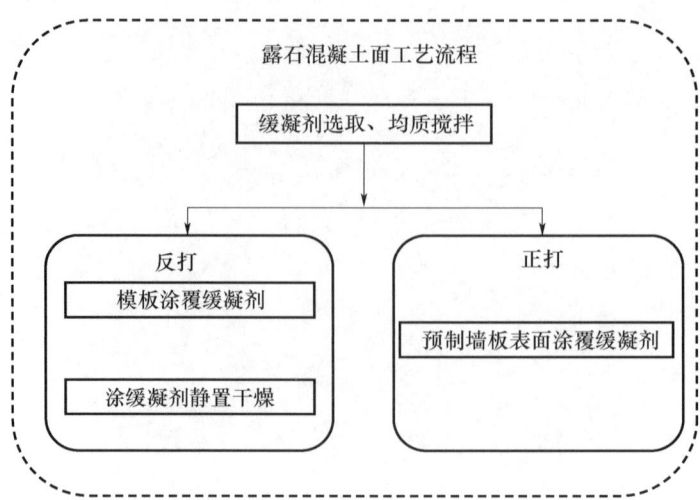

图 2-36　露石混凝土饰面工艺流程图

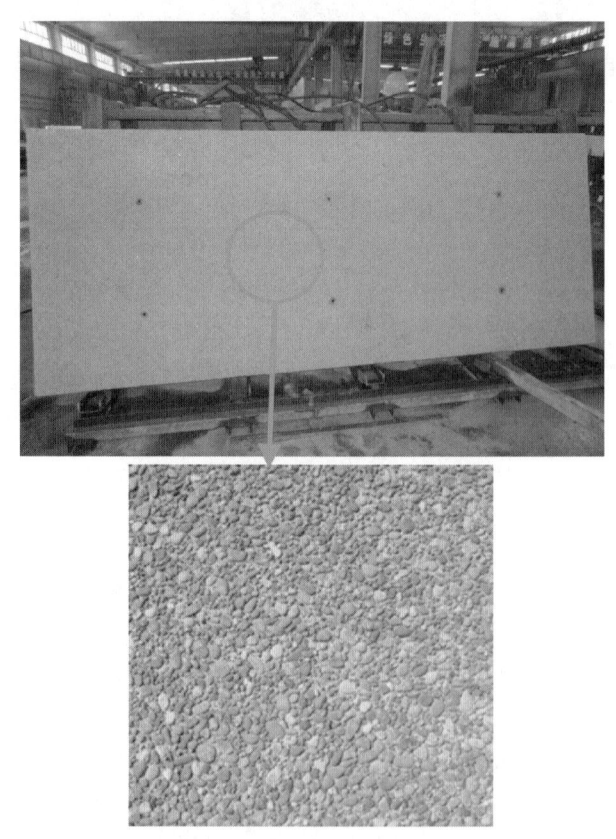

图 2-37　课题研制生产的露石混凝土饰面单叶外墙挂板实物

凝剂表面应适当干燥,具体干燥时间取决于环境条件,无测试依据时,可参考性采用 15～20min;正打施工时,在进行混凝土浇注和表面处理后,混凝土仍在塑性阶段应立即喷涂 ANG-X,并保护表面免受雨水损害并防止灰尘积聚。

3) 应在拆模后,使用金属刷或用高压水枪冲洗的方法清除缓凝剂 ANG-X。

图 2-38 ANG-X 表面缓凝剂的模板喷涂

2.2.6 清水混凝土饰面技术

清水混凝土饰面外墙板生产工艺简单，效率较高，成本低，饰面效果好，适合保障房中大面积应用。

1. 清水混凝土外墙板混凝土材料选用标准

通过工程经验总结，本课题提出了外墙板混凝土材料选用标准。

1) 水泥应采用符合现行国家标准《通用硅酸盐水泥》（GB 175）的普通硅酸盐水泥或硅酸盐水泥。水泥比表面积宜小于 350m²/kg。水泥碱含量不应大于 0.6%。水泥中不得掺加窑灰。

白水泥宜采用 P·W 42.5 白色硅酸盐水泥，质量应符合《白色硅酸盐水泥》（GB/T 2015）规定，白色水泥白度不低于 80，要求采用同一个厂生产的同品种水泥。

2) 砂宜选用细度模量为 2.3~3.0 的中砂，质量应符合《普通混凝土用砂、石质量及检验方法标准》（JGJ 52）的规定。

3) 石子宜用 5~16mm 山碎石，质量应符合《普通混凝土用砂、石质量及检验方法标准》（JGJ 52）的规定。选用的石子规格，不得与其他品种、规格石子混堆。

4) 混凝土拌和用水，宜采用饮用水，当采用其他水源时，质量必须符合《混凝土拌和用水标准》（JGJ 63）中的有关标准的规定。

2. 清水混凝土饰面保护剂构成及特点

清水混凝土饰面保护剂一般分为底漆、中漆和面漆三层（图 2-39），各层特性：

1) 底漆：一般采用有机硅烷渗透性防水底漆，具有抑制混凝土变色、保护自然机理纹路功能。

2) 中漆：采用无机水泥基粉质修补材料，可完美修补混凝土瑕疵。一般不采用含有机颜色的色浆。

3) 面漆：一般分为改性硅丙面漆和纳米面漆，前者具有微导电性、憎水性和致密性，抗污能力好的特点，后者中无机性能的亲水性纳米粒子使涂膜亲水化，不易污染。

1. 底漆

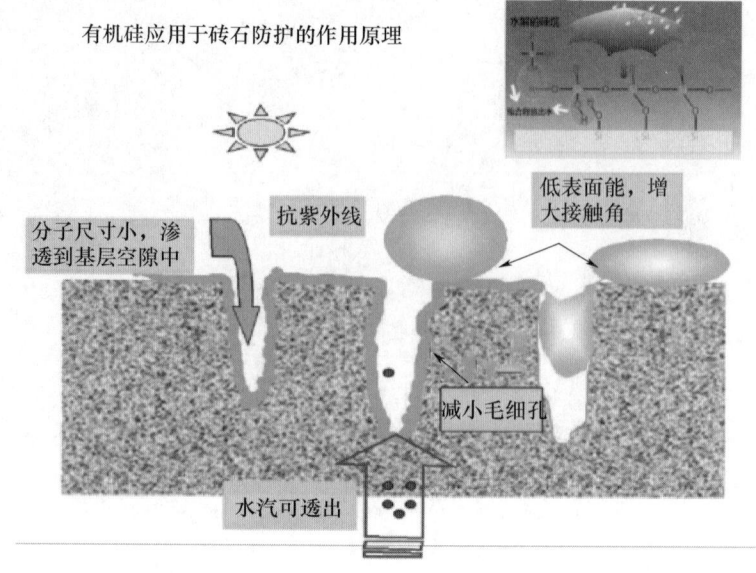

2. 中漆

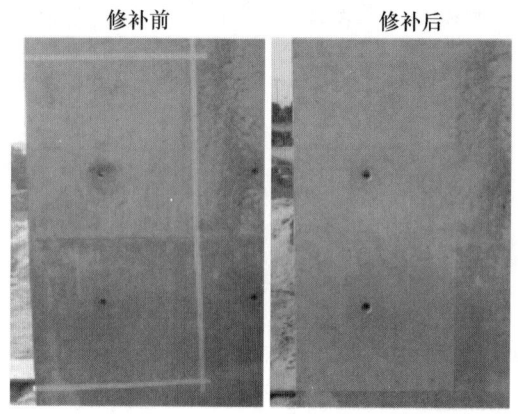

中漆:采用三种深浅不一的无机水泥基粉质修补材料,可根据基面实际情况进行配比调色,再加上专用防水乳液,以最接近混凝土本色的效果完美修补混凝土瑕疵。不采用停含有机颜色的色浆,保证颜色持久。

3. 面漆

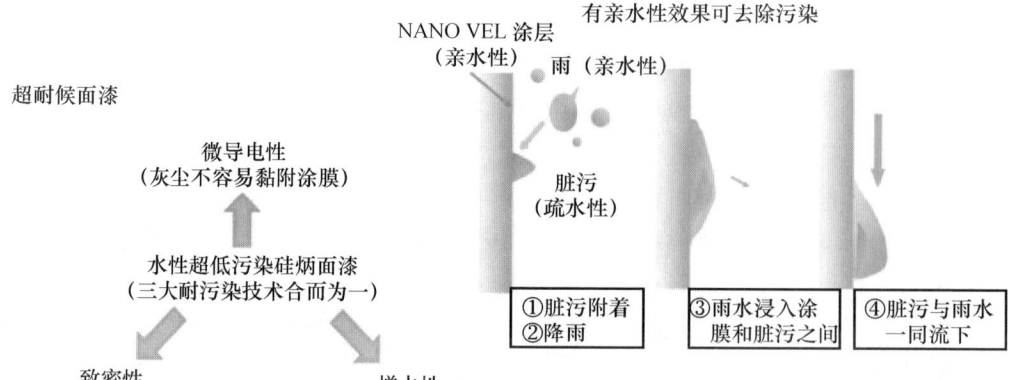

图 2-39 清水混凝土饰面保护剂中底漆、中漆和面漆工作机理

3. 清水混凝土饰面工艺

本书采用该饰面三明治外墙板生产试制的方式,研究了该饰面工艺流程及关键技术,提出了清水混凝土饰面工艺,饰面实物效果见图 2-40。

同时,采用清水混凝土饰面的一体化外墙板即一般采用反打工艺进行生产。

图 2-40 课题研制生产的清水混凝土饰面
外墙板实物(台湖公租房项目)

该饰面工艺流程:基层处理(除锈、打磨、腻子修补、螺栓孔处理、禅缝处理等)→颜色修补(局部颜色修补一般采用毡涂)→面漆涂刷(滚涂)。

该饰面关键工艺技术控制要点如下:

1) 基层处理

(1) 切除、割除、烧掉钢筋头,涂防锈漆

残留在墙体的金属(钢筋头、铁丝、小螺丝、钉子)是形成锈斑的罪魁祸首,施工中一定要彻底去除,并用防锈漆封闭。

(2) 分格缝的处理

根据现场情况,结合实际操作经验,在确定分格缝方案后上报业主和监理,在业主方同意后开始分格缝处理,达到分部合理,上下左右整齐,真实自然。

(3) 螺栓孔的处理

对原有螺栓孔部位进行上下左右对其测量,确定位置,用直径 36mm 或者 42mm 的开孔器进行扩孔,然后用弹性腻子修补,用专用的修补工具修补整齐美观。

(4) 墙面部分修补

用配好颜色的柔性腻子(与墙面颜色接近)填补较大的裂缝及缺陷,不可全面修补。

2) 表面色差调整

采用混凝土专用的 S100C 调整材,配制成与现场混凝土颜色接近,根据现场混凝土的颜色手工用毛毡对存在的色差进行局部修补,消除色差,但不可覆盖混凝土原有的纹理和质感,使混凝土墙面整体上颜色均匀,花纹自然,无明显修补和调整痕迹。

3) 清水混凝土保护剂面漆的施工

(1) 半透明面漆:待表面色差修补完毕后,将清水混凝土保护剂面漆兑 10% 的水,

搅拌均匀后，采用滚涂的施工方法进行施工一到两遍即可。

（2）透明面漆：待表面色差修补完毕后，将清水混凝土保护剂面漆兑 5 倍的水，搅拌均匀后，采用喷涂的施工方法进行施工，湿碰湿喷涂两遍即可。

2.2.7　彩色抗裂自流平砂浆饰面技术

因为彩色混凝土成本较高，因此，本书提出在三明治墙板中使用彩色自流平水泥砂浆外叶板新型技术，来代替目前常用混凝土外叶板，实现了彩色混凝土饰面效果，并且降低了保护层厚度，还结合新型保温连接件技术，保证了保温层与保护层的连接和耐久性。

1. 彩色抗裂自流平水泥砂浆性能要求

目前我国水泥基自流平砂浆主要用于地坪行业，本书研究的抗裂自流平水泥砂浆在工作性能和施工性能方面除具有自流平水泥地坪材料的优势外，进一步进行优化提高，该砂浆材料作为一种保护装饰性材料应用到一体化外墙板中，可提高一体化外墙板正打成型时的外叶墙平整度，提高生产效率，应具有以下几方面的性能：

1）良好的工作性

好的工作性可保证砂浆质量均匀，便于施工，易于成型，节省劳力，经济性好。工作性好主要体现在：a）砂浆流动性按照《地面用水泥基自流平砂浆》（JC/T 985—2005）技术要求，控制在流动度大于等于 130mm，不泌水，抗离析，均匀性好。b）适宜的凝结时间，既能保证合理的工作时间，又有好的早期强度，加快施工进度。

2）合理的强度

该砂浆层是预制板中保温层的保护层，要求有较好的抗压、抗拉、抗折强度及抗冲击性能，且为加快施工进度，有较好的早期强度。28d 强度不低于 30MPa，3h 强度大于 15MPa。

3）良好的体积稳定性

砂浆硬化以后，引起非荷载作用产生裂纹最常见的因素是体积的收缩，通常测量的收缩包括化学收缩和干燥收缩。砂浆的收缩变形与流态有关，与普通砂浆相比，自流平砂浆胶凝材料量较大，浆骨比较大，收缩相对较大。抗裂自流平水泥砂浆设计时要通过胶凝材料、骨料、掺合料、外加剂等调整来保证其具有足够的体积稳定性。

4）高耐久性

高耐久性是混凝土追求的终极目标，耐久性有多方面的内容，耐久性也是装配式住宅的重要考核指标。该砂浆层起到保护保温层、提供装饰等作用，要求和结构具有同等寿命，因此，耐久性是该产品的重要指标。

5）良好的装饰性能

该砂浆层使装饰与功能结合为一体，结构施工与装饰同时进行，充分利用砂浆的可塑性和材料的构成特点，在墙体、构件成型时采取适当措施，使其表面具有装饰性质感及色彩，以满足建筑在装饰方面的要求。

6）成本控制

一般彩色砂浆或混凝土的成本要高于普通混凝土或砂浆，而本书通过提高自流平砂浆的性能，降低外叶墙的整体厚度，同时免除后期的装饰维护等费用。通过原材料筛

第2章 新型构件生产及配套技术

选，合适的施工工艺，降低产品的成本，使其具有较好的性价比。

2. 彩色抗裂自流平水泥砂浆性原材料选用及配合比

水泥基自流平材料按其组成方式分为单组分水泥基自流平材料和双组分水泥基自流平材料两种。单组分水泥基自流平材料是粉状产品，使用时与水按规定比例拌和成浆体；双组分水泥基自流平材料是由两部分材料组成，一种是以水泥为基料的粉状产品，另一种是聚合物乳液，使用时将两组分按比例加水拌和在一起使用。单组分水泥基自流平材料具有施工简单运输方便，质量控制好等优点，但材料必须加入胶粉等有机材料，成本较高。双组分水泥基自流平砂浆不仅可以作基层的找平层，而且配上颜料可作彩色面层，且具有成本优势，但使用及运输不太方便，考虑我们工厂化生产，施工及质量控制更可靠，本项目采用双组分。

配制砂浆的关键技术为：在低水灰比条件下，提高材料的流变性能；在大流动性前提下，保证其具有良好的黏聚性，防止泌水、离析；在满足相对较长可工作时间的前提下，提高早期强度，减少收缩。因而，其主要技术路线如下：

1) 采用一体化胶凝材料以提高早期强度，保证体积稳定性；

2) 采用聚羧酸高性能减水剂以降低水胶比，提高流动性，保持适当的黏度系数，使拌合物具有自密实、自流平性能；

3) 掺入粉煤灰、高炉矿渣等活性矿物掺合料，改善胶凝材料的颗粒级配，改善黏聚性和流动性，并延长胶凝体系凝结时间以满足可工作性；

4) 采用聚合物乳液以提高砂浆粘结力，在优化各组分配合比的基础上配制水泥基自流平装饰砂浆。

本书优选白色抗裂高贝利特硫铝酸盐水泥和专用外加剂、颜料（与石材颜色搭配）、彩色天然石材级配骨料、3D抗裂网布、密封固化剂、水性聚氨酯涂料（高光），通过材料、色调、质感的创意设计，生产出符合设计要求的装饰效果，替换外墙瓷砖、石材，达到丰富建筑立面风格的目的，并降低建设和后期维护成本。

3. 彩色抗裂自流平水泥砂浆饰面工艺流程及关键技术

通过彩色抗裂自流平砂浆饰面三明治外墙板的生产研制，研究该饰面工艺流程及关键技术，其中工艺流程详见图2-41，饰面效果实物见图2-42。同时，由墙板生产总流程图2-8及表2-10可见，采用该饰面的三明治外墙板只能采用正打工艺进行生产。

该饰面关键工艺技术控制要点如下：

1) 水泥砂浆应按比例称取双组分干粉砂浆、聚合物乳液、水，并按照搅拌前加水、再加聚合物乳液、边搅拌边加入干粉砂浆的方式进行搅拌，搅拌时间应在5min以上，直到产生顺滑和稠度均匀的浆体为止，见图2-43。同时，砂浆应进行浆体流动性能测试（用自流平流动度测试仪在玻璃板上进行测试），其初始流动度≥135mm，且不能离析，最后储料备用。

2) 砂浆第一遍浇筑、摊铺应基本平整，再放入3D抗裂网布和插入保温连接件；砂浆第二次浇筑、摊铺应基本平整，收面时并用消泡滚筒进行消泡压平；两次砂浆摊铺总厚度应为15mm，见图2-44。

3) 墙体蒸养拆模后，应根据需要喷涂专业混凝土防护剂。

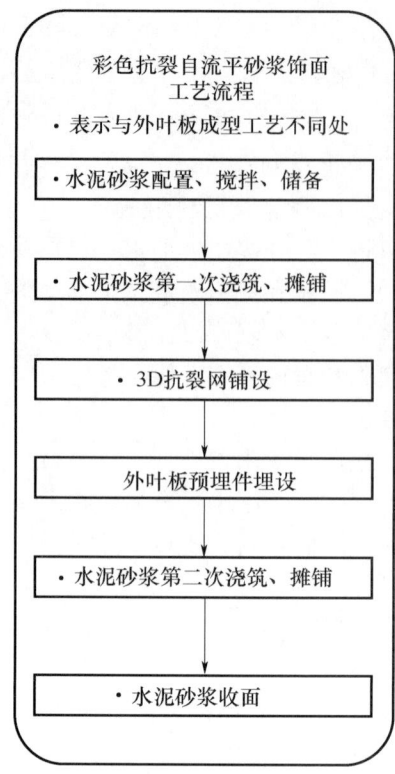

图 2-41　彩色抗裂自流平砂浆装饰工艺流程

图 2-42　彩色抗裂自流平砂浆饰面效果

图 2-43　砂浆制浆机

第 2 章 新型构件生产及配套技术

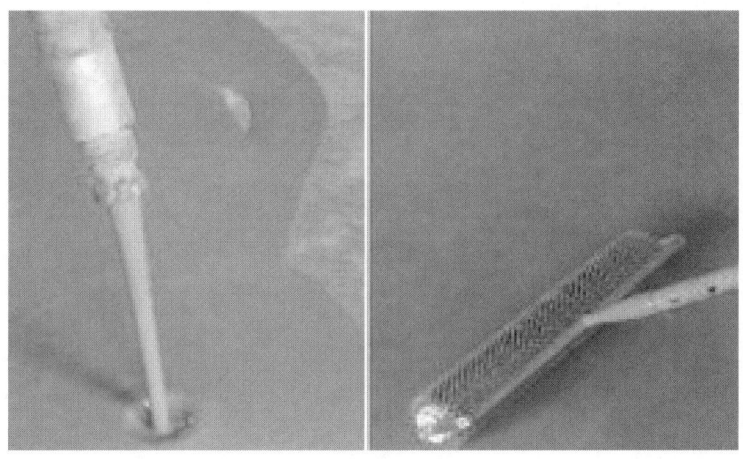

图 2-44 砂浆施工过程

2.3 新型耐候抗污清水混凝土保护剂

2.3.1 概述

清水混凝土与普通混凝土的最大区别在于清水混凝土没有普通混凝土表面所具有的装饰材料等保护层而长期裸露于空气中，对于室外部分，还受到日晒、风、霜、雨、雪的侵蚀和其他化学腐蚀，我国很多地标性建筑物，如：海南三业机场、上海浦东国际机场航站楼、东方明珠电视塔等采用清水混凝土，但由于当时技术的限制，这些清水混凝土工程均未采取后期的修补和涂装保护工艺。混凝土是一种非匀质性建筑材料，内部存在许多微细孔隙，极易吸水，雨水的侵蚀会使混凝土表面形成污垢，影响其外观；而酸性物质会使混凝土中性化，造成混凝土强度降低，从而影响建筑物的寿命。因此清水混凝土表面保护剂是保持清水混凝土效果和延长寿命的必要手段。

目前国内外用于混凝土表面保护的材料主要有三大类（无机硅、硅烷类和有机共聚物），针对不同的使用环境，应选用不同功能的保护材料。

其中有机共聚物保护剂（功能性混凝土防护材料）是目前研究的方向[30,31]，可渗入结构表面内部一定深度（如 3~6mm），提高密实性，增加及增强混凝土及其表面的密度与硬度，成为混凝土整体结构的一部分，起着密封、防水、防磨损、牢固防护混凝土的作用，可以阻止外来物质如酸、碱、油脂、盐等对混凝土产生的损害，并防止混凝土表面有藻类、菌类侵蚀。由于提高了混凝土表面致密性，提高了抗渗透能力将大大减轻冻融和盐冻对混凝土造成的破坏；由于减少二氧化碳气体渗透，将大大降低碳化速度，延缓钢筋腐蚀造成的破坏。并大大减少混凝土表面开裂。对结构起美观作用。

目前市场上无机硅保护剂主要是美国 EVERCRETE 永凝液 DPS 和 TS 产品；硅烷类保护剂主要是美国道康宁公司的以异丁基三乙氧基硅烷为主要成分的 SBWR-6403 型硅烷憎水剂；有机共聚物保护剂主要包括法国嘉德的 PGC 全氟丙烯酸体系、美国联合涂料公司生产的 CTS 防水渗透液以及一些氟碳漆系列。

这些保护剂在保护清水混凝土和石材的同时，基本不改变基材的外观和色彩，在国内外的一些工程获得了应用,但是这些保护剂多为国外进口、价格昂贵成为其在工程应用的主要制约因素。

同时,关于这几类保护剂对混凝土耐久性能影响的研究很少,故对混凝土耐久性的提高程度没有量化依据。

2.3.2 三种有机共聚物类清水混凝土保护剂性能

前期的研究表明,成膜型的有机共聚物保护剂由于可以形成完整的保护膜,对混凝土的保护具有较好的效果,因此本书对以下三种保护剂进行研究:

1) 纯丙烯酸乳液;
2) 改性丙烯酸乳液;
3) 溶剂型共聚物涂料。

1. 单遍涂刷保护剂对混凝土保水率、吸水率性能的影响

通过试验,研究在单遍涂刷工艺下,三种保护剂对混凝土试块保水率和吸水率性能的影响规律。

1) 试验方案

仪器设备:60L 混凝土标准单卧轴强制式搅拌机;混凝土标准振动台;塑料试模 15cm×15cm×15cm;环境箱:控制箱内环境温度(35±2)℃,湿度 40±5%,风速 0.5±0.2m/s;电子天平:称量 20kg,感量 0.1g。

(1) 试验步骤

①基准混凝土的制备采用 60L 单卧轴强制式混凝土搅拌机,全部材料一次投入,用水量应使混凝土坍落度达到(40±10) mm,拌和量不少于 15L,不大于 45L,搅拌 3min,出料后人工翻拌 2~3 次。

②测定混凝土坍落度,按照 GB/T 50080 进行,须控制在(40±10) mm 的范围内。

③各种混凝土材料和试验环境均应保持在温度(20±5)℃;相对湿度(50±10)%的条件下。

④试模:使用塑料试模,成型前将试模底部的气孔用胶带密封好,不宜在模子内抹过多的脱模剂或油,特别是顶部边缘要密封的地方。

⑤试件成型:按照 GB/T 50081 进行,顶面须用抹刀抹平,并沿试模内壁插捣数次,缺料处用砂浆刮平,使顶面均匀密实,没有空隙和裂缝。成型后清理干净模子外缘,并水平放置。

⑥试件数量:基准试块每组 4 块;三组覆盖养护膜试件每组 4 块,共 16 块。

⑦表面制备:待试件表面水消失后,用干净软毛刷轻刷表面釉层,以刷不出表面水或用手指轻擦过表面无水迹为适宜的表面条件。

⑧基准试件的表面条件达到要求后,立即称重基准试件质量 m_1,精确到 0.1g,放入环境箱中,记下入箱时间。

⑨覆盖养护膜试件的表面条件达到要求铺敷养护膜后,立即称取试件质量 M_1,精确到 0.1g,然后,用塑料胶带封边,放入环境箱内,记录入箱时间。

(2) 试件的养护

①试件养护环境箱温度:(38±2)℃;湿度:(32±2)%(RH);风速:(0.5±0.2) m/s。

第 2 章 新型构件生产及配套技术

②分别记录覆盖养护膜试件和基准试件放入环境箱内的时间。

③基准试件和覆盖养护膜试件应等间距均匀地摆放在环境箱内，72h 后，取出称其质量。基准试件试验最终质量 m_2；覆盖养护膜试件最终质量 M_2；精确到 0.1g。

2）结果与讨论

第一次试验，选择在混凝土表面仅涂刷一遍混凝土保护剂，试验结果如表 2-18、图 2-45 所示。三种保护剂的保水率非常低，仅有 6%，距离标准要求的 75% 差距较大。而现场看试验试块（图 2-46），发现由于混凝土本身存在一定的蜂窝等缺陷，保护剂成膜情况的确较差，很多地方成膜不完整，因此导致水的损失。

表 2-18 涂刷一遍保护剂保水率结果

时间	种类									
编号/质量	纯丙烯酸乳液			丙烯酸乳液改性			共聚物			基准
	1-1	1-2	1-3	1-4	1-5	1-6	1-7	1-8	1-9	1-10
0d（3.27）	8280.7	8307.7	8257.2	8334.0	8152.9	8172.9	8191.6	8291.4	8248.0	8300.3
1d（3.28）	8262.9	8288.6	8240.0	8313.6	8135.3	8156.4	8175.0	8274.1	8226.2	8276.2
2d（3.29）	8251.0	8273.1	8227.3	8298.4	8119.8	8143.5	8161.8	8259.5	8213.2	8260.3
4d（4.1）	8230.5	8247.5	8206.4	8273.0	8095.3	8123.1	8138.0	8233.3	8189.6	8238.5
7d（4.3）	8216.8	8229.8	8191.5	8256.2	8079.0	8109.8	8122.5	8217.2	8174.8	8222.6
14d（4.10）	8195.1	8203.9	8166.9	8228.3	8052.0	8087.3	8098.2	8191.7	8153.0	8200.2
28d（4.24）	8185.8	8194.6	8150.1	8214.9	8041.5	8073.0	8088.8	8184.8	8139.8	8188.5
质量损失	105.03			110.13			106			111.8
质量损失率	1.27%			1.34%			1.29%			1.35%
有效保水率	6%			0.74%			4.5%			—

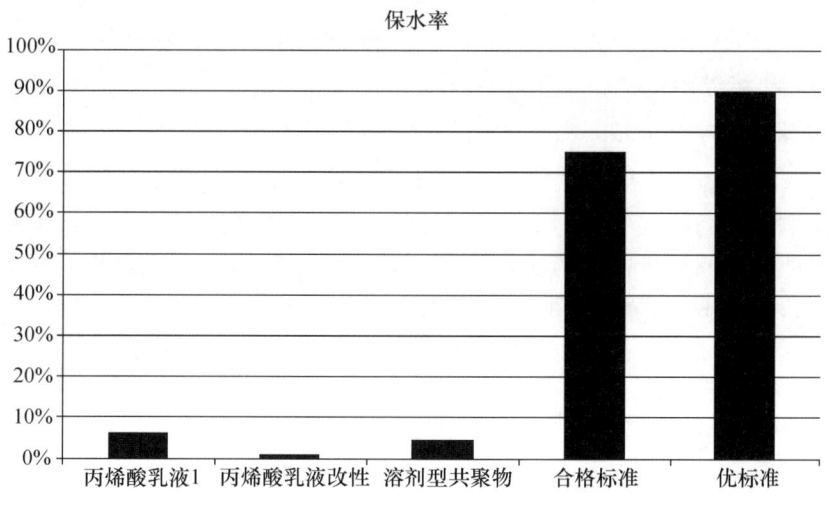

图 2-45 涂刷一遍保护剂保水率结果

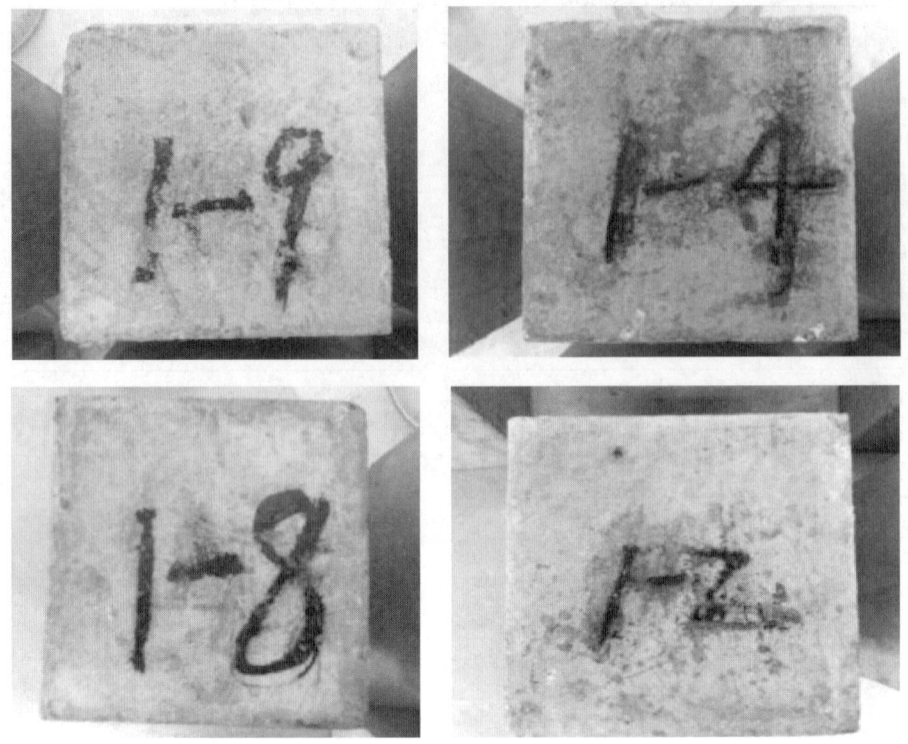

图 2-46 保水性试验试块图片

而此前现场对成膜情况的照片分析发现，在存在蜂窝的地方成膜十分困难，也证明了成膜不理想导致试验数据太低。

吸水率未见标准，从数据看吸水率约减少了 20%。防水效果依次为溶剂型共聚物＞丙烯酸母液＞丙烯酸母液改性。从现场照片看成果依然不理想。从数据（图 2-47）和现场（图 2-48）情况看，涂料在涂刷时成膜性较差，在仅涂刷一遍的情况下，成膜不完整，没有起到防水的作用。

因此，建议涂料涂刷遍数应保证 2 遍及以上（第一遍干燥后再涂刷第二遍），才能有效提高混凝土保水率、吸水率。同时，因为混凝土的缺陷对成膜影响较大，建议在涂膜前对混凝土缺陷进行处理。

2. 多遍涂刷保护剂对混凝土耐久、抗冻性能的影响

针对单遍涂刷工艺不同有效提高混凝土保水率、降低吸水率的问题，本书采用多遍涂刷工艺来解决问题：（1）有效保水率试验中，采用在脱模后先五面上蜡，上蜡后进行用刷子进行涂刷，涂刷完毕后放置待防护剂干燥后再涂刷，总共涂刷 3 遍，使得成膜完整。（2）耐碱性、耐酸性、抗冻性试验，采用直接在脱模后采用浸泡方法涂保护剂，涂完后放置 2~3h 待保护剂干燥后再浸泡一遍，总共浸泡 3 遍，使得成膜完整。

试验方案如表 2-19 所示。

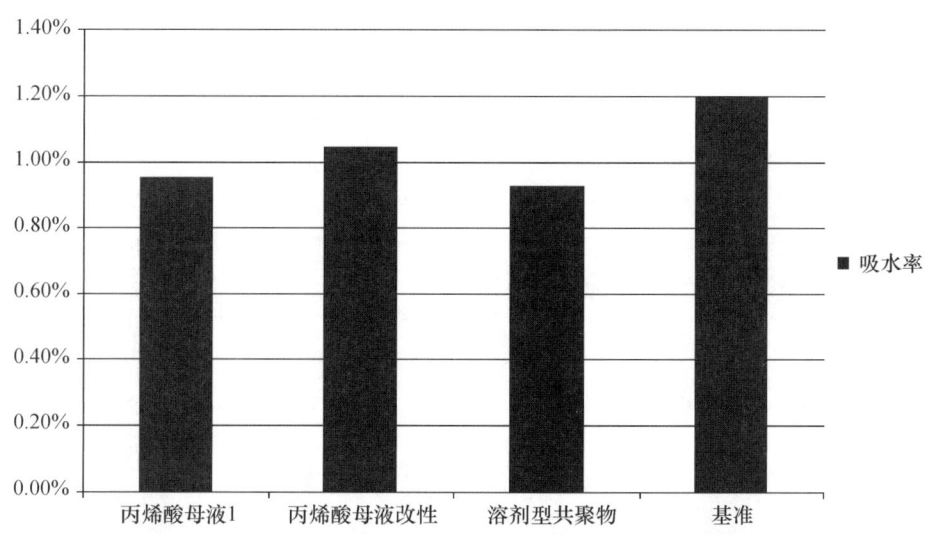

图 2-47 不同保护剂对混凝土吸水率的影响

图 2-48 吸水率试验部分试块

表 2-19 试验具体内容

序号	测试内容	参考标准	指标要求
1	有效保水率	JT/T 522—2004 附录 B	≥90%
2	耐碱性	JT/T 695—2007	30d 无气泡、剥落粉化现象
3	耐酸性	JG/T 335—2011	30d 无气泡、剥落粉化现象
4	抗冻性	JG/T 335—2011	200 次冻融循环无脱落、破裂、起泡现象
5	抗氯离子渗透性	JT/T 695—2007	≤1.0×10^{-3}

注：试验用涂料包括：丙烯酸母液、有机硅涂料、溶剂型共聚物涂料等。

1) 保水率试验

从图 2-49 可以看出在涂刷 3 遍保护剂的情况下丙烯酸乳液和溶剂型涂料均达到了保护剂的合格标准（75%），分别达到了 76% 和 80%。但是距离优秀标准（90%）还是有一定的差距。而渗透型有机硅保护剂则只达到了 54% 的保水率，距离合格品差距还比较大。究其原因，是渗透性有机硅成膜性较差，只能部分渗透进入混凝土而不能形成完整的膜，导致其保水效果不太明显。因此在以下的试验中就不考虑渗透性有机硅保护剂，而是重点研究丙烯酸乳液以及溶剂型共聚物。

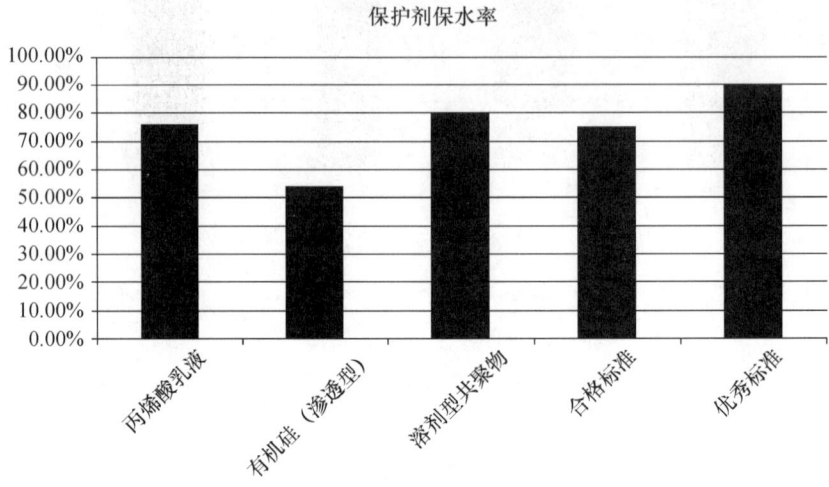

图 2-49　不同类型保护剂保水率

2) 耐碱性试验（图 2-50）

耐碱性标准要求 30d 无气泡、剥落粉化现象，经碱液浸泡 30 天后发现，丙烯酸乳液以及溶剂型共聚物保护剂均无气泡、剥落粉化现象（图 2-51）。说明上述成膜型保护剂的耐碱性是达标的。

图 2-50　酸碱性试验图片

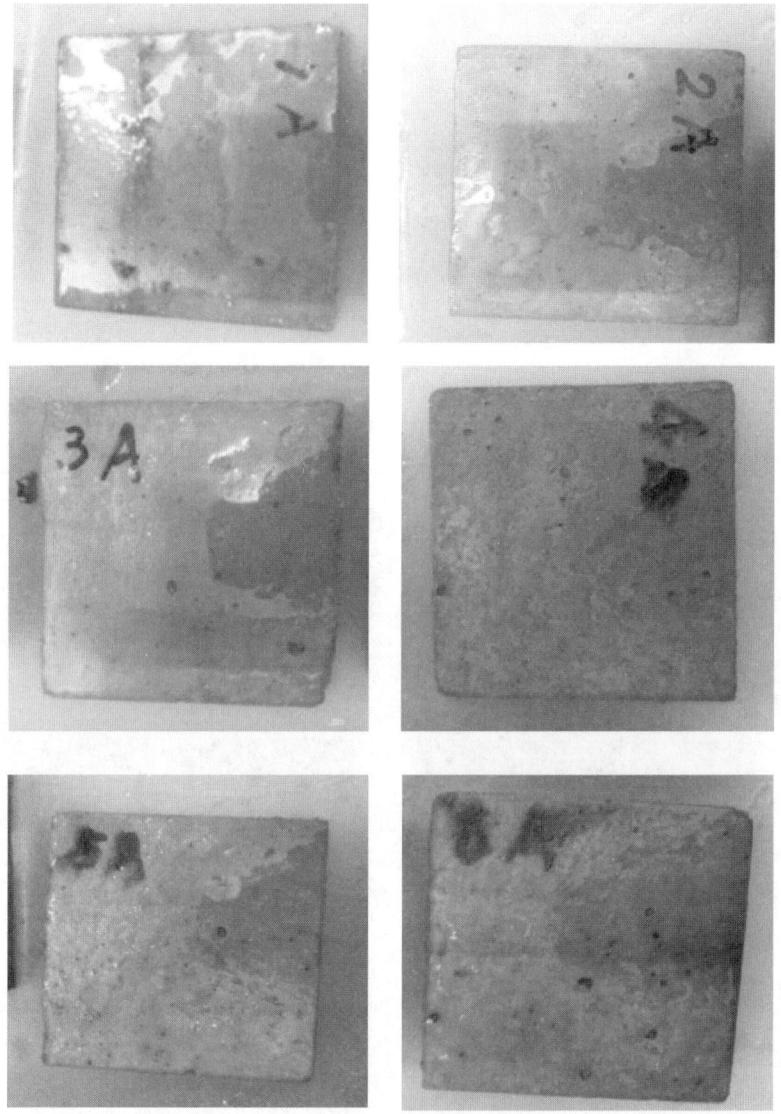

图 2-51 耐碱性试验试块

3) 耐酸性试验（图 2-52）

耐碱性试验标准要求：30d 无气泡、剥落粉化现象。涂刷丙烯酸乳液和溶剂型保护剂的试块在酸性溶液中浸泡 30d 后均未出现气泡及剥落粉化现象（图 2-52），说明上述保护剂的耐酸性也是达标的。

4) 抗氯离子渗透试验

抗氯离子渗透试验结果如表 2-20 和图 2-53 所示，普通试件的扩散系数均值为 9.8227E-12，涂刷溶剂型共聚物保护剂后扩散系数为 6.2003E-12，丙烯酸乳液为 6.0828E-12，改性丙烯酸乳液为 5.14 7E-12。抗氯离子渗透性的效果为改性丙烯酸乳液＞丙烯酸乳液＞溶剂型共聚物＞未涂刷，说明保护剂对氯离子渗透有较为明显的效果，其中改性丙烯酸乳液的效果最为明显。

图 2-52 耐酸性试验试块

表 2-20 抗氯离子渗透试验结果

样品编号	龄期 (d)	超声浴时间 (min)	电压 (V)	初始电流 (mA)	显色深度 (mm)	单件扩散系数 (m^2/s)	迁移系数均值 (m^2/s)
1	56	2	30	31.69	23	1.029×10^{-12}	9.8227×10^{-12}
2	56	2	30	41.09	21	9.3552×10^{-12}	
3	56	2	30	11.55	28	6.3177×10^{-12}	6.2003×10^{-12}
4	56	2	30	14.50	27	6.0828×10^{-12}	
5	56	2	30	19.07	27	6.0828×10^{-12}	6.0828×10^{-12}
6	56	2	30	17.99	27	6.0828×10^{-12}	
7	56	2	30	16.25	19	4.2111×10^{-12}	5.147×10^{-12}
8	56	2	30	19.47	27	6.0828×10^{-12}	

注：1、2 为普通试件；3、4 为溶剂型共聚物；5、6 为丙烯酸乳液；7、8 为改性丙烯酸乳液。

图 2-53　抗氯离子渗透试验试块

5) 抗冻性试验

抗冻性试验要求 200 次冻融循环无脱落、破裂、起泡现象，本试验使用丙烯酸乳液以及溶剂型共聚物作为保护剂涂刷试块后试验效果如图 2-54 所示。

图 2-54　丙烯酸乳液保护剂抗冻性试验图

从图 2-54 可以看出丙烯酸乳液作为保护剂在经历了 200 次冻融循环后出现了明显的脱落、破裂现象。保护剂膜已经破碎，原因是丙烯酸乳液中含有水分，冻融试验导致丙烯酸乳液中的水分反复冻结—融化—冻结—融化，使得丙烯酸乳液保护剂自身发生破坏。

试验结果说明纯的丙烯酸乳液并不适合于外墙保护剂，因为北京冬季的气候较为严寒，最低温度往往达到－15℃，普通的丙烯酸保护剂在冬季很难经受住反复的冻结以及融化过程。因此建议对纯丙烯酸乳液进行改性，增加其弹性，这样在反复的冻融情况下，其热胀冷缩导致的变形才不至于引起保护剂的破坏。

图 2-55 是溶剂型共聚物保护剂抗冻性试验结果，从中可以看出，溶剂型共聚物保

护剂在经历了 200 次冻融循环后依然保持保护膜的完整性,并且无脱落以及气泡现象出现。说明溶剂型共聚物作为保护剂来讲抗冻性还是比较优越的,原因有两点,一是共聚物自身具有一定的弹性,抗冻性较强,第二是其内部不含水分,所以在冻融循环中不发生冻结和融化过程,减少了对保护剂的破坏。

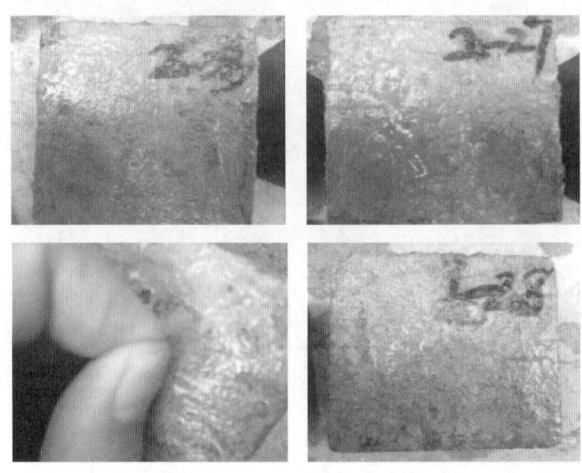

图 2-55 溶剂型共聚物保护剂抗冻性试验

由于溶剂型保护剂具有较强的挥发性,对环境和人体会造成一定的伤害,因此溶剂型保护剂并不是我们的首选,我们希望通过研发具有较强抗冻性的环保型保护剂。在后续的试验中,我们会通过对丙烯酸乳液的改性提高其弹性来改善其抗冻性。

6)耐候性试验

表 2-21 是两种保护剂在 1000h 人工老化试验后的变色和粉化情况。从表 2-21 可以看出在丙烯酸乳液保护剂的变色等级为 1,变色程度为很轻微变色。溶剂型共聚物的变色等级变为 0,变色程度为无变色。粉化程度方向均为无粉化。

表 2-21 紫外光吸收剂对耐候性的影响(1000h 人工老化试验)

保护剂类型	变色等级	变色程度	粉化等级	粉化程度
丙烯酸乳液	1	很轻微变色	0	无粉化
溶剂型共聚物	0	无变色	0	无粉化

表 2-22 是两种保护剂保护剂在 2000h 人工老化试验后的变色和粉化情况。可以看出人工老化时间增加后保护剂的变色程度有所增加,丙烯酸乳液保护剂的变色等级为 2,变色程度为轻微变色。溶剂型共聚物变色等级变为 1,变色程度为很轻微色变,同样,不论添加紫外光吸收剂与否,保护剂均无粉化现象出现。

表 2-22 紫外光吸收剂对耐候性的影响(2000h 人工老化试验)

保护剂类型	变色等级	变色程度	粉化等级	粉化程度
丙烯酸乳液	2	轻微变色	0	无粉化
溶剂型共聚物	1	很轻微变色	0	无粉化

通过上述试验表明丙烯酸乳液在保水性、耐酸耐碱性以及氯离子渗透性方面具有较

好的性能，而且其不含任何溶剂，较为环保。但是在抗冻性和耐候性方面表现一般，在200次冻融试验后出现了破裂现象，而耐候性方向其在2000h人工老化试验后出现了发黄现象。由于混凝土外墙长期暴露于户外，需要经受严寒和紫外线等多种不利环境，因此单纯的丙烯酸乳液作为外墙保护剂是不合格的。但是丙烯酸乳液的基本性能较好、环保型好，而且具有改性提高的潜力。本书在下面的试验中会通过聚氨酯共聚来提高其柔韧性，通过紫外线吸收剂等来提高其耐候性，以研发出一种环保耐候的混凝土外墙保护剂。

溶剂型共聚物虽然各方面性能都基本达标，但是其挥发性溶剂含量达30%，会对人体造成伤害并对大气造成污染，因此本书不对此类型防护剂的进一步研究。

2.3.3 新型耐候抗污混凝土外墙保护剂性能

目前市场上混凝土表面防护以养护剂为主，对混凝土的保护效果只有短期效益。而现有的几种保护剂耐候性和抗沾污性一般，容易发黄变脏，不能够适应混凝土外墙对美观度的要求。

为解决上述问题，本书在前文现有保护剂性能对比研究基础上，以丙烯酸/聚氨酯乳液、氟碳乳液为基础原材料，配以紫外线吸收剂、消泡剂、防腐剂、成膜助剂、增稠剂等多种功能助剂来实现保护剂的性能，研制开发了一种具有较高耐候抗沾污的混凝土外墙防护剂，并开展该保护剂耐候抗污性能试验研究、施工方法研究及工程实际应用。

1. 试验材料

丙烯酸/聚氨酯共聚乳液：天津外星涂料化工有限公司；氟碳乳液：北京润博恒通科技有限公司；紫外线吸收剂：台湾永光化学工业有限公司；润湿剂；消泡剂；防腐剂；成膜助剂等。

2. 试验方法

附着力、耐酸碱性采用《混凝土结构防护用成膜性涂料》（JG/T 335—2011）。

耐沾污性采用《合成树脂乳液外墙涂料》（GB/T 9755—2014）。

最低成膜温度采用《涂料用乳液和涂料、塑料用聚合物分散体白点温度和最低成模温度的测定》（GB/T 9267—2008）。

耐候性的评定方法参考《色漆和清漆涂层老化的评级方法》（GB/T 1766—2008）。

3. 试验结果分析与讨论

1）丙烯酸聚氨酯共聚乳液、氟碳乳液比例对保护剂性能的影响

氟碳乳液是一种具有出色耐沾污性以及耐久性的乳液，并且具有优异的附着力，但是其价格昂贵。丙烯酸聚氨酯共聚乳液是一种较为常见的高弹性乳液，价格相对便宜。本试验将丙烯酸聚氨酯共聚乳液和氟碳乳液以不同的比例共混，测试不同比例对耐沾污性和附着力的影响。

保护剂的耐沾污性由试验后反射系数下降率表示，下降率越高，耐沾污性越差。由图2-56可以看出丙烯酸聚氨酯、氟碳共混乳液的耐沾污性随着氟碳乳液的减少而降低。丙烯酸聚氨酯乳液、氟碳乳液质量比为1∶2的时候，耐沾污性为10，远优于对外墙涂料优等品的要求。而当丙烯酸聚氨酯乳液、氟碳乳液质量比为3∶1的时候，耐沾污性

为15.7，略差于对优等品及一等品的要求，但是完全符合对合格品的要求。当合成外墙保护剂时可以根据对保护剂的要求，选择合适的比例以控制成本和性能。

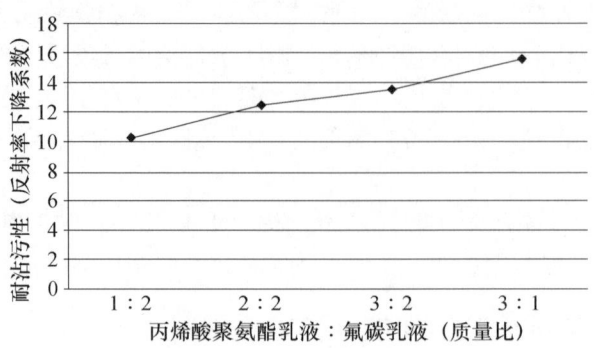

图 2-56　丙烯酸聚氨酯乳液、氟碳乳液比例对耐沾污性影响
（注：GB/T 9755—2014 对外墙涂料要求为：优等品≤15；一等品≤15；合格品≤20）

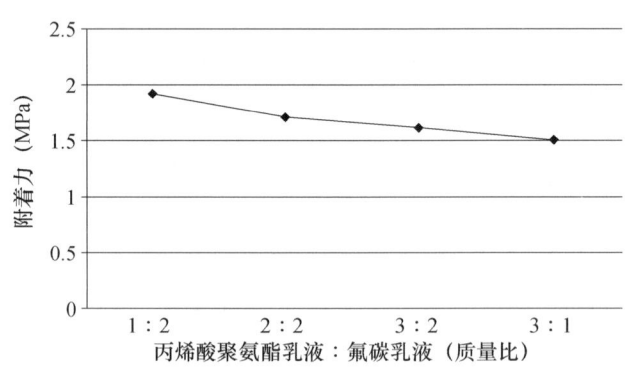

图 2-57　丙烯酸聚氨酯乳液、氟碳乳液比例对附着力的影响
（注：GB/T 9755—2001 对外墙涂料附着力要求为≥1.5MPa）

图 2-57 是丙烯酸聚氨酯乳液、氟碳乳液比例对附着力的影响，由图 2-57 可以看出随着氟碳乳液含量的下降，附着力由 1.93MPa 下降至 1.52MPa，下降较为明显。但是仍然满足标准对于附着力的要求。

2）成膜助剂对最低成膜温度（MFFT）的影响

最低成膜温度（MFFT）是乳液保护剂施工要求的理论最低温度，一般来讲乳液的 MFFT 应保证在 10℃以下，最好低于 5℃，这样在环境温度低的条件下施工才有保障。MFFT 过高的乳液尽管会有较高的漆膜硬度，但是低温施工往往会出现成膜不良现象。一般不加成膜剂的丙烯酸聚氨酯乳液、氟碳乳液其 MFFT 均在 25℃以上，因此必须要添加合适的成膜剂来降低其 MFFT。

本试验根据经验选择异噻唑啉酮衍生物成膜剂来降低乳液的 MFFT，试验中丙烯酸聚氨酯共聚乳液与氟碳乳液质量比为 3∶2。

图 2-58 是成膜剂添加量对最低成膜温度的影响，由图 2-58 可知，成膜助剂的添加对 MFFT 降低具有明显效果，当添加量在 2% 的时候 MFFT 已经从 28℃ 降至 5℃，而当成膜剂添加量继续增加时，MFFT 降低非常微弱。

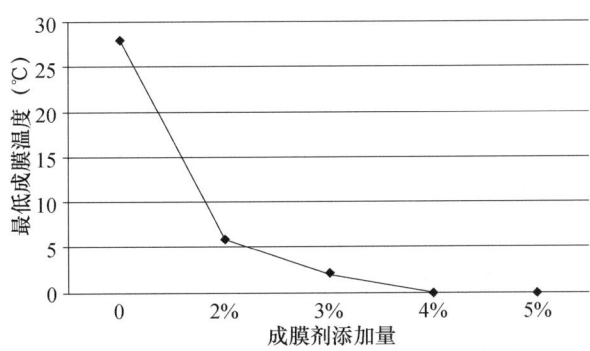

图 2-58　成膜剂添加量对最低成膜温度的影响

3）紫外光吸收剂对耐候性的影响

外墙保护剂由于长期处于紫外光的照射下，极易引起发黄变色等老化现象，对外墙的美观度造成影响。因此本试验选用适合于乳液保护剂的磺酸二苯甲酮衍生物来提高保护剂的耐候性，试验中丙烯酸聚氨酯共聚乳液与氟碳乳液质量比为 3∶2。

表 2-23 是紫外光吸收剂对保护剂在 1000h 人工老化试验后的变色和粉化情况。从表 2-23 可以看出在不添加紫外光吸收剂的时候，保护剂的变色等级为 1，变色程度为很轻微变色。在添加 0.2% 的紫外光吸收剂之后变色等级变为 0，变色程度为无变色，达到标准要求的最高等级。紫外光吸收剂含量继续添加变色等级仍为 0。而不论紫外光吸收剂添加与否，保护剂均无粉化现象出现。

表 2-23　紫外光吸收剂对耐候性的影响（1000h 人工老化试验）

紫外光吸收剂添加量	变色等级	变色程度	粉化等级	粉化程度
0	1	很轻微变色	0	无粉化
0.2%	0	无变色	0	无粉化
0.3%	0	无变色	0	无粉化
0.4%	0	无变色	0	无粉化

表 2-24 是紫外光吸收剂对保护剂在 2000h 人工老化试验后的变色和粉化情况。从表 2-24 可以看出人工老化时间增加后保护剂的变色程度有所增加，在不添加紫外光吸收剂的时候，保护剂的变色等级为 2，变色程度为轻微变色。在添加 0.2% 的紫外光吸收剂之后变色等级变为 1，变色程度为很轻微色变，而在添加 0.3% 的紫外光吸收剂之后变色等级才变为 0，达到标准要求的最高等级。同样，不论添加紫外光吸收剂与否，保护剂均无粉化现象出现。

表 2-24　紫外光吸收剂对耐候性的影响（2000h 人工老化试验）

紫外光吸收剂添加量	变色等级	变色程度	粉化等级	粉化程度
0	2	轻微变色	0	无粉化
0.2%	1	很轻微变色	0	无粉化
0.3%	0	无变色	0	无粉化
0.4%	0	无变色	0	无粉化

从试验数据看 0.3%的紫外光添加剂含量可以保证保护剂在最严苛的试验条件下明显提高材料的变色等级，使得保护剂达到标准要求。

4）保护剂耐酸碱性试验

耐酸碱性是保护剂基本性能指标，本试验将试件按标准要求分别泡入酸性和碱性溶液中。30d 后观察发现表面均无气泡、剥落、粉化等现象，见图 2-59、图 2-60，说明保护剂对耐酸碱性达标。

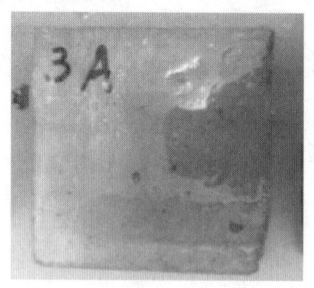

图 2-59　耐碱性试验试块

图 2-60　耐酸性试验试块

5）保护剂其他性能指标

保护剂其他性能指标如表 2-25 所示。

表 2-25　保护剂其他性能指标

项目	指标	检测标准
在容器中的状态	搅拌混合后，无硬块，呈均匀状态	
施工性	刷涂无障碍	
施工温度	5℃	
黏度（23℃）	≥80s	GB/T 1723—1993
固体含量	55%	GB/T 1725—1989
表面干燥时间（23℃）	≤1h	GB/T 1728—1989
实际干燥时间（23℃）	≤10h	GB/T 1728—1989

以丙烯酸/聚氨酯乳液、氟碳乳液为基础原材料，配以紫外光吸收剂、消泡剂、防腐剂、成膜助剂和增稠剂等多种功能助剂合成一种耐候耐沾污混凝土外墙保护剂。通过室内试验和现场试验研究初步得出如下结论：

1）丙烯酸/聚氨酯乳液、氟碳乳液共混后耐沾污性较氟碳乳液下降，但是而当丙烯酸聚氨酯乳液与氟碳乳液质量比为 3∶1 的时候，耐沾污性为 15.7，略差于对优等品及一等品的要求，但是完全符合对合格品的要求。当合成外墙保护剂时可以根据对保护剂的要求，选择合适的比例以控制成本和性能。

2）异噻唑啉酮衍生物成膜剂对 MFFT 降低具有明显效果，当添加量在 2%的时候MFFT 已经从 28℃降至 5℃。

3）磺酸二苯甲酮衍生物作为紫外光添加剂可以保证保护剂在 2000h 人工老化的试验条件下明显提高材料的变色等级。

4）丙烯酸/聚氨酯乳液、氟碳乳液共混保护剂自身的耐酸碱性均可以达到要求，无须添加助剂进行改性。

2.3.4 新型保护剂施工工艺

该新型保护剂应用于清水混凝土饰面、硅胶模混凝土饰面及彩色自流平饰面外墙板的施工工艺流程如图 2-61 所示。

工艺控制要点如下：

1) 第一遍涂刷施工

（1）保护剂应按 1:1~2 比例稀释，用量保证 0.1kg/m²。

（2）涂刷保护剂应采用先毛刷涂刷边缘处及孔洞处，再滚筒滚涂大面积处的不间断施工方式，避免干燥后重复施工，且保护剂应用量充足，充分渗入基面内部。

（3）涂刷效果应均匀、无色差、无漏涂和流挂现象，泼水试验时无水湿现象的标准验收。

（4）第一遍涂刷施工应静置、干燥 2h 以上，再进行下一道工序施工。

2) 第二遍涂刷施工

（1）本次保护剂用量应保证 0.08kg/m²。

（2）本次涂刷施工方式与第一遍施工方式相同。

（3）本次涂刷与第一次涂刷具有相同的效果验收标准，并应保持混凝土原有的表面肌理。

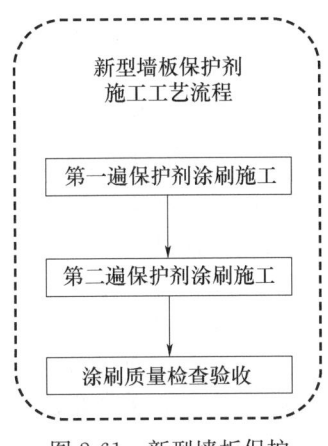

图 2-61 新型墙板保护剂施工工艺流程

3) 检查验收

在完全干燥后，应采用墙面防水的方式进行防水性测试，且要求墙面颜色无变化、不变湿。

4) 其他施工注意事项

（1）当风速达到 5m/s 以上时，应停止施工。

（2）涂装材料要求基面含水率不超过 10%，否则会引起涂膜剥离等不良现象。

（3）基层表面有结露时，应待其干燥后再进行施工。

2.4 真空绝热板夹芯保温墙板

能源短缺和环境污染将是制约我国 21 世纪经济可持续发展的最重要因素之一，而建筑和建材业又是环境污染和能耗大户，尤其是建筑物使用过程中，耗能占总耗能的 30%~40%。因此开发高效建筑节能技术将会创造巨大的社会经济效益和环保效益。

目前，在实施建筑节能的各项措施中，墙体保温被认为是最行之有效的，因此世界各国都在大力发展新型墙体保温技术。建筑用真空绝热板是墙体保温材料中的一种，是由填充芯材与保护表层复合而成，它能有效避免空气对流引起的热传递，因此导热系数可大幅降低，小于 0.008W/(m·K)，燃烧等级可达到 A 级不燃，具有环保、高效节能、防火的特性，是目前世界上最先进的高效保温材料。目前，建筑用真空绝热板在我国民用与公共建筑节能领域已得到众多应用，起到了良好的工程示范作用；其保温构造形式主要以传统的外墙薄抹灰系统为主。建筑用真空绝热板特殊的产品构造，有不可裁剪、不可开洞、板面不可锚固、保护表层易破损的特点，因此在应用于薄抹灰系统时，不当的施工操作，可能造成板材破损，使其失去保温性能。为此，深入开展建筑用真空绝热板的工程应用技术研究，提出适应建筑用真空绝热板的建筑应用形式，形成配套的设计方法及施工技术，开发建筑用真空绝热板复合产品体系及工艺方法，对充分发挥建筑用真空绝热板的工程应用潜力、拓展其应用方式，推动其产业发展，显得尤为必要和紧迫。

建筑保温工程实践证明，预制夹芯保温混凝土板节能体系是住宅产业化技术的重要组成部分，该技术将保温材料与建筑构件复合，使部品化的建筑构件具有保温功能，同时对保温材料起保护作用，是未来建筑保温技术的发展趋势。在设计中配套合理的冷热桥、使用寿命（耐候性）与建筑物相一致，具有其他保温墙体无法比拟的优势。在施工过程中通过特有的固定方式进行现场快速安装，可实现保温耐久和安全牢固。该系统集结构抗震和保温装饰功能为一体，具有工厂化生产、现场干法施工和耐久性好等特点；应用该技术可实现节地节材，增加建筑使用面积的效果，经计算，该技术可减少住宅公摊面积，即增加使用面积。同时，与普通保温预制墙体相比，每使用1万平米真空绝热保温预制墙体，可实现节约标煤消耗56t，减少白色垃圾污染20t，减少二氧化碳气体排放120t，是目前我国建筑墙体保温领域应积极发展的先进技术。

2.4.1 概述

1. 建筑保温隔热材料基本特性及类型

保温隔热材料是一种对热对流起到明显阻碍作用的材料。因为空气热导率[0.023W/（m·K）]远低于固体热导率，故保温隔热材料较多采用微孔、纤维、气泡状或层状结构，内部填充大量静止空气，进而明显降低材料的热导率，起到保温隔热作用。

材料的保温性能通过热导率来衡量。热导率通常取决于密度、湿度、热流方向和颗粒度[32]：

1) 密度。由于材料中固体物质的导热能力比空气要大，因而材料密度越大，导热性就越好，热导率越大。这与材料的孔隙率与孔隙特征又有着密切的联系，一般情况下孔隙率越大密度越低，热导率越小。在孔隙率相同的条件下，孔隙尺寸越大，热导率越大。同时，由于空气产生对流传热的原因，孔隙相互连通比封闭的热导率要高。

2) 湿度。材料受潮会致使孔隙含有水分，但是水分热导率[0.581W/（m·K）]大于空气热导率，进而增大了材料热导率。如果材料受潮之后出现冰冻情况，因冰热导率为2.326W/（m·K），材料热导率会进一步增大。

3) 热流方向。该因素只存在于各向异性保温隔热材料（例如纤维状保温隔热材料）中，当热流方向与纤维同向时，热阻力减小，热导率增大。

4) 颗粒度。材料颗粒度越大，堆积时所产生的空隙越大，则热导率越大。

同时，建筑保温隔热材料除具有良好的保温性能外，还应该具有质量轻、容重小、强度高、不易燃燃、耐久性好、耐化学腐蚀性等特点。目前，建筑使用的保温隔热材料要求导热系数不大小0.17W/（m·K），表观密度小于1000kg/m³，抗压强度大于0.3MPa[32]。

目前，常用的建筑墙体保温隔热材料按照材料性质，一般分为有机保温隔热材料、无机保温隔热材料,详见表 2-26。各类墙体保温隔热材料已经发展出满足各种保温需求的系列产品,在建筑领域应用广泛。

表 2-26 建筑保温隔热材料类型

类型	名称(英文名称)	简称
有机保温隔热材料	聚苯乙烯泡沫塑料(Expanded polystyrene)	EPS
	挤塑聚苯乙烯泡沫塑料(Extruded polystyrene)	XPS
	聚氨酯泡沫塑料(Polyurethanes)	PU
	酚醛泡沫塑料(Phenolic foam)	PF
无机保温隔热材料	矿物棉:岩棉、玻璃棉、矿渣棉	
	发泡混凝土	
	膨胀珍珠岩材料	
	玻化微珠材料	
	真空绝热板(Vacuum Insulation Panel)	VIP

2. 有机类保温隔热材料应用现状

1)聚苯乙烯泡沫塑料(EPS)和挤塑聚苯乙烯泡沫塑料(XPS)

EPS 是以可发性聚苯乙烯颗粒为原料,经加热预发泡,在模具中加热成型而成的具有微细闭孔结构泡沫塑料,其泡沫由约 98% 的空气和 2% 的聚苯乙烯组成,蜂窝孔的直径为 0.2~0.5mm,壁厚为 0.001mm,见图 2-62(a)。EPS 分为阻燃性能不高的普通型 EPS 材料和阻燃型 EPS。目前,根据防火的要求,外墙保温板主要采用阻燃型 EPS 板。

XPS 采用与 EPS 相同的原材料,不同的生产工艺,经连续挤出发泡成型的具有紧密闭孔蜂窝结构泡沫塑料,见图 2-62(b)。

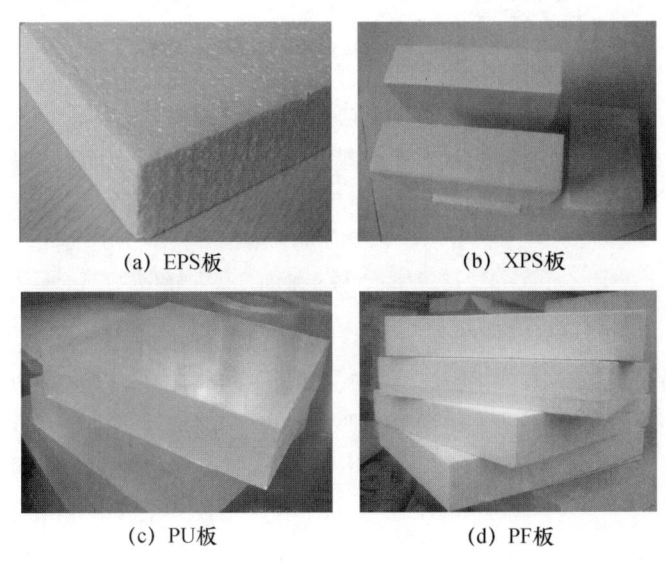

(a) EPS板　　(b) XPS板

(c) PU板　　(d) PF板

图 2-62 有机保温隔热材料实物

EPS/XPS 具有密度小、保温隔热性能好、吸水率低的特点,同时具有容易加工、价格低廉等优点,是目前应用最广的建筑保温材料。但是,EPS/XPS 存在阻燃性低,防火性能不足的缺点，并且燃烧时，会释放有害气体，损害人体健康、污染环境。

故EPS/XPS研究聚焦在改善其阻燃性能方面。阻燃方法主要包括本体阻燃和添加阻燃两大类。本体阻燃是指在聚苯乙烯分子链上引入具有阻燃效应的氮、磷、卤族元素，达到阻燃效果。添加阻燃是通过外加添加剂达到阻燃效果，又分为卤素阻燃和磷系阻燃、无机阻燃剂（膨胀石墨为主）。卤素是一种传统的阻燃剂，其中以溴系为主导产品[33]，但是燃烧时会生成大量有害气体，因此该技术会被逐渐限用和淘汰，无卤素阻燃是今后发展的方向。Dow公司（2000）开发了几乎全部的硫代磷酸酯和二硫代磷酸酯，应用于EPS泡沫塑料，但是，但该类阻燃剂尚未商品化[33]。巴斯夫公司提出了制备含有石墨和磷化合物的XPS方法，可达到了建筑业所需的防火等级B2级[34]。

2) 聚氨酯泡沫塑料（PU）

PU是以聚醚多元醇、聚酯多元醇和多异氰酸酯或改性异氰酸酯预聚物为原料，加入一定比例的发泡剂、催化剂、泡沫稳定剂等，在一定的温度条件下，经混合均匀发泡所制得的泡沫材料，见图2-62（c）。

与EPS/XPS相比较、PU材料具有更好的保温隔热性能，是目前保温性能最好的有机类建筑保温材料。同时，PU材料还具有以下优异的性能：

（1）优异的粘结性能：聚氨酯合成原料中的异氰酸酯可以与基体材料的羟基发生反应（图2-63），因此聚氨酯泡沫材料对钢板、铝板等金属、木材、混凝土、石棉、沥青、纸等都具有良好的粘结强度，从而可与多种物体粘结，施工装配方便，粘结强度高，不会随着时间推移出现脱皮现象，易于大规模应用。

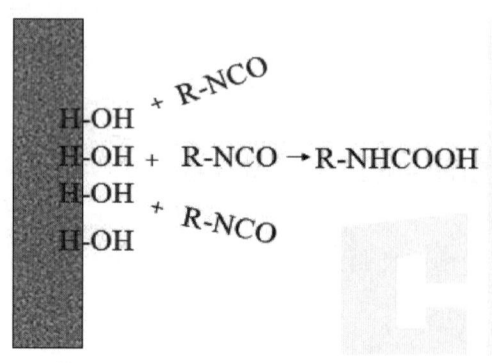

图2-63 异氰酸酯与羟基的反应示意图

（2）良好的化学稳定性：聚氨酯泡沫材料具有良好的化学稳定性，实际的应用表明，泡孔结构未被破坏时，材料在－50～150℃可长期使用，显示出优异的抗老化性能。使用非渗透性饰面材料，在长期使用的过程中，始终保持优异的保温性能。聚氨酯泡沫材料可耐弱酸、弱碱等化学物质侵蚀，使用寿命长，能满足建筑物对保温材料的要求。

（3）工艺成熟、生产效率高：如图2-64所示，聚氨酯泡沫材料的生产原料反应活性高，可以实现快速反应成型，连续化生产。阻燃剂可以在成型加工过程中添加，不需要对材料进行二次加工，能满足实际工程应用需求。

但是，PU同样存在阻燃性不佳（氧指数OI仅为17%）且燃烧时会释放有害气体的缺点。故PU研究聚焦在优化其阻燃性能方面[35~37]，提高了PU阻燃性，形成了更为

图 2-64 聚氨酯保温材料生产设备

常用的改性 PU。Tarakcilar[38]研究了由聚磷酸铵（APP）、季戊四醇（PER）粉末组成的膨胀阻燃对于 PU 材料性能的影响，得出当添加 5%，且组成比为 2∶1（APP∶PER）的膨胀阻燃剂时，PU 综合性能最佳。Thirumal[39]等研究了由氢氧化铝和磷酸三苯酯组成的复配阻燃剂于 PU 阻燃性能的影响，得出当组成比为 5∶1（氢氧化铝∶磷酸三苯酯）时，PU 的阻燃性能最佳（氧指数 OI 达 29.5%）。部分学者[40,41]还研究了化学改性的蒙脱土对 PU 阻燃性能的影响，结果表明该蒙脱土能显著提高 PU 的阻燃性能。

3）酚醛树脂泡沫材料（PF）

PF 是由酚醛树脂、发泡剂、表面活性剂和固化剂、不燃填料组成的一种泡沫塑料，见图 2-62（d）。

与 EPS、XPS、PU 材料相比较，PF 的阻燃性能最好（氧指数 OI 达 35%~40%），但是由于酚醛分子结构的原因，PF 存在脆性大、易粉化的缺点，限制了应用。

因此，目前国内外学者主要开展 PU 材料的增韧研究。增韧方法大致分为 2 种：(1) 外加增韧剂法。石晓[42]等采用外加增韧剂（橡胶弹性体改性剂、热塑性树脂等）的方法，提高 PU 材料的韧性。(2) 改性材料法。一些学者等用部分带有韧性的改性苯酚代替苯酚合成树脂，即用含有与苯酚类似官能团的韧性物质部分代替苯酚与甲醛缩合提高材料韧性。黄剑清[43]等研究了聚氨酯预聚体对 PU 韧性的影响，研究表明：聚氨酯预聚体能够有效提高 PU 的韧性，当聚氨酯用量为 9%时，其韧性最佳。

3. 无机类墙体保温隔热材料应用现状

1）矿物棉

矿物棉是一种传统的无机纤维保温隔热材料，主要包括岩棉、玻璃棉、矿渣棉三种。岩棉是以玄武岩、辉绿岩为主要原料，外加一定数量的辅助料，经熔化、压力吹丝或甩丝，最终形成的纤维状保温隔热材料，见图 2-65（a）。

玻璃棉板和矿渣棉板分别是以玻璃和工业废料（矿渣和石灰石）为原料，经相似的生产工艺，最终形成的纤维状保温隔热材料。

矿物棉具有良好的保温性能和防火性能，但是其吸水率大，容易吸水致使保温性能显著降低，其抗压强度降低，容易塌陷，故使用范围受限。

目前，矿物棉在欧洲、日本、俄罗斯等国有广泛应用，其中瑞典的岩棉工业水平较高。岩棉和玻璃棉大部分应用于外墙体和复合外墙板、屋面保温、吊顶、吸声墙体，而矿渣棉大部分应用于不受水湿的热力设备和管道。

我国多家研究机构、企业致力于岩棉[44]、玻璃棉[45]、矿渣棉[46,47]材料性能、产品及生产工艺研究,并借鉴国外相关技术,最终编制了国家规范《建筑用岩棉绝热制品》(GB/T 19686—2015)和《建筑绝热用玻璃棉制品》(GB/T 17795—2008),促进了矿物棉的推广应用。

2)发泡混凝土

发泡混凝土是以钙质材料(水泥、石灰)、硅质材料(石英砂、粉煤灰、矿渣粉、页岩等)为主要原料,并掺入加气剂、外加剂等,经混合搅拌、浇注、养护而成的一种多孔硅酸盐保温材料,见图2-65(b)。

与有机材料相比较,发泡混凝土虽然密度较大、保温隔热性能一般,但是具有强度、防火、耐久性等方面优势,故在建筑领域仍然有较广泛的应用。

在国外,泡沫混凝土技术起源于20世纪初的欧洲,在30年代至50年代,逐渐成熟,并形成工业化技术体系,其中前苏联的技术成就最大,并制定了一系列规范、产品标准和技术规程。50年代以后,该技术逐渐由欧洲推广至世界各国。80年代以后,泡沫混凝土技术进入技术革新与应用领域高速扩展阶段,其应用领域已达20多个,并由民用扩展到军用、航空、工业等高端领域。

我国在50年代从前苏联引进发泡混凝土技术,发展至今主要有现浇和预制品两种应用形式[48]:

(1)现浇泡沫混凝土主要用于保温屋面、地面、垫层、墙体以及公路回填、隧道回填、地基回填、油田固井浇注等领域,其中泡沫混凝土现浇墙体是我国拥有自主产权的创新技术,包括承重泡沫混凝土现浇墙体、钢结构现浇墙体、框架结构泡沫混凝土墙体、砖混结构夹芯泡沫混凝土墙体等,推动了现浇泡沫混凝土技术创新和应用。

(2)目前,泡沫混凝土制品主要包括外墙保温墙板、外墙自保温墙板、陶粒泡沫混凝土砌块及蒸压砌块。泡沫混凝土外墙外保温板是采用粘贴或干挂工艺固定于外墙面的保温板,其幅面20cm×20cm、25cm×25cm,厚度3~5cm。外墙自保温墙板是由高强外壳和泡沫混凝土芯材复合而成的板材,可实现外墙自保温,安装后不需另做保温处理。泡沫混凝土砌块因其强度差,后期干缩大,使用受限,故国外企业多采用蒸压工艺改善性能,形成蒸压砌块或条板(ALC板)。国内企业引进蒸压工艺的同时,还进一步研发了陶粒泡沫混凝土砌块,扩展了泡沫混凝土制品的种类。

目前该领域研究主要聚焦于研发低密度(<200kg/m^3)、高强度材料及建筑产品。徐文等[49]研究了化学发泡制备的低密度泡沫混凝土板性能,分析得出:适宜掺量的硅灰、纤维可以提高低密度泡沫混凝土外墙保温板抗压强度;适宜掺量的有机胶和纤维可以提高其抗拉强度,改善脆性;掺加粉煤灰、矿粉会降低其抗压强度,但是,当密度相近时,对导热系数影响不明显。

3)膨胀珍珠岩

膨胀珍珠岩是一种天然酸性玻璃质火山熔岩非金属矿产,包括珍珠岩、松脂岩和黑曜岩,三者只是结晶水含量不同。在高温条件下(1000~1300℃)膨胀珍珠岩的体积能够膨胀4~30倍,特点显著,见图2-65(c)。

膨胀珍珠岩是一种价廉的保温材料。具有密度小、耐火和隔声性能良好、保温隔热性能较好的特点,但是其吸水率高,吸水后保温隔热性能下降显著,并且强度低,容易破碎,不便存放。

目前该领域研究主要聚焦于研发吸水率低、高强度材料及建筑产品。部分学者[50,51]选用不同的胶凝材料掺入膨胀珍珠岩中,降低其吸水率,研发了多种新型材料。胡素芳[52]通过在膨胀珍珠岩中掺入一定比例的水玻璃、高岭土及混合土,来提高该材料的高抗压强度。

4) 玻化微珠材料

玻化微珠主要成分为硼硅酸盐,是一种纳米级新型轻质材料构成,粒度为10～250μm、壁厚为1～2μm的空心球体[53],见图2-65 (d)。

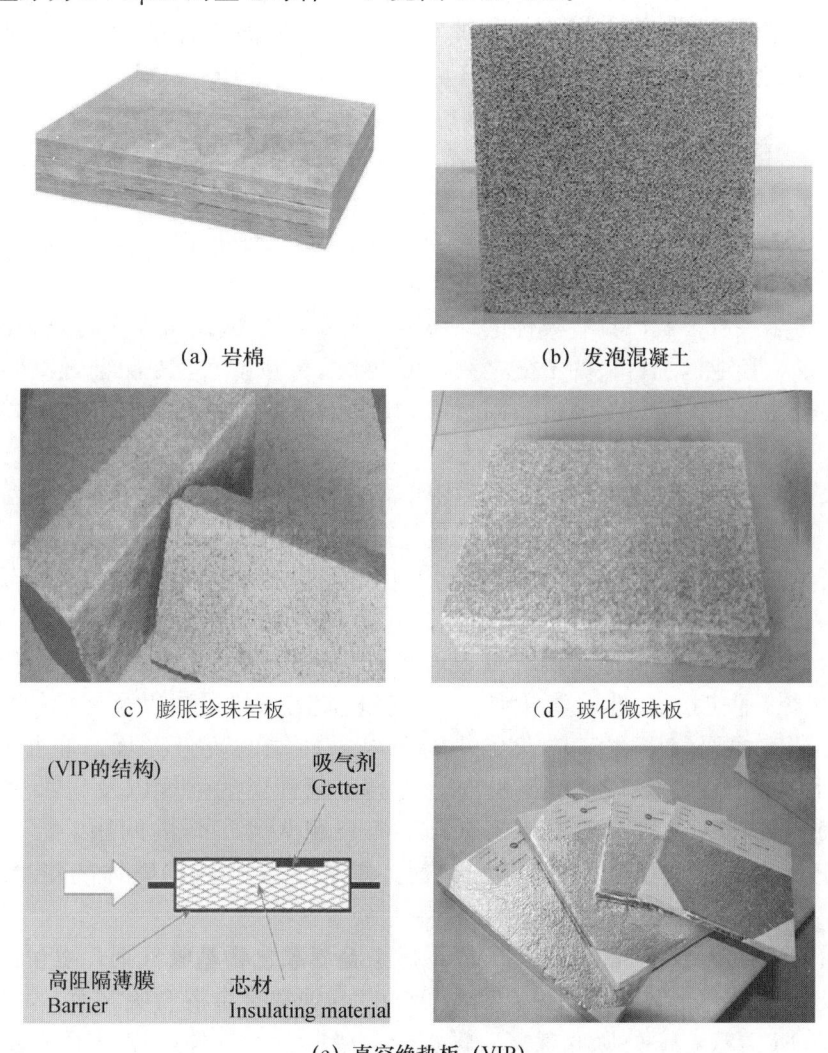

(a) 岩棉　　　　　　　　　(b) 发泡混凝土

(c) 膨胀珍珠岩板　　　　　(d) 玻化微珠板

(e) 真空绝热板 (VIP)

图2-65 无机保温隔热材料实物

与膨胀珍珠岩相比较,玻化微珠保温材料不但具有同样的优点,还具有低吸水率的特点,潮湿环境下保温隔热性能无显著降低。

发展至今,研究机构和相关企业已经研发出了多种玻化微珠保温板[54],用以满足不同工程的需求,主要包括:以水泥为胶凝材料,玻化微珠为轻骨料,掺入增强纤维和外加剂,经搅拌、压制成型的保温板;以水泥、水玻璃等为胶凝材料,聚苯颗粒和玻化微珠按比例掺和，并添入外加剂制备而成的保温板；以玻化微珠颗粒或玻化微珠板为芯材，并以水泥板或石膏板为面板，通过胶粘剂粘合成的复合保温板。

5）真空绝热材料

真空绝热材料是以粉状、纤维状无机材料为芯材，附加真空稳定剂和高强复合阻气膜，经抽真空封装形成的一种新型保温隔热板型材料，简称VIP，也称STP，见图2-65（e）。①芯材主要是由SiO_2、超细玻璃纤维及特种添加剂制备而成的材料，其功能是支撑结构，防止在内部真空条件下VIP板收缩、塌瘪，防止热辐射的发生和减少热传导的发生。②真空稳定剂是微粒中空材料（利用真空激活的气体吸附材料），其功能是保证板内更好的真空度，吸附由于渗透或材料放气所产生的多余气体水分，延长VIP的使用寿命。③阻汽层主要是高阻隔复合膜，采用AL、PE、PET、PA、玻纤等多层材料复合而成，其主要功能是将芯材包裹起来以隔绝外界空气使内部保持真空，发挥包覆隔绝的作用，同时利用本身的致密性，可有效防止氧及水汽等通过阻气层渗入VIP内部破坏真空度，降低绝热性能，发挥防止渗透的作用。

VIP的导热系数很低，具有极佳的保温隔热性能，在达到同等保温效果的情况下，其使用厚度仅为其他传统材料的十分之一，可以节省大量空间，是目前最高效的保温材料，因此也被称为超薄绝热保温板。同时，VIP板具有良好的防火阻燃性能和无毒环保的优势。

近年来，建筑领域开始使用VIP，适用于新建、扩建民用及公用建筑外墙与屋面的保温工程，尤其适用于既有建筑的节能改造工程。

芯材研究主要集中在芯材生产工艺的改进和绝热性能优化方面。ChenZhou[55]通过改进离心喷吹的工艺参数，进一步降低了VIP的导热系数，优化了保温隔热性能。Wang[56]等通过酸蚀工艺增加玻璃纤维表面积和纳米改性工艺，在玻璃纤维表面沉积纳米SiO_2颗粒，发明了高硅玻璃纤维，其具有较低的导热系数以及优异的疏水性。

阻汽层研究主要集中在其抗老化性能和阻氧性能的改进方面。翟传伟[57]等通过在VIP外侧复合一层玻璃纤维网格布，提高了阻气层的强度以及与水泥的结合性能和抗穿刺性能，解决了VIP与水泥粘结不牢、耐久性不佳的问题。WangLu[58]等通过在VIP的表面涂覆了一层TPU胶粘剂，提高了VIP板的整体的耐磨性和抗穿刺性能。

吸气剂的研究主要集中在CaO、BaO系碱土金属氧化物基吸气剂，也包括PdO系、活性炭系吸气剂上。Di[59]等将发明了CaO、CuO与钡锂合金混合吸气剂，其中CaO用于吸附残余的水蒸气，CuO吸收氢气，钡锂合金吸收其余气体，进一步提高了VIP的真空度，增强了保温热性能。Ai[60]等比较了含锆钒合金和CaO的吸气剂和仅含CaO的吸气剂以及不含吸气剂所制备VIP的导热系数随时间的变化关系，结果表明由含锆钒合金和CaO的吸气剂制备的VIP导热系数变化最小，性能最佳。

根据文献[61]，常用的几种不同保温隔热材料主要性能参数见表2-27。应根据各材料性能参数，进行保温材料的选择。

表 2-27 几种不同保温隔热材料性能参数

类别	名称	导热系数 [W/(m·K)]	燃烧性能等级	体积吸水率（％）	密度 (kg/m³)	抗压强度 (kPa)	环保性
有机保温隔热材料	模塑聚苯乙烯（EPS）	≤0.041	B1～B2（易燃滴落）	≤2	22～35	≥100	燃烧时，释放有害物质
	挤塑聚苯乙烯（XPS）	≤0.032	B1～B2（易燃滴落）	≤2	22～35	≥100	
	改性聚氨酯（PU）	≤0.024	B1～B2（不滴落）	≤3	35～45	≥150	
	酚醛树脂（PF）	0.033左右	B1（不滴落）	≤7.5	47～65	≥100	
无机保温隔热材料	岩棉	≤0.044	A	<5	≥150	≥40	燃烧时，不释放有害气体
	发泡混凝土	0.051～0.076	A	12～22	200～400	≥200	
	膨胀珍珠岩	≤0.076	A	<30	≤255	≥474	
	玻化微珠	≤0.070	A	<30	240～300	≥200	
	真空绝热板（VIP）	0.010	A2	—	100～160	200	

通过有机保温材料和无机保温材料的性能对比分析得出：

（1）有机保温材料具有的优势为：导热率低、保温隔热性能好；吸水率低、耐久性能好；密度小、质量轻。

（2）无机保温材料具有的优势为：防火等级高、阻燃性能好；抗压强度高（岩棉除外）、受力抗破坏性能好；燃烧时，不产生有害气体，无污染、绿色环保。

通过有机保温材料性能对比分析可见：

（1）PF 的燃烧性能等级（B1）等于或高于 PU、XPS、EPS 的燃烧性能等级（B1、B2），但是四种材料的保温板均能满足建筑墙体防火所需 B1 级的要求。

（2）4 种材料导热系数由低到高排列：PU＜XPS≈PF＜EPS。故按照相同的性能要求，PU 板所需厚度最小，35mm 厚的 PU 的保温效果相当于 50mm 的 EPS，见图 2-66。XPS 和 PF 所需板厚次之，EPS 所需板厚最大。保温板越厚，自身变形越大，对连接件要求越高，导致预制墙体成本增加，整体性、耐久性降低。故除保温节能要求不高的部位，一般不选用 EPS 板。

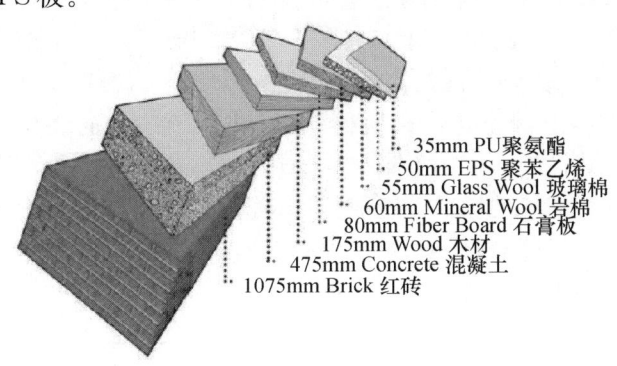

图 2-66 聚氨酯保温性能对比图

(3) 对比 PU、XPS 和 PF 三种材料吸水率得出，PU 的吸水率（3%）与 XPS 的吸水率（3%）相近，明显低于 PF 的吸水率（7.5%），只为 30% 左右。因为吸水率越低，吸水后材料的导热系数增长越少，保温隔热性能降低越小，耐久性越强，故不选用 PF 材料。

(4) 与 PF 材料相比，PU、XPS 的密度相对较小、抗压强度较优，有利于减小外墙板质量、提高外墙板抗裂、受力破损性能。

通过无机保温材料性能对比研究得出：

(1) 真空绝热板（VIP）的燃烧性能等级（A2）高于其他无机保温材料（A）。各保温材料均能满足建筑墙体防火所需 B1 级的要求。

(2) 5 种材料导热系数由低到高排列：真空绝热板（VIP）＜岩棉＜发泡混凝土＜玻化微珠≈膨胀珍珠岩。VIP 的导热系数远小于其他无机保温材料，保温隔热性能极优，满足节能要求的保温板厚较小，方便生产和节约房屋面积。岩棉和发泡混凝土的导热系数较小，满足节能要求的保温板厚度虽然较大，但还可接受。玻化微珠和膨胀珍珠岩的导热系数较大，导致满足节能要求的保温板厚度太大，显著增加内叶板、外叶板连接件的设计难度，严重影响外墙板的整体性，故不宜使用。

(3) 对比真空绝热板（VIP）、岩棉和发泡混凝土抗压强度可见，岩棉的抗压强度很小，是常见有机、无机保温材料中最小的，约为真空绝热板（VIP）和发泡混凝土抗压强度的 20%，不宜作为墙体保温材料。

(4) 在各无机保温材料中，真空绝热板（VIP）的密度最小，发泡混凝土的密度较小，有利于减小外墙板质量。

综上所述，有机保温材料中的 PU 和 XPS，无机保温材料中的真空绝热板、发泡混凝土的性能优异，适合作为"三明治"外墙板的保温材料，其中 XPS 最常用，故本书选用其他 3 种性能更加优异的保温材料，研制新型保温材料"三明治"外墙板。

4. 真空绝热板技术发展状况

建筑用真空绝热板属于国际上密切关注的 VIP（vacuum insulation panel）板类型。在国外，真空绝热板称作 VIP 板，其研究从 1972 年开始，主要集中在日本和欧洲国家。德国慕尼黑样板工程的跟踪检测结果显示，用真空绝热板做完的保温工程，其每年的能耗仅为慕尼黑城市平均能耗的 1/10。根据德国的检测结果，该产品具有 60 年的使用寿命。目前，生产建筑用的 VIP 保温板芯材的公司有 3 家：Wacker（德国）、Cabot（美国）和 Degussa（德国）。目前世界上只有德国和瑞士逐步建立了应用建筑用真空绝热板的建筑市场，有数十项建筑用真空绝热板应用于地面、屋面、阳台、墙面等保温隔热的工程实例。在德国慕尼黑雷尔区载茨街 23 号建造的一幢商住楼采用该技术，由于 VIP 保温板杰出的隔热性能，仅用不到常规隔热材料一半厚度的建筑用真空绝热复合保温墙体就能达到低能耗建筑的标准。经计算：超薄外墙"节约"出的建筑物使用面积带来了额外的销售收入，这部分收入超过了外墙保温材料的费用，真正做到了节能住宅既节能又省钱。VIP 保温板超群的保温性能和超薄的厚度，也给了节能建筑师们更大的设计自由度。

真空绝热保温板超薄绝热保温系统被纳入国家"十一五"科技支撑计划课题，项目名称为"建筑节能关键技术研究与示范"，主持单位为中国建筑科学研究院，青岛科瑞新型环保材料有限公司为子课题承担单位，在建筑用真空绝热板相关技术体系获得 5 项国家发明专利，得到了国家主管部门及相关科研机构的认可及大力推荐。建筑用真空绝热板在我国民用与公共建筑节能领域已得到众多应用，起到了良好的工程示范作用。该产品应用范围广（建筑和工业），科技含量高（国际领先水平），附加值高，符合国家"四节一环保""节能减排"的产业政策；在建筑节能、墙体保温领域具有明显的技术性能优势，突破了传统保温材料的技术框架，具有良好的市场发展前景。

现在真空绝热板在国内外已经广泛应用于冰箱、冰柜、冷库、冷藏车、冷藏集装箱、医用保温箱和墙体保温等领域，是保温材料的升级换代产品。如在日本，70%以上的家用冰箱保温层使用了 VIP 板，在欧美，建筑用真空绝热板已广泛应用在冷冻车船的运输保温箱中。

建筑用真空绝热板具有保温隔热性能卓越，防火性能优异，施工方便快捷，生产安全环保等特点。

随着行业对建筑用真空绝热板的了解和认可，近几年，我国已经涌现出众多生产制造真空绝热板的企业（例如青岛科瑞公司、安徽科瑞克公司、苏州维艾普公司、昆山蓝胜公司、福建赛特公司等），采用真空绝热板作为建筑墙体保温材料的工程也越来越多。据不完全统计，国内建筑用真空绝热板年产能为 7300 万 m^2；真空绝热板年销量 877 万 m^2，应用于建筑保温工程中的真空绝热板年销售总量 534 万 m^2。

目前，建筑用真空绝热板在我国民用与公共建筑节能领域已得到众多应用，起到了良好的工程示范作用；其保温构造形式主要以传统的外墙薄抹灰系统为主。由于真空绝热板特殊的产品构造形式，使其有不可裁剪、不可开洞、板面不可锚固、阻隔袋易破损的特点，因此在应用于薄抹灰系统时，不当的施工操作可能造成板材破损，使其失去保温性能。为此，为完善现有真空绝热板的产品类型、挖掘其工程应用潜力、拓展其应用方式，推动其产业发展，开发新的真空绝热板保温产品、构造及应用技术，显得尤为必要和紧迫。建筑保温工程实践证明，建筑用真空绝热板预制墙板体系是目前我国建筑墙体保温领域应积极发展的先进技术。建筑用真空绝热板预制墙板体系是住宅产业化技术的重要组成部分，将保温材料与建筑构件复合，使部品化的建筑构件具有保温功能，同时对保温材料起保护作用，是未来建筑保温技术的发展趋势。

2.4.2 真空绝热板包覆材料

建筑用真空绝热板是由填充芯材与真空保护表层复合而成，它能有效避免空气对流引起的热传递，因此导热系数可大幅度降低，小于 0.008W/（m·K），并且不含有任何 ODS 材料，燃烧等级可达到 A 级，具有环保、高效节能、防火的特性，是目前世界上最先进的高效保温材料。

聚氨酯良好的保温性能使其在建筑节能领域将有很大的发展空间，但作为一种有机高分子物质，它的市场价格偏高，而且将其应用于某些特定保温工程时，往往需要进一步提高其防火性（例如大型公共建筑）、压缩性和热稳定性（例如地下热水池保温工程），这就需要在保障它保温隔热性能的基础上，尽量降低成本，提高防火、耐热、耐久及力学性能，以便获得更加优异的综合性能。将聚氨酯与无机保温颗粒膨胀玻化微珠复合，利用膨胀玻化微珠相对低廉的价格、优异的防火性能、良好的耐久和耐候性，来对聚氨酯进行改性，形成了聚氨酯-膨胀玻化微珠复合材料，然后利用该复合材料对真空绝热板进行包覆处理，将大大提高真空绝热板的抗穿刺力、抗压和耐久性能。

1. 膨胀玻化微珠颗粒的活化改性技术

复合材料的合成技术主要涉及分散相与连续相之间的相互融合方式、界面结合强度，分散相分散的均匀程度等关键技术。由于聚氨酯-膨胀玻化微珠类复合保温材料的组成相具有不同的化学组成，分属不同类别的物质体系，因此在相互结合时，存在结合能力弱、分散不均等现象；特别是由于分散相的存在，使得连续相的黏度大大增加，进一步导致颗粒的聚集，进而影响连续相的发泡质量。为获得质量可靠、性能优异的聚氨酯-膨胀玻化微珠类复合保温材料，通过对不同种类硅烷偶联剂的筛选，最后确定KH550为对膨胀玻化微珠颗粒的表面活化物质，通过调整其含量、活化工艺，获得了膨胀玻化微珠活化颗粒。

1) 玻化微珠改性聚氨酯硬泡配合比

由于聚氨酯组合料白料密度较黑料的小，而无论是将膨胀玻化微珠颗粒放入黑料或者白料都会导致其黏度的升高，为此本书选用预混法的合成方法，以保证后期聚氨酯混料的均匀性，同时白料具有较低的密度，即相同质量的黑白料，白料具有更大的体积，这将使得白料具有更多容纳膨胀玻化微珠颗粒的能力。通过共混法我们初步研究了不同含量膨胀玻化微珠颗粒对复合材料的影响。

按照表2-28的原料组成，首先在白料溶液中加入膨胀玻化微珠颗粒，然后利用高速电子搅拌机，在转速100r/min下，搅拌120s，然后迅速加入事先称量好的黑料，高速搅拌60s，迅速倒入模具中发泡，泡沫固化后脱模，陈化24h后进行测试。

表2-28 复合材料的原料组成

样品		规格	颗粒（cm^3）	白料（g）	黑料（g）
Sample 0		—	0	5	6
Ⅰ型（小颗粒）	Sample a	堆积密度 $117kg/m^3$，平均粒径 1.0mm	20	5	6
	Sample b		40	5	6
	Sample c		60	5	6
Ⅱ型（大颗粒）	Sample d	堆积密度 $127kg/m^3$，平均粒径 5.0mm	20	5	6
	Sample e		40	5	6
	Sample f		60	5	6
Ⅲ型（中颗粒）	Sample g	堆积密度 $150kg/m^3$ 平均粒径 2.0mm	20	5	6
	Sample h		40	5	6
	Sample i		60	5	6

2) 膨胀玻化微珠类别及含量对复合材料密度的影响

图2-67显示了三种类别膨胀玻化微珠在不同含量组成下的复合材料密度。从图中可以看出，同一种类的膨胀玻化微珠颗粒在不同的含量下，其复合材料的密度呈现出与共混法工艺相同的变化趋势，即随着膨胀玻化微珠颗粒含量的增加，复合材料的密度呈上升趋势；此外，图中也对比了不同种类，即不同表观密度和粒径的膨胀珍珠颗粒对复

合材料密度的影响,可以看出采用粒径较小、堆积密度较低的膨胀玻化微珠为分散相的复合材料其密度也最小。

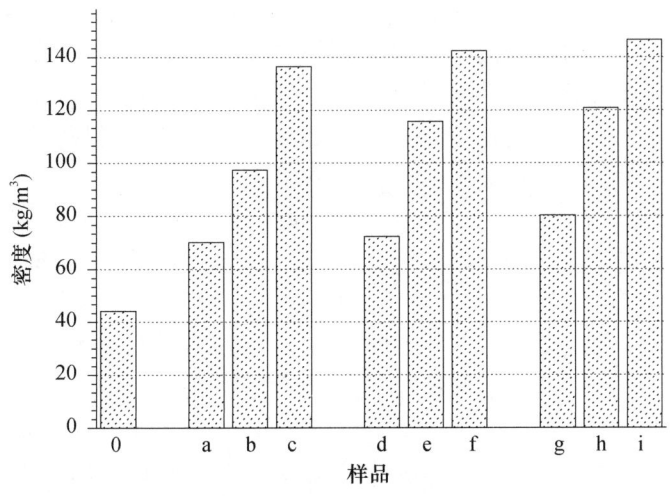

图 2-67 微珠含量对复合材料密度的影响

3) 膨胀玻化微珠含量对复合材料导热系数的影响

图 2-68 为不同类别膨胀玻化微珠含量对复合材料导热系数的影响,从图中可以看出尽管在复合材料中引入了无机多孔颗粒,复合材料依然保持了较好的保温性能。除试样 c、f、i 之外,复合材料的导热系数都低于 0.031W/(m·K),依然明显优于模塑聚苯板的保温性能。热量在材料内的热传递包括四种机理,即固相的导热传递、气体导热传递、孔洞内气体对流传递、包围气体的固体表面之间的辐射换热。膨胀玻化微珠-聚氨酯复合材料,从物质结构上属于两相物质,由处于分散状态的膨胀玻化微珠颗粒与处于连续状态下的聚氨酯硬泡体构成;之所以复合材料能够保持较好的保温性能,是由两方面的因素决定的,首先硬质聚氨酯材料保持了完整的泡孔结构;其次膨胀玻化微珠颗粒本身具有较优的保温性能。

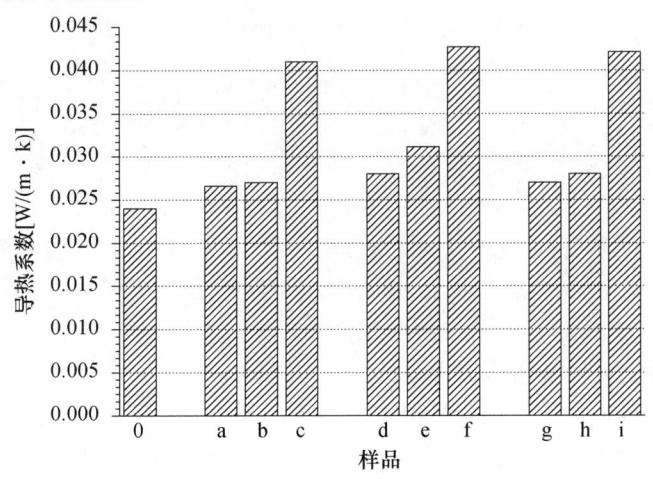

图 2-68 微珠含量对复合材料导热系数的影响

4）膨胀玻化微珠含量对复合材料抗压强度的影响

图 2-69 为不同类别膨胀玻化微珠含量对复合材料抗压强度的影响，从图中可以看出同种类别的膨胀玻化微珠，随着添加量的逐步增加，抗压强度随之增加。这主要是由两方面的因素决定的，首先随着填充颗粒量的增加，聚氨酯基体的发泡成核数愈发增加，这就导致聚氨酯基体的密度逐渐增大，抗压强度增加；同时，膨胀玻化微珠或膨胀玻化微珠颗粒自身的抗压强度较聚氨酯基体较高，因此，复合材料的抗压强度将随着颗粒填充的增加而增加。对比不同种类同一体积组成的复合材料，可以看出低填充量时，膨胀玻化微珠（平均粒径 1.0mm）较其他膨胀玻化微珠（平均粒径 5.0mm、2.0mm）所形成的复合材料的抗压强度高，而在高含量时偏低，这说明，复合材料的抗压强度，不但与增强相自身的强度有关，同样与基体聚氨酯的强度有关。在低填充量时，颗粒与颗粒之间的距离较远，受到压力时，首先是聚氨酯基体产生压缩变形，而颗粒相不能起到支撑作用；相反地，粒径较大的颗粒相对粒径较小的颗粒，对聚氨酯泡体的影响更大，因此表现出较低的强度。到填充的增强相达到一定量时，颗粒间距缩小，受到外力时能够起到连续支撑作用，因此表现出较高的抗压强度。

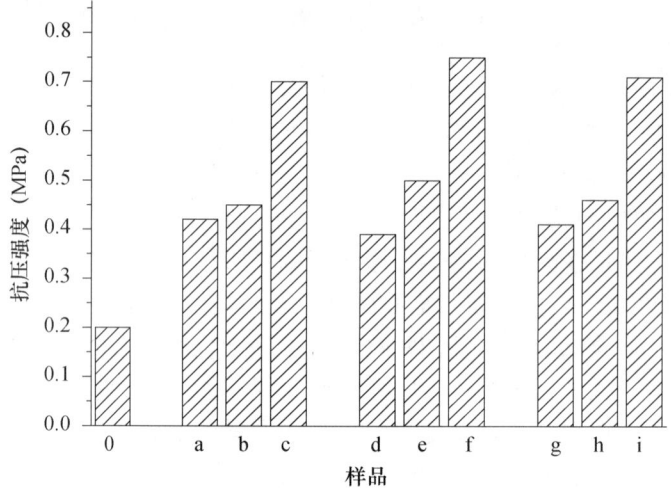

图 2-69 微珠含量对复合材料抗压强度的影响

5）膨胀玻化微珠含量对复合材料吸水率的影响

图 2-70 为不同类别膨胀玻化微珠含量对复合材料吸水率的影响，从图中可以看出都表现出较好的不吸水性，这主要是由于聚氨酯硬泡自身为闭孔结构，尽管复合材料中的膨胀玻化微珠具有一定的开孔率，但在复合材料中以分散相存在，自身被聚氨酯连续相所包裹，因此也具有了不吸水性；因此复合材料能够保持聚氨酯硬泡本身好的不吸水性；但值得一提的是，在复合材料的表面由于切割原因，一部分膨胀玻化微珠以开孔的形式暴露，这部分体积可能会引起吸水率的上升。

6）膨胀玻化微珠对复合材料燃烧性能的影响

图 2-71 为不同膨胀玻化微珠颗粒含量的复合材料的可燃性测试结果。滤纸未被点燃，同时无滴落物产生，火焰高度低于 150mm，这个试验也充分体现了聚氨酯复合材料保持了聚氨酯特有的热固性以及离火自熄性。图 2-72 为聚氨酯硬泡-膨胀玻化微珠复合材料最大燃烧高度试验照片。

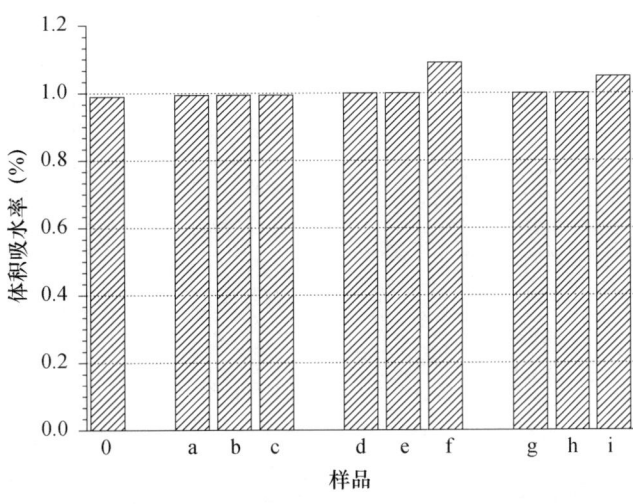

图 2-70 微珠含量对复合材料吸水率影响

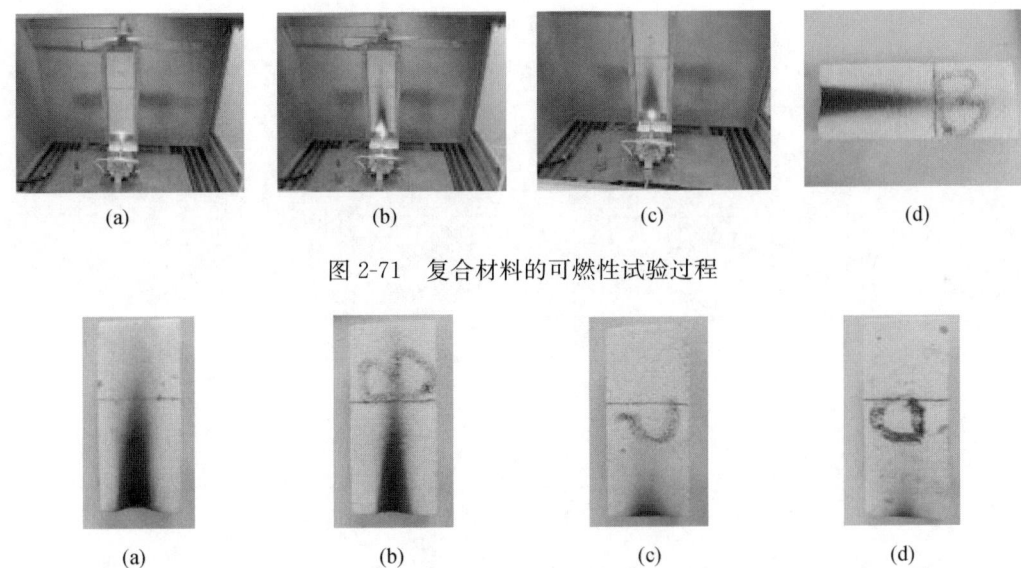

图 2-71 复合材料的可燃性试验过程

图 2-72 聚氨酯硬泡-膨胀玻化微珠复合材料最大燃烧高度试验照片

7) 膨胀玻化微珠对复合材料氧指数的影响

氧指数（oxygen index，OI）是指在规定的条件下，材料在氧氮混合气流中进行有焰燃烧所需的最低氧浓度。以氧所占的体积百分数的数值来表示。氧指数高表示材料不易燃烧，氧指数低表示材料容易燃烧，一般认为氧指数＜22，属于易燃材料，氧指数在 22～27 之间属可燃材料，氧指数＞27，属难燃材料。通过添加膨胀玻化微珠颗粒所形成的复合材料，其氧指数都高于纯聚氨酯硬泡的氧指数（图 2-73），并且随着膨胀玻化微珠含量的增加，氧指数也随之增加，这对于提高材料的防火性能具有重要意义。相同膨胀玻化微珠含量不同类别的复合材料具有相同的规律。

8) 膨胀玻化微珠对复合材料热值的影响

图 2-74 显示了膨胀玻化微珠对复合材料热值的影响，可以看出，随着骨料含量的

增加，复合材料的热值呈下降状态，这主要是由于膨胀玻化微珠为无机不燃材料，这样在进行热值测算时，膨胀玻化微珠就起到了热量稀释作用，因此就表现出较小的热值。

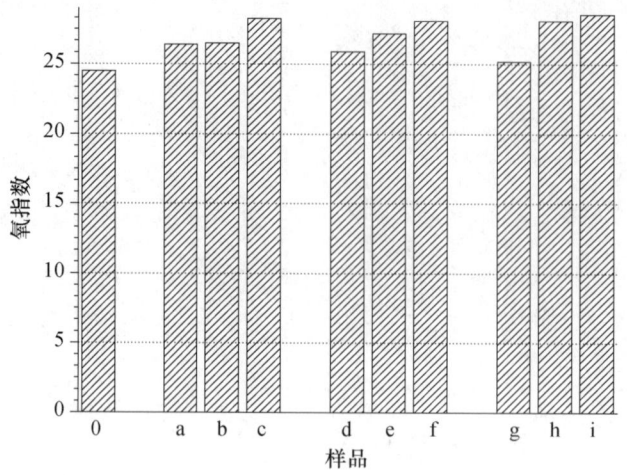

图 2-73　不同类别复合材料氧指数对比图

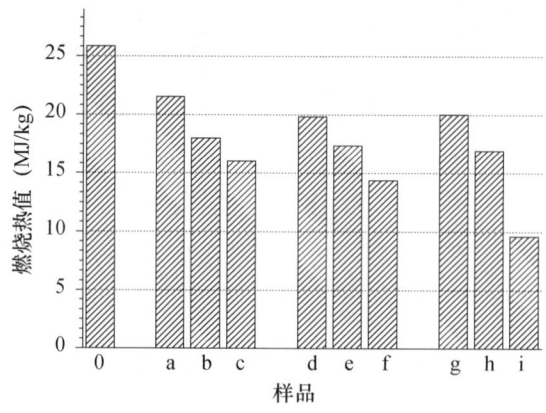

图 2-74　不同类别复合材料燃烧热值对比图

2. 膨胀石墨协同阻燃聚氨酯硬泡-膨胀玻化微珠包覆材料

当膨胀玻化微珠的体系含量很少时，应采用附加阻燃剂的方法来提高整个复合材料的燃烧性能等级。可膨胀石墨对聚氨酯是近几年出现的一类高效阻燃剂，研究表明，虽然石墨与聚氨酯不发生化学反应，但石墨在200~300℃间可形成一种蠕虫状的结构层，包覆处于分解中的聚氨酯，在高温时比较稳定，阻止了热量由热源传到内层、物质由内层传到热源，从而提高了材料的热稳定性。

利用预混自由发泡法，按照表2-28的原料组成，首先在白料溶液中加入可膨胀石墨与膨胀玻化微珠颗粒，然后利用高速电子搅拌机，在转速100r/min下，搅拌120s，然后迅速加入事先称量好的黑料，高速搅拌60s，迅速倒入模具中发泡，泡沫固化后脱模，陈化24h后除去表皮，得到各种填料填充的复合材料，切割成标准样条，最后进行各项性能测试。

图2-75显示了不同石墨含量下，复合材料氧指数的变化值。可以看出，试样的氧

指数随可膨胀石墨含量的增加而增加。未添加可膨胀石墨的复合材料的氧指数为26.4，随着可膨胀石墨含量从0增加到30%，基体的氧指数从26.4增加到35.6。这是由于可膨胀石墨粒子膨胀成"蠕虫状"结构覆盖在基体表面，起到了隔热、隔氧的作用，可膨胀石墨含量越高膨胀的体积越大，氧指数也越高。未添加可膨胀石墨的复合材料属于可燃材料，而仅添加5%后，就属于难燃材料。可见可膨胀石墨对复合材料的阻燃效果是十分明显的。

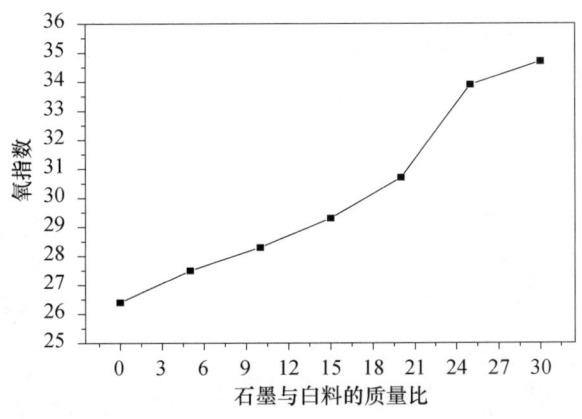

图 2-75 可膨胀石墨对复合材料氧指数的影响

研究表明，聚氨酯-玻化微珠复合保温材料属于系列保温材料，根据玻化微珠与聚氨酯硬泡相对含量的变化，复合材料的性能呈规律性变化。其主要性能参数范围如表2-29所示。

表 2-29 复合材料性能指标

项目	密度（kg/m³）	抗压强度（MPa）	体积吸水率（%）	导热系数 [W/(m·K)]	燃烧性能
参数	40～180	≥0.10	≤1.5	≤0.042	B2～A2

3. 玻化微珠改性聚氨酯包覆真空绝热板性能

为适应与真空绝热板的复合，本书通过进一步调整配方，协调各性能参数之间的关系，形成了专用真空绝热板的改性聚氨酯复合保温板产品。基本性能经国家建筑节能质量监督检验中心检测，结果如表2-30所示。

表 2-30 玻化微珠改性聚氨酯复合保温产品性能

序号	项目	测试结果
1	密度（kg/m³）	46
2	压缩性能（形变10%，kPa）	104
3	导热系数 [W/(m·K)]	0.02
4	吸水率（%）	1.5
5	尺寸稳定性（70℃，48h，%）	长度变化：-0.91；宽度变化：-0.86；厚度变化：1.62
6	燃烧性能等级	B1

玻化微珠改性聚氨酯包覆真空绝热板的方式有两种，一种是采用直接喷涂法，在真空绝热板的正反两面，利用发泡喷涂机直接喷涂改性聚氨酯材料，另一种是采用浇注

法，将真空绝热板放置在空腔模具中，将改性聚氨酯材料通过浇注头直接浇注在空腔中，形成完全包覆的复合材料，由于喷涂法获得的超薄绝热保温复合板材料的表面平整度较差，为此，我们采用了浇注法成型，这样获得的复合保温材料不仅表面平整度高，而且真空绝热板周边的包边也较容易实现，获得的复合材料垂直板面抗拉强度达到0.15MPa（图2-76）。由于采用了玻化微珠改性聚氨酯包覆材料，因此，整体的抗穿刺能力大大提高。

图 2-76 玻化微珠改性聚氨酯包覆真空绝热板

2.4.3 真空绝热板墙板结构和热工设计方法

超薄绝热保温板预制剪力墙是将超薄绝热保温板（建筑用真空绝热板）设置在混凝土内外预制墙板中间，与相应的连接技术配合，组成对建筑用真空绝热板有效防护的保温夹芯墙体。在设计中配套合理的冷热桥、使用寿命（耐候性）与建筑物相一致，具有其他保温墙体无法比拟的优势。在施工过程中通过特有的固定方式进行现场快速安装，可实现保温耐久、安全牢固。该系统集结构抗震、保温装饰功能为一体，具有工厂化生产、现场干法施工、耐久性好等特点。

建筑用真空绝热板预制剪力墙节能体系能够有效增加预制建筑使用面积，改善住宅产业化的保温技术。该技术将保温材料与建筑构件复合，使部品化的建筑构件具有保温功能，同时对保温材料起保护作用，是未来建筑保温技术的发展趋势。应用该技术可实现节地节材，增加建筑使用面积的效果，经计算，该技术可减少住宅公摊面积2‰～3‰，即增加使用面积2‰～3‰。同时，与普通保温预制墙体相比，每使用1万 m^2 真空绝热保温预制墙体，可实现节省石油消耗40t，减少白色垃圾污染20t，减少二氧化碳气体排放120t，是目前我国建筑墙体保温领域应积极发展的先进技术。

建筑用真空绝热板预制剪力墙具有以下特点：
1) 预制墙体的施工过程采用机械化施工，避免超薄绝热保温板在铺设过程中损坏。
2) 将超薄绝热保温板保护起来，减低超薄绝热保温板的破损率；
3) 延长了超薄绝热保温板的真空时效；
4) 增加了建筑使用面积。

1. 墙板抗弯承载力

整体板尺寸见图2-77，在图中选取3个计算截面1—1，2—2，3—3。洞口两侧墙板各布 3 个钢筋桁架，分别位于板边、洞口边及支撑边缘。洞口上下连梁中各布置 2 个钢筋桁架，位于连梁三分点处。

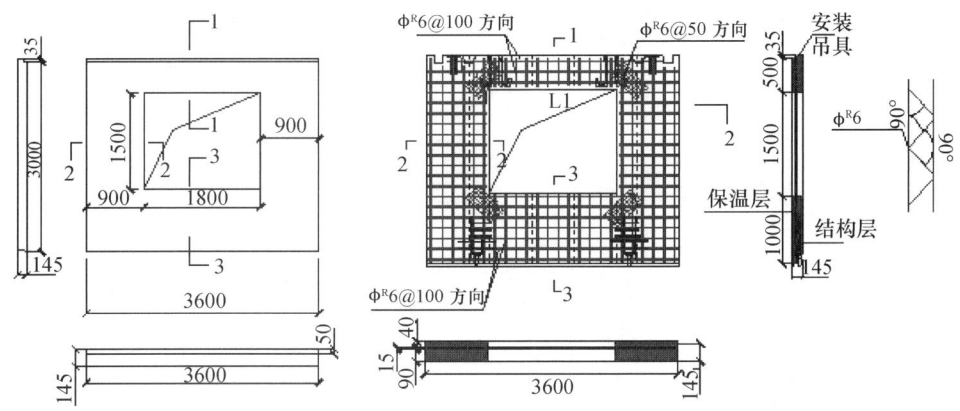

图 2-77　整体板尺寸及桁架布置图

通过有限元分析计算得到内外叶墙板中最大应力分布图。

从图 2-78 可以看出内力的分布规律，右侧与左侧对称，在 1—1，2—2，3—3 三个截面中，内力呈均匀分布。

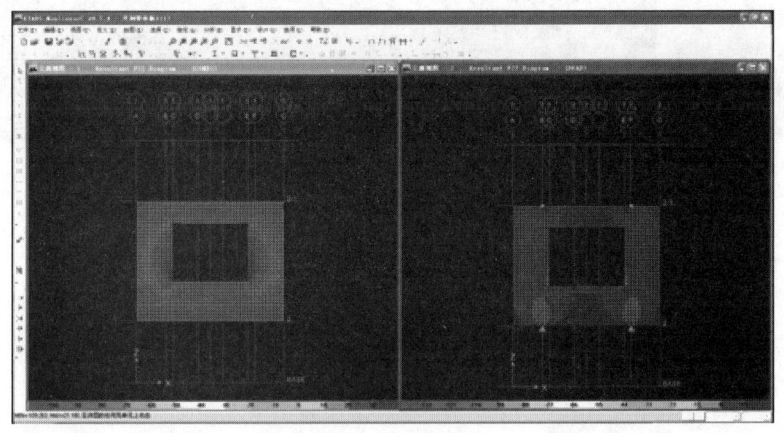

图 2-78　内外叶墙板最大应力分布图

对外叶墙板截面求合力，见图 2-79。

合力	右侧			左侧		
	1	2	Z	1	2	Z
力	0.8917	-0.2732	38.1796	-0.8917	-0.0568	-38.0651
弯矩	-0.2952	-2.7079	0.0579	0.3068	2.7079	-0.0579

图 2-79　外叶墙板合力图

对内叶墙板截面求合力，见图 2-80。

试验验证：

对超薄绝热保温复合预制墙板进行结构性能荷载试验，见图 2-81，墙板在荷载作用下裂缝发展、混凝土应变及挠度发展情况，见图 2-82、图 2-83。

合力	右侧			左侧		
	1	2	Z	1	2	Z
力	-0.8905	0.2006	-33.3318	0.8905	-0.2006	33.515
弯矩	-1.1688	1.3683	0.2339	1.1688	-1.3683	-0.2339

图 2-80　内叶墙板合力图

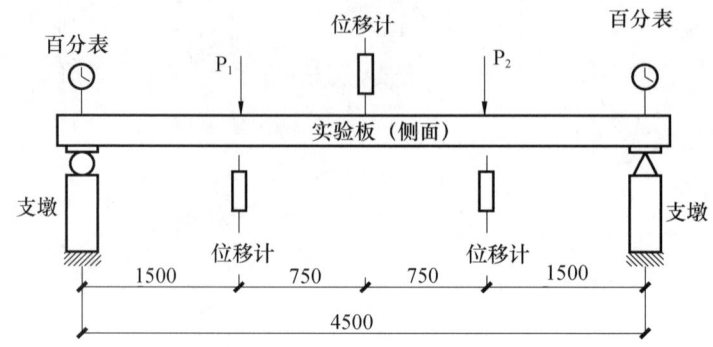

图 2-81　试验检验装置及测点布置图

图 2-82　试验照片

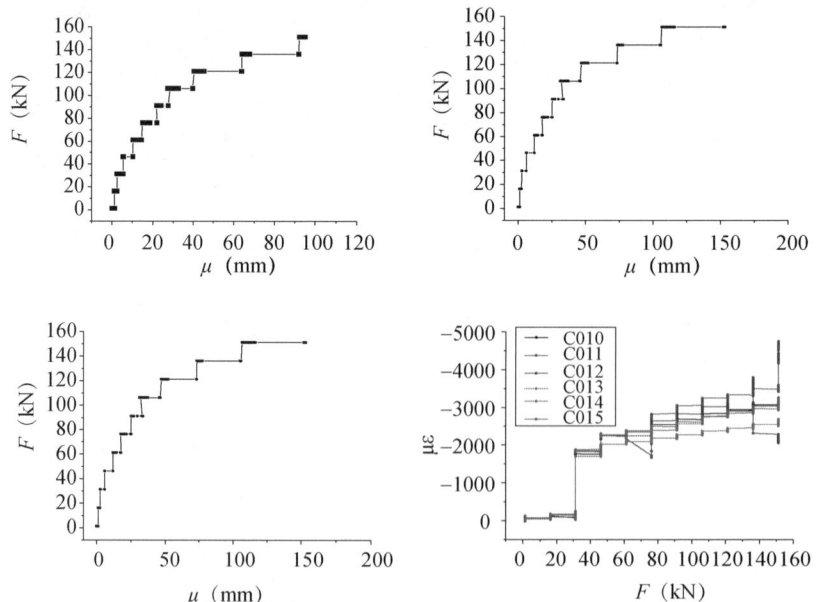

图 2-83　荷载-挠度曲线、荷载-应变曲线

2. 墙板抗震性能

针对预制剪力墙的抗震结构特点，墙体均为低矮剪力墙，抗震性能降低的特点，对建筑结构体系中，预制剪力墙与混凝土筒体配合的抗震性能进行研究，结合国内外已有的软化桁架模型理论，建立了内藏桁架混凝土组合低剪力墙的软化桁架模型（图 2-84）。

内藏桁架混凝土组合剪力墙软化桁架模型中，共有 21 个独立的变量，其中包括：①13 个应力：σ_l、σ_2、τ_{lt}、σ_d、σ_r、σ_l、σ_t、σ_{xl}、σ_{xt}、σ_b、σ_b'、σ_{xb}、σ_{xb}'；②7 个应变：ε_l、ε_t、γ_{lt}、ε_d、ε_r、ε_b、ε_b'；③转动角 θ。

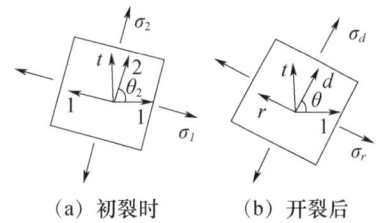

(a) 初裂时　　(b) 开裂后

图 2-84　内藏桁架组合剪力墙单元坐标系

该模型提供了 18 个独立的方程：①3 个平衡方程：方程（1）～（3）；②5 个协调方程：（4）～（6）；③10 个本构关系。其中 N 为剪力墙顶部施加的轴压力。只要给定三个变量值，方程组其余 18 个变量可由 18 个方程求得，见图 2-85。

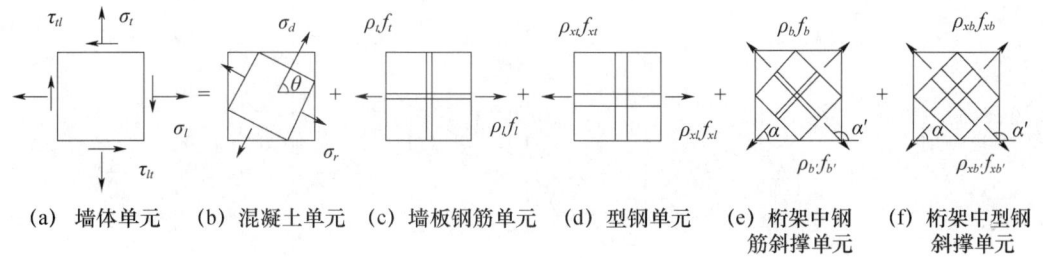

(a) 墙体单元　(b) 混凝土单元　(c) 墙板钢筋单元　(d) 型钢单元　(e) 桁架中钢筋斜撑单元　(f) 桁架中型钢斜撑单元

图 2-85　混凝土组合剪力墙桁架墙体单元应力图

该模型中：在内藏桁架混凝土组合低剪力墙的初裂阶段，其裂缝延伸方向垂直于混凝土主拉应力方向；在裂缝初裂后的发展过程中，其延伸方向受到内藏桁架的影响。计算结果与试验结果符合较好，见图 2-86。

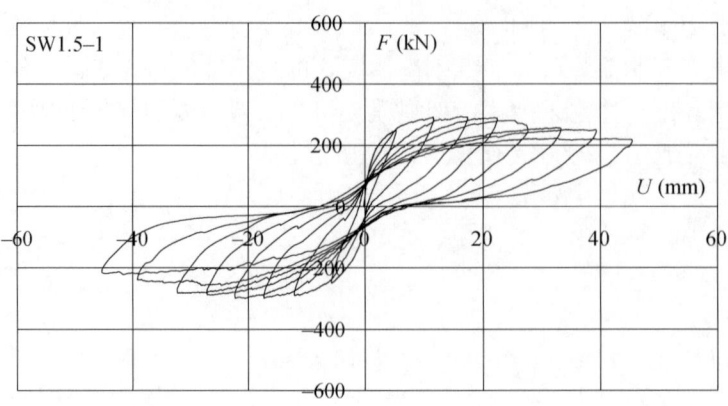

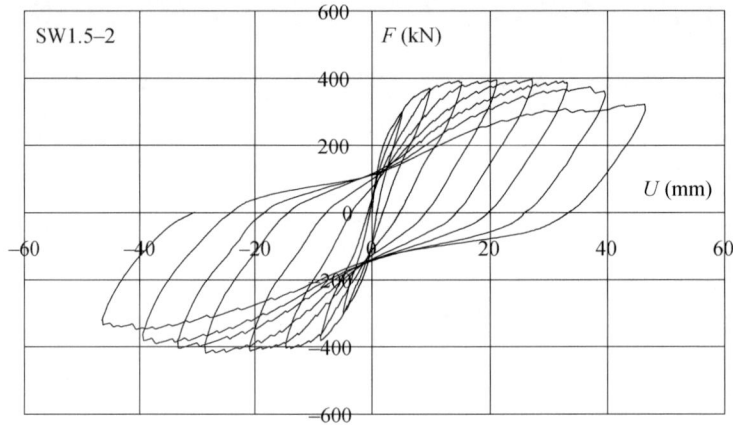

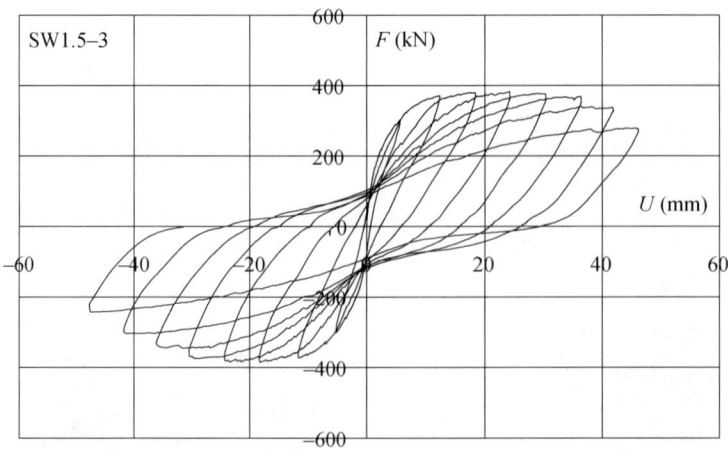

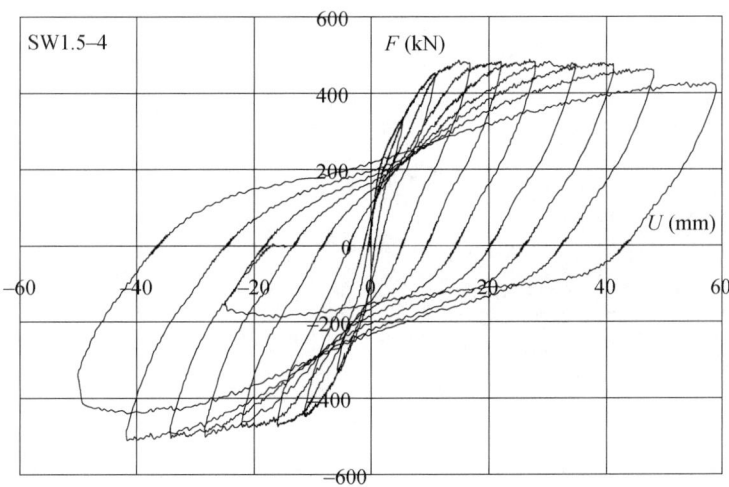

图 2-86 预制剪力墙抗震性能试验及滞回曲线图

3. 超薄绝热保温预制墙板热工性能研究

1）分别求出超薄绝热保温复合预制墙板传热系数 K_1、预制墙板复合改性聚氨酯的传热系数 K_2、水泥砂浆复合预埋件的传热系数 K_3，按照三种传热路径在剪力墙中所占比例确定超薄绝热保温复合预制墙板传热系数。

2）建立了超薄绝热保温复合预制墙板结露计算方法

设墙体的传热系数为 K，内表面的对流换热系数为 α_n，外墙外表面的温度为 t_n，传热面积为 F，则根据热平衡建立外墙的传热系数

$$K = \alpha_n (t_n - t_w) / (t_n - t_w)$$

设湿空气的露点温度 t_1，当 $t_n = t_1$ 时保证外墙内表面不结露条件下，外墙传热系数的最大允许值 K_m 为：

$$K_m = \alpha_n (t_0 - t_1) / (t_1 - t_w)$$

其中，$\alpha_n = 1.98 \times 11.5^{1/4} = 3.64 \mathrm{m^2 \cdot ℃/W}$。

墙体的最小热绝缘系数 R_{min} 为：

$$R_{min} = 1/K_m$$

按照湿空气焓湿图确定墙体结露情况，当 $K < K_m$ 时，墙体外墙保温体系可以保证外墙内表面不发生结露。

3）试验验证

在中国建筑科学研究院的国家重点试验室完成了超薄绝热保温预制墙板的墙体传热系数试验，见图 2-87，试验结果验证了公式计算结果，并出具了国家建筑工程质量监督检验中心检测报告。

建立了连接器计算方法，并编制了计算软件，见图 2-88。

挠度方程

$$y = \frac{Qx^3}{12EI}$$

连接器由墙板质量引起的偏差为 $y_{max} = \dfrac{Qd_A^3}{12EI}$

图 2-87 超薄绝热保温预制墙板的墙体传热系数试验

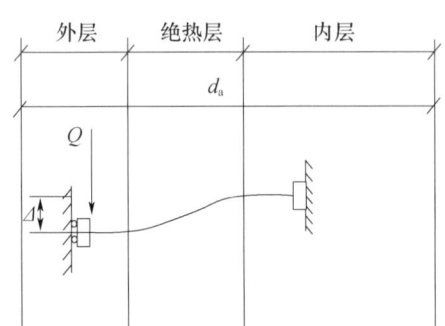

外饰层厚度，mm = 65				h_v=连接器嵌入深度，mm	
				53	43
d_d=真空绝热保温板厚度，mm →				15	25
类别	连接器间距(mm)		Q_g (N)	Δ=外饰面偏移（mm）	
A	600	× 800	749	0.66	0.69
B	600	× 500	468	0.41	0.43
C	600	× 400	374	0.33	0.34
D	600	× 300	281	0.25	0.26
E	600	× 250	234	0.21	0.21
F	400	× 200	125	0.11	0.11
d_A=连接器弯曲长度，mm				42.5	43.1

图 2-88 软件界面图示

作用于连接件的重力载荷，即分配到该连接器上的外翼板混凝土部分的质量（kN）

$$Q = t \cdot a \cdot b \cdot g$$

式中　　t——外翼板厚度（m）；

　　　　a——连接器的水平距离（m）；

　　　　b——连接器的垂直间距（m）；

　　　　g——混凝土的密度（kN/m³）。

弯矩方程

$$M(x) = \frac{Qx}{2}$$

建立挠度曲线近似微分方程，并积分

$$EIy'' = \frac{Qx}{2}$$

$$EIy' = \frac{Qx^2}{4} + C$$

$$EIy = \frac{Qx^3}{12} + Cx + D$$

确定积分常数：

当 $y=0$ 时，　　　　$y' = \theta = 0$

　　　　　　　　　　$C = 0$

　　　　　　　　　　$D = 0$

弯曲长度

$$d_A = d_d + \frac{2h_v}{3} \left| 1 - \frac{1}{1 + \frac{h_v}{d_d}} \right|$$

式中　　d_A——连接器弯长度（mm）；

　　　　d_d——绝热部厚度（mm）；

　　　　h_v——混凝中连接件的嵌固长度（mm）。

2.4.4　真空绝热板墙板制备工艺

针对真空绝热保温预制墙板的制备工艺，进行了系统研究并试制，经成品养护后效果非常好，并进行了热工性能检测，预制阳台板结构的传热系数为0.15W/（m²·K），满足超低能耗建筑的要求。

1. 原材料及构配件

1）混凝土用原材料

混凝土用钢筋、水泥、骨料、矿物掺合料、外加剂进场后应按照有关国家标准进行性能测试，合格后方可进入生产程序。

2）保温材料

保温材料应依据《建筑节能工程施工质量验收规范》（GB 50411）复试合格后方可投入使用。保温材料进厂时应按同厂家、同品种每5000m²为一个检验批，每批复试1

次,复试项目为导热系数、密度、压缩强度、吸水率和燃烧性能,复试结果应符合设计和规范要求。

3)内外叶墙连接件

连接件宜采用高强、耐碱的纤维材料制作,也可使用不锈钢材料;材料的耐久性应满足结构使用年限的设计要求。连接件的材质、抗拉强度、抗压强度、抗剪强度和抗扭承载力性能应依据设计要求根据相应的产品和技术标准选用,并应按设计要求进行系统的验证性试验。

同厂家、同品种、同规格夹芯保温外墙板用拉结件,每10000个为一个验收批,每批抽3个检验进行锚入混凝土后的抗拔强度,检验结果应符合设计要求。

4)灌浆套筒

灌浆套筒是我国装配式剪力墙住宅体系中墙板水平缝纵筋连接的常用技术之一。灌浆套筒钢筋连接技术与现浇混凝土相比主要考虑其抗震性,复合保温外墙板在工地现场的安装精度和快速施工时,如何保证灌浆套筒和预留插筋的位置准确就成为构件加工过程的重要内容。

(1)灌浆套筒种类及性能要求

国内外采用的灌浆套筒种类:从材质方面可分为球墨铸铁和机械加工套筒两种;从钢筋连接方面可分为半灌浆套筒和全灌浆套筒两种;从套筒加工型式上可分为整体式套筒和组合式套筒。目前,我国的装配式结构住宅主要采用半灌浆套筒,其性能应符合《钢筋连接用灌浆套筒》(JG/T 398—2012)的有关规定。灌浆套筒接头配套使用的灌浆料性能应符合《钢筋连接用套筒灌浆料》(JG/T 408—2013)的有关规定。

(2)灌浆套筒安装质量控制要点

某些单位曾经采用橡胶棒进行灌浆套筒定位,经过实践发现有以下缺点:①橡胶棒有弹性,易弯曲,极易造成套筒轴线不垂直;②橡胶棒易老化,更换不及时易造成套筒偏位;③橡胶棒更换频繁,成本较高。针对套筒固定用橡胶棒存在的缺点,燕通公司开发出一套专用定位钢棒系统,投入使用1年多来取得了很好效果。定位钢棒的直径比相应规格套筒内径细1~2mm,可以非常精确、牢固地安装在钢制边模上。定位钢棒上设专用孔帮助精确地固定灌浆管。

①套筒钢筋加工以及与套筒连接要点

半灌浆套筒使用的套筒钢筋,其螺纹应采用专用套丝机加工制造;钢筋和套筒拧紧后,外露丝不得超过1扣,并应采用扭力扳手进行紧固,以保证钢筋和套筒连接可靠(图2-89);套筒灌钢筋长度误差应小于2mm。

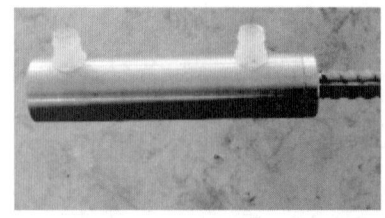 

图2-89 套筒及套筒钢筋

②灌浆套筒定位要点

为保证套筒准确定位,必须在内叶墙边模板上设置套筒定位和套筒灌浆长度控制专用工装；应保证套筒与内叶墙边模板垂直，一般控制套筒端头与模板间隙<0.5mm；应在套筒灌浆（软）管内插入直径合适的专用钢筋（直径10mm），以防套筒外移；底部套筒灌浆管可倾斜引出；注浆管管口宜超出混凝土表面约50mm，混凝土浇筑过程中应采取防注浆管堵塞措施，见图2-90。

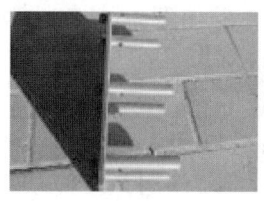

图2-90　定位工装套筒在定位工装上安装

③灌浆套筒清理要点

外墙板脱模后，往往要用高压水枪冲洗侧面以形成粗糙面，很多带有缓凝剂组分的水泥砂浆会被冲入灌浆套筒内，应及时采取措施将吹入套筒内砂浆清理干净，因为缓凝剂失效后形成的硬化砂浆会污染套筒内壁，给灌浆接头造成质量隐患。为保证万无一失，外墙板发货前应对灌浆套筒进一步检查和清理。

2. 模具

预制混凝土夹芯保温外墙板生产模具采用水平模具。底模为大面积模台，侧模固定在模台上。模具应具有足够的承载力、刚度和稳定性，保证在构件生产时能可靠承受浇筑混凝土的质量、侧压力及工作荷载。墙板类构件模具安装尺寸允许偏差应符合相应标准的规定。

固定在模具上的预埋件、预留孔和预留洞均不得遗漏，且应安装牢固，其偏差应符合相关标准的规定。

3. 钢筋及预埋件

钢筋及预埋件入模安装固定后，浇筑混凝土前应按照相关标准规定进行构件的隐蔽工程质量检查。

预埋件安装：

1）安装预埋件前要检查埋件预定固定位置是否准确，检查无误后安装。

2）安放内置螺母埋件时预先对丝扣涂黄油保护，防止水泥浆进入丝扣。

3）保证电器盒下表面与底模上表面平齐，线管需绑扎在钢筋骨架上，所有预埋件不允许倾斜，所有预埋件下口需密封严实，以免进浆。线管按照图纸要求布置，需平整。

4）安装预埋件过程中，严禁私自弯曲、切断或更改已经绑扎好的钢筋骨架。

5）安装、绑扎埋件过程中，严禁脚踩钢筋骨架。严禁埋件有漏放、型号放错或位置放错的现象。

6）按图纸规定安装构件识别器便于读写。

4. 保温板及连接件安装

夹芯保温外墙板用保温板规格型号应按图纸要求铺设，根据保温板品种确定铺设方法。连接件数量和布置方式应符合设计要求。

1) 保温板排版。在生产前,按图纸排版保温板。

2) 在外叶墙混凝土振捣完成后立刻拼装复合保温板,保证在混凝土初凝前拼装完成,使复合保温板与混凝土粘贴牢固(混凝土面必须平整),避免出现冷桥现象。

3) 保温板铺装完成后必须仔细检查整体平整度,有凹凸不平的地方需及时处理。

4) 复合保证保温板拼装严实、无缝隙,且所有复合保温板拼接缝均用胶带封严,大于 3mm 的缝隙先使用保温板条塞严,再使用胶带封严。

5) 保温板找平或调整位置时,使用橡胶锤敲打,如有需要站在保温板上作业的时候,必须穿鞋套,避免弄脏损坏复合保温板,保温板铺装完成后,要使用橡胶锤敲打增强与混凝土的粘结力。

6) 铺设真空保温板要注意检查保温板有无漏气,有漏气的板块不得使用。铺设过程中要轻拿轻放,防止刺破保温板。

7) 安装非金属连接件时应对应构件型号,按照图纸要求使用专用工具提前在切割好的保温板上进行打孔,保证孔的尺寸及孔间距符合图纸要求,孔径要按照连接件直径打孔,孔径不得大于连接件直径 1mm,间距允许误差 3mm。

8) 保温板拼装完成后在预留孔处安装连接件,保证安装后的连接件竖直、插到位。安装后及时用专用振动器振动连接件,以保证连接件周边混凝土密实。

9) 使用金属连接时,在混凝土浇筑前将连接件按图位置要求固定在外叶钢筋上。

5. 模具组装及混凝土浇筑

1) 组模前应将模板清理干净。清理干净的侧模底部粘贴宽 10mm、厚 3mm 密封胶条,胶条粘贴要直顺,距模板面不大于 2mm,立面接缝处同样方法也要粘贴上,粘贴时不宜用力拉抻(防止胶条回弹),顺直后压实即可。所有侧模密封胶条粘贴完毕,按每块侧模的尺寸找出相应位置,安装在清理干净的底模上。安装时要找好位置不宜来回拖动,以防密封胶条脱落,安装螺栓前,首先要插入定位销定位,然后安装紧固螺栓。

2) 夹芯外墙板宜采用平模工艺生产,当采用平模工艺生产,生产时应先浇筑外叶墙板混凝土层,再安装保温材料和拉结件,最后浇筑内叶墙板混凝土层,外叶墙和内叶墙混凝土浇筑间隔不宜超过表 2-31 的要求;当采用立模生产工艺时,应同步浇筑内外叶墙板混凝土层,并应采取保证保温材料及拉结件位置准确的措施。

表 2-31 外叶墙和内叶墙混凝土浇筑间隔时间(min)

混凝土强度等级	气温	
	不高于 25℃	高于 25℃
C30 及以下	90	60
高于 C30	60	30

6. 养护及脱模

1) 养护

外墙板采用蒸汽养护,最高养护温度控制为 60℃,应严格控制升降温速率及最高温度,养护过程应符合下列规定:

静停(2h)→升温(3h,≤15℃/h)→恒温(8~12h,50~55℃)→降温(2h,

≤15℃/h），当混凝土温度与大气温差在 15℃时再打开苫布脱模，防止温度裂缝的产生（恒温时间根据气候变化及最高养护温度和实验结果确定）。

2）脱模

预制构件脱模强度，应满足设计要求；设计无要求时，应根据构件脱模受力情况确定，且不得低于混凝土设计强度的 75%。脱模后对外墙板按照相关标准进行尺寸检验，检验合格后进行标识、码放。

7. 复合外墙板反打工艺流程

复合外墙板反打工艺见图 2-91。

图 2-91 真空绝热保温预制墙板制备工艺流程

2.4.5 超薄绝热保温复合预制墙板生产设备及自动化流水线

开发超薄绝热保温复合预制墙板生产设备，建成北京市第一条自动化流水线，墙体年产量实现 5 万 m^3，实现产业化作业生产。

为实现自动流水线的应用，在生产过程中采用计算机管理系统，开发的"PCIS 装配式预制构件信息管理系统 1.0 版"对实际生产起到了良好的支撑作用。工业机器人解决方案的实施与"PCIS"系统实现同步，实现智能化制造和信息化管理的融合。

生产线关键技术包括：

1）布料机：布料机采用地脚螺栓连接方式，通过在硬化的地面上植入螺栓，用来安装布料机支腿，同时方便拆卸。

2）振动台：鉴于振动台会产生较大的激振力，故振动台的基础仍需现场浇筑，振动台的各个基座应采用螺栓连接的安装方式。

3）养护窑：开发了适宜搬迁移动的养护窑，模台尺寸设计为 3.5m×6.6m。养护窑建方式有两种：

（1）将养护窑直接按照集装箱的型式进行封装，单列即构成一个独立的养护窑，层数不超过 4 层。养护窑能够很方便地吊装转运。安装时，地面只需要进行简单的硬化平整。模台的入窑与出窑采用行车吊装方式。

（2）养护窑的顶板、底板、侧板均采用预制方式，现场搭建养护窑。每列养护窑能够容纳 4 张模台。

4）绑筋和支模

各绑筋和支模工位采用效率最高的滚轮方式。

在生产线的关键工序设置机器人，采用自动化、机械化生产方式实现标准化操作，达到预制构件高精度，甚至"零缺陷"。生产出的装配式构件有统一的标准，质量安全更有保证。通过整合预制构件和机器人领域的最新成果，设计开发出能够进行"钢筋骨架加工、模具组装和布筋"等工艺的工业机器人，提升装配式住宅自动化生产线的精准率和生产效率，并大幅度降低劳务成本。

其关键技术包括：

（1）机器人本体的选型，适应反打外墙板工艺，提高流水线产能。

（2）图纸信息转化为操作指令的软件实现。

（3）开发了适合机器人操作的侧模体系。

（4）机器人控制器的联网技术及"PCIS"系统控制接口实现。

（5）对应每种工序的机器人前端解决方案的设计实现。

（6）为配套生产线中机器人视觉定位系统的设计选型。

2.4.6 真空绝热板墙板施工技术

1）结构施工塔吊的选择

针对本工程，影响塔吊选型的主要因素是预制构件的质量、预制构件的吊装位置、施工过程中塔吊的吊次以及周围环境（包括场地周边高压线等）。经综合考虑，本工程每个 PC 楼栋选用 1 台 STT293 型号塔吊。

2）构件的堆放

根据施工流水，为保证工序连续，本工程要求每个流水段至少存放一个标准单元的预制构件。预制构件运至现场后，根据总平面布置进行构件存放，构件存放应按照吊装顺序及流水段配套堆放。PC 构件堆放需满足如下要求：

（1）采用竖放运输方式，避免构件的翻身破损，减轻塔吊使用压力；

（2）运输车采取防构件移动、倾倒、变形的固定措施；

（3）设置保护衬垫，防止构件损坏的措施，对构件边角部或链索接触处的混凝土进行保护；

（4）预埋吊件应朝上，标识朝向堆垛间的通道；

（5）构件支垫应坚实，垫块在构件下的位置宜与脱模、吊装时的起吊位置一致。

（6）重叠堆放构件时，每层构件间的垫块应上下对齐。

3）构件吊装前准备

（1）复核墙体下部结构标高

构件下部墙体垫设不同厚度规格的金属垫块找平，使构件水平，构件下部结构面与下一层的楼板间距以 15~20mm 为宜，见图 2-92。

图 2-92 预制墙板吊装前准备

（2）安装橡胶条

构件根部外侧设置橡胶条，橡胶条可使外墙根部封堵更严密，墙体长度超过 2m 时设置橡胶条，形成板间空腔，分仓后灌浆施工时灌浆料的密实程度能得到更好保证，见图 2-93。

图 2-93 安装橡胶条

4) 构件吊装施工

预制构件吊装是施工流水作业的开始工序，该工序占用时间直接影响单元施工流水组织，单块预制构件吊装时间由预备挂钩、安全检查、回转就位、安装作业、起升回转及落钩至地面的时间组成。按照平均水平考虑，取建筑物中间层及标准单元构件数量作为吊次计算基础，其标准单元预制构件吊装耗费时间如表 2-32 所示。

表 2-32 标准单元预制构件吊装耗费时间

吊装时间（min）						
预备挂钩时间	安全检查时间	起升时间	回转就位时间	安装作业时间	起升回转时间	落钩至地面时间
2	2	变量	1.5	7	1.5	变量

根据上表计算，单块预制墙板吊装时间约 25min，综合本工程平均塔吊消耗时间，标准层 22 块预制构件吊装工序需占用 9h 塔吊时间，实际吊装完成按 1d 时间计算。

（1）吊具安装及构件起吊

构件与钢丝绳连接时使用鸭嘴扣，可以增加构件吊装的牢固程度。为防止单点起吊引起构件变形，采用钢扁担起吊就位。构件的起吊点应合理设置，保证构件能水平起吊，避免磕碰构件边角。构件起吊后要在距离地面 30mm 处悬停 15s。为保证吊起安全，人应远离构件，使用牵引绳牵引构件，见图 2-94。

图 2-94　吊具安装及构件起吊

（2）构件起升与就位

构件吊升过程要保持缓慢匀速，且保证构件下部人员疏散，并设置隔离区，确保安全。构件吊至楼面后，保证构件净空，确保吊运的安全，靠近楼面时通过牵引绳协助构件初步定位。构件吊装时外脚手架需至少高出操作层 1.8m，见图 2-95。

图 2-95　构件起升与就位

（3）构件安装与固定

根据放线位置和预留钢筋就位构件，严格控制上下层构件竖向对齐，构件就位后安装构件斜撑临时固定构件。本工程构件最超过 10t，平均构件质量 7t，对斜撑受力体系要求较高，活动连接点若不牢靠，极易发生安全质量事故，普通斜撑调置时间较长，项目所采用的斜撑经过专项设计，满足便捷、可靠要求，见图 2-96。

图 2-96　构件安装与固定

(4) 调整构件垂直度，拆卸吊具

检查初步安装就位的构件固垂直度，通过斜撑两端螺栓进行调节偏差，保证构件垂直度控制在 5mm。确认构件固定牢固，定位准确且垂直度合格后拆除吊具，见图 2-97。

图 2-97　调整构件垂直度，拆卸吊具

2.5　耐候密封胶技术

2.5.1　概述

对于装配式建筑来说，拼接缝的密封成为该建筑体系最为关键的步骤之一。一般采用密封胶进行密封。其功能是实现预制外墙板拼装逢需要永久性密封，兼顾密封、防水作用、抗变形作用和建筑外观效果。伸缩接缝和冷热接缝的形变位移往往处在±20%～±50%的范围内，为了适应大跨度的位移变形，一些粘结性好、高弹性、耐疲劳、抗振动、耐候、耐老化、长寿命的高档密封胶获得了迅速发展。目前主要采用的密封胶有丙烯酸类、聚氨酯类、有机硅酮类、聚硫橡胶类。我国"十二五"期间（2011—2015 年）胶粘剂、密封剂的发展目标是：产量年平均增长率为 10.0%，销售额平均增长率为 12%，到 2015 年年末我国胶粘剂、密封剂的产量达到 717 万 t，销售额达到 1038 亿元。建筑密封胶市场需求总量将达到 60 万 t，其中有机硅将占到 60%。

聚硫密封胶的优点是耐油、耐溶剂、抗振动、耐疲劳等性能优良，并具有极低的透气性、透水性。但是聚硫密封胶也有它的缺点：它的伸长率不佳，一般小于 300%。由于聚硫橡胶中存在双硫键，所以耐老化性能不好，作为建筑密封胶使用长时间会出现深裂纹。还有它的耐寒性不佳。

硅酮密封胶特点是弹性好、耐候、耐热、耐低温、耐湿热以及优良的化学稳定性和良好的电性能。在使用工艺上于室温即可就地固化，使用方便。硅酮密封胶的最大缺点是耐污染性差，在硅酮密封胶的接缝处污染严重，影响美观。它具有可涂饰性差、耐磨性差、撕裂强度差等缺点。

单组分和双组分聚氨酯弹性密封胶具有优良的弹性、耐低温性、耐磨性和对基材的良好黏附性等特点。但是其较差的耐候性却导致其不适合用于直接暴露在阳光直射的外墙工程。

由于国外住宅产业化已经从 20 世纪 80 年代就得到了大力发展，技术体系成熟，配套关键技术完善，因此在密封胶材料领域发展成熟。仅日本每年用于 PC 的密封胶就有 3 万 t。我国未来发展用量潜力巨大。但是我国多发展幕墙密封胶、石材密封胶等，以硅酮密封胶为主，占到 60% 以上，而对 PC 用建筑密封胶的研究较少，而且没有专用的

PC密封胶品种。采用传统的硅酮类密封胶，在PC建筑上使用出现了大量的失效和污染问题，因此现有住宅产业化项目基本采用日本的MS密封胶和美国DC991密封胶。在PC建筑密封胶的领域，一直被国外技术垄断。

MS系列是一种无溶剂，无异氰酸酯，无硅树脂，无PVC和无味的物质。已被证明具有优良的抗紫外线能力，因此它不仅可以用在室内，也可以用在室外。MS是硅烷改性聚醚，所以对PC有良好的相容性和耐候性，是日本20世纪自80年代以来开发的产品，工艺路线成熟，技术指标得到了实践的检验。

SPUR是硅烷改性聚氨酯类，为美国迈图高新材料公司的工艺路线，在长链中，有氨基甲酸酯基团（聚氨酯基团）；德国拜耳（Bayer）公司在ACCLAIM 12200N聚醚基础上进行改性，力学性能与MS有一定差距。有学者对硅烷改性聚氨酯和硅烷改性聚醚的合成路线进行研究，迈图公司和Bayer公司主要是生产SPUR；而日本钟渊化学工业公司和德国瓦克化学（WACKER Chemie）公司生产硅烷改性聚醚。这几家厂商的产品有一些本质的区别。迈图公司的1050和1015，是用端羟基的产品接枝上硅烷的合成路线。Bayer公司的2458，是典型的硅烷改性聚氨酯产品，是用Bayer公司的聚醚加上异氰酸酯，然后用仲胺基硅烷来进行封端；这类树脂优点是有脲键，耐水性能非常好。化学性质也应该比较稳定；缺点也是同样的明显，首先是黏度过大，其次是产品的自催化作用太明显，混合的工艺非常难，产业化难度大。

国内也在尝试硅烷密封胶的改性技术。硅烷改性密封胶，其主要的成分实际上还是聚氨酯成分，有机硅仅仅用于封端改性。其力学性能要比硅酮胶好得多，适用范围与硅酮胶不同。在大部分的建筑密封（比如室内装修、水泥接缝、木地板粘结等用途上），硅烷改性密封胶所具有的优势远远大于硅酮密封胶。国内的硅酮胶市场竞争非常激烈，产品品质也是高低不一（以低性能的为主）。而就力学性能而言，相同的成本，硅烷改性胶的力学性能会远远高于硅酮胶。

硅酮胶的优势在于耐候性能以及国内配套的齐全和低技术门槛。而随着国内环保法规的严格，国内硅酮胶的成本优势会逐渐失去。这个现象在欧洲和美国正在慢慢地发生。国内赋予硅酮密封胶太多的应用和功能，而其中许多是本不该用硅酮胶。

聚氨酯密封胶所具有的仅仅是力学性能优势，它的环保性能和成本，要远远高于硅烷改性胶和硅酮胶。在一些工业场所，比如汽车和轮船上用密封胶，聚氨酯曾经有比较大的市场占有率，而现在该类市场正在逐渐被硅烷改性胶所侵蚀。主要原因是硅烷改性胶具有和聚氨酯胶差不多的力学性能以及相同的表面涂布性能，而储存稳定性能和硅酮胶又是一样的。环保挥发物又比聚氨酯胶低得多。有机硅改性所带来的粘结力提升使大部分为聚氨酯胶配套的底涂成为多余，优势是非常明显的。国外，硅烷改性密封胶的市场份额，正在逐年提升，成本低于硅酮胶，力学性能可以替代聚氨酯胶，起了非常大的作用。

2.5.2 耐候密封胶制备

1. 技术路线

我国的住宅建设资源消耗高、环境负荷大、工业化程度低。住宅工业化是建筑业发展的基本目标之一，其技术基础是建筑结构的预制化。装配式住宅产业化是未来建筑技术发展主流形式。密封材料兼顾密封、防水、抗变形以及建筑外观效果的作用。预制外墙板拼装缝需要永久性密封，而密封材料是装配式住宅产业化关键技术之一。

目前，在国内应用最多的硅酮、聚氨酯建筑密封胶存在几个缺点：

1) 和混凝土相容性差，无法渗透到水泥内部形成高粘结性和耐水性。
2) 由于表面张力的原因，密封胶和涂料相容性差，影响外观效果。
3) 污染性强。材料中含有大量小分子油状溢出物，黏附到接缝附近的墙面继而吸附空气中的粉尘颗粒而造成墙面的泪痕状污染。

本项目采取的技术路线是制备新型硅烷封端聚合物作为密封材料的基础聚合物，与功能性硅烷分子、功能助剂等进行复合，制备出抗变形能力强，与混凝土、涂料相容性好，抗污染，高耐候性装配式建筑密封材料。硅烷封端聚合物合成路线及固化方式如图 2-98 所示。根据混凝土表面性能，调节密封材料表面张力，提高其与混凝土的润湿性，使得密封材料能渗透到混凝土多孔材料内部，功能性硅烷与无机材料表面的羟基形成氢键，进一步发生缩合或脱水反应形成部分共价键，最终与无机材料内部形成多个化学锚固点，具有很好的粘结强度和耐水性。硅烷封端聚合物密封材料与混凝土粘结机理如图 2-99 所示。

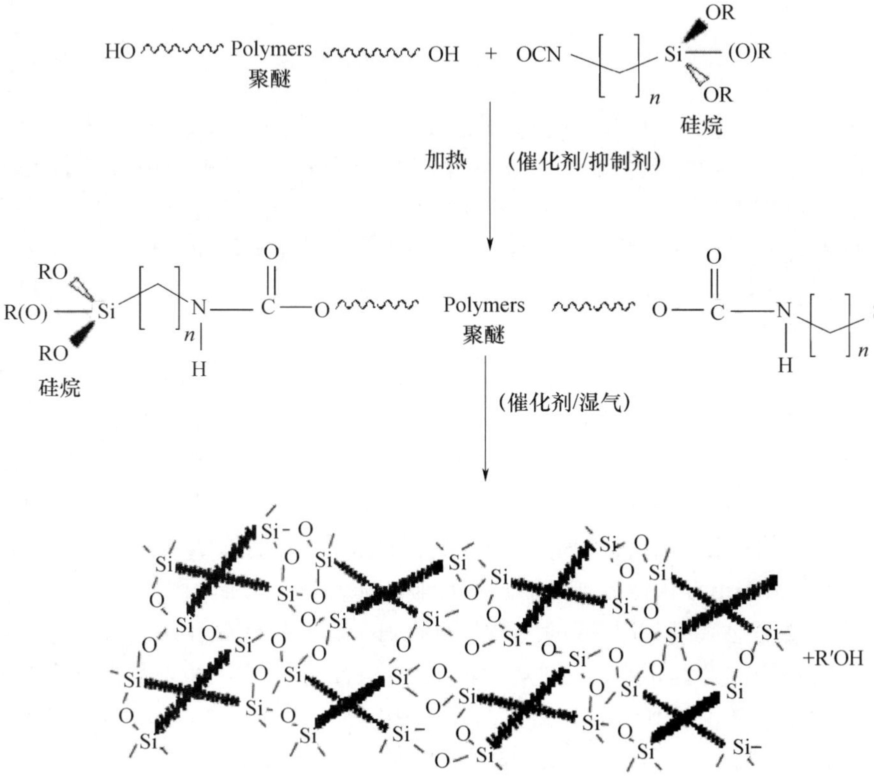

图 2-98　硅烷封端聚合物合成路线及固化方式

密封材料暴露在阳光直射的外墙上由于受到热、水、光、氧气等环境因素作用，其性能逐渐下降，粘结处易于破坏而失效。预制装配式混凝土构件接缝由于混凝土板块之间随温度变化而发生很高的拉伸或压缩位移，使用普通硅密封材料因弹性太低或强度太高容易造成混凝土与密封胶粘结面拉裂，起不到密封、保护的作用。从两方面来提高装

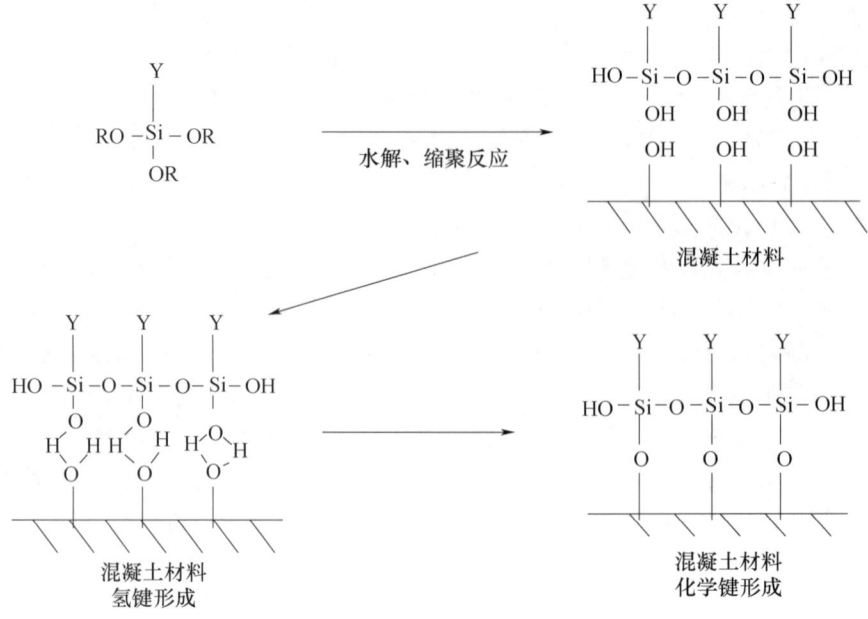

图 2-99 硅烷封端聚合物密封材料与混凝土粘结机理

配式住宅用密封材料耐候性：1）在优选较高耐候性硅烷封端聚合物的基础上，通过添加填料、触变剂、复合光稳定剂等功能助剂，来提高材料自身的耐候性；2）提高耐候密封材料与装配式结构混凝土的相容性，包括粘结性、混凝土接缝的复杂变位适应性等。所制备的低模量、高伸长率的耐候性密封材料能适应混凝土板块之间水平或垂直方向的极大的位移，长期受拉伸或剪切应力后也不会开裂，不易发生混凝土与密封材料粘结破坏，特别适用于位移较大的拼接缝。

混凝土是一种多孔性的材料，易受污染，且污染后难以清洗，一般的耐候密封胶中含有增塑剂（油性物质）等不参与反应的低分子物质，会从密封胶胶体内部渗出而被混凝土所吸收，并迁移至混凝土表面而导致油污和吸尘，造成混凝土污染，影响建筑物的美观。通过选用硅烷封端高分子量聚醚聚合物和功能助剂配伍，调整密封材料合适的黏度，固化体系三维网络的化学交联程度，在使用少量相容性好的增塑剂的情况下，得到高伸长率密封材料，解决密封材料对混凝土的污染问题。

装配式住宅外墙通常涂覆一层装饰性涂料，因为表面张力的原因，常用的硅酮胶是不能在表面涂抹涂料的，尤其是水性涂料。根据相似相容的原则，通过优选与涂料相容性良好的聚醚和功能助剂，使其对于涂料有极好的相容性，可密封材料表面涂覆各种涂料，具有更好的外观效果。本项目采取的技术路线如图 2-100 所示。

2. 装配式住宅用耐候密封胶的性能要求

装配式住宅的外墙接缝是外墙防水的薄弱点，所使用的密封材料首先要能满足接缝的位移变化，对基材具有良好的粘结性能，还需要具有高耐候性，对基材无污染，表面可涂饰。

接缝设计必须达到足够的宽度，保证其始终大于可能出现的位移量，防止构件端部发生结构性破坏。密封接缝设计还需要保证嵌填的密封材料具备足够的位移能力，防止密封材料破坏导致渗漏，必要时应更换材料或加宽接缝尺寸。

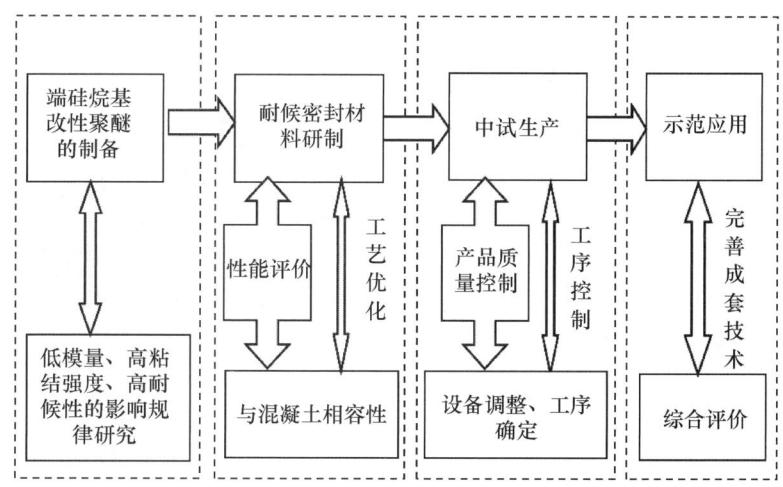

图 2-100 项目技术路线图

接缝宽度与基材位移量和密封材料位移能力有关，简化的公式可按下式计算：

$$W > \Delta L / \varepsilon + \delta$$

式中　W——缝宽（mm）；

　　　ε——密封材料位移量（%）；

　　　δ——接缝施工误差（mm），一般取 2mm；

　　　ΔL——基体伸缩位移量（mm）。

其中，$\Delta L = L \cdot \alpha \cdot \Delta T$

　　　L——构件基本长度（mm）；

　　　α——构件基体材料热膨胀系数 [mm/（℃·mm）]；

　　　ΔT——使用温度范围（℃），一般选 83℃。

接缝越窄，对密封材料的位移能力要求越高，设混凝土构件基体热膨胀系数为 10×10^{-6} [mm/（℃·mm）]，长度为 3m，ΔT 为 83℃，对缝宽为 20mm 的接缝，通过上式计算，密封胶的位移量 $\varepsilon > 13.8\%$。

为适应建筑设计的密封选材和进行接缝尺寸的验算，国内外相关标准按照位移能力和模量对建筑接缝胶进行分级。目前，国内外涉及混凝土接缝用胶分级和要求的主要标准规范如表 2-33 所示。

表 2-33　建筑密封胶国内外相关标准

标准来源	标准号	标准名称
国内标准	GB/T 22083	建筑密封胶分级和要求
	GB/T 14683	硅酮建筑密封胶
	JC/T 881	混凝土建筑接缝用密封胶
国外标准	ISO 11600	Building construction-Jointing products-Classification and requirements for sealants 建筑结构-接缝产品-密封胶分级和要求
	JIS A 5758	Sealants for sealing and glazing in Buildings 建筑物密封和门窗玻璃用密封胶

国内外标准中用途分类、位移能力分级、高低模量分级等基本一致，以 GB/T 22083 为例，不同分级密封胶（非镶装剥离用）的性能要求见表 2-34。

表 2-34 建筑接缝用密封胶（F 类）性能要求

性能		指标						
		25LM	25HM	20LM	20HM	12.5E	12.5P	7.5P
位移能力		25%	25%	20%	20%	12.5%	12.5%	7.5%
弹性恢复率（%）		≥70	≥70	≥60	≥60	≥40	<40	<40
拉伸粘结性	a) 拉伸模量（MPa）23℃下 －20℃下	≤0.4 和 ≤0.6	>0.4 或 >0.6	≤0.4 和 ≤0.6	>0.4 或 >0.6	—	—	—
	b) 断裂伸长率（%）23℃下	—	—	—	—	—	≥100	≥25
定伸粘结性		无破坏	无破坏	无破坏	无破坏	无破坏	—	—
冷拉-热压后粘结性		无破坏	无破坏	无破坏	无破坏	无破坏	—	—
同一温度下拉伸-压缩循环后粘结性		—	—	—	—	—	无破坏	无破坏
浸水后定伸粘结性		无破坏	无破坏	无破坏	无破坏	无破坏	—	—
浸水后拉伸粘结性，断裂伸长率（23℃下，%）		—	—	—	—	—	无破坏	无破坏
体积损失（%）		≤10	≤10	≤10	≤10	≤25	≤25	≤25
流动性（%）		≤3	≤3	≤3	≤3	≤3	≤3	≤3

以缝宽为 20mm 的接缝为例，密封材料的位移能力应大于 13.8%，另外需要选择低模量的产品，可以适应混凝土构件之间的位移，长期受到拉伸或剪切应力也不会开裂。25LM 级别为目前建筑胶分级中模量更低，弹性更好的产品，将此级别定为耐候密封胶的开发目标，同时还需要具备良好的耐候性和耐久性。

3. 耐候密封胶制备工艺

1) STP-E 聚合物对密封胶性能的影响

STP-E 聚合物是密封胶的主体成分，其结构对于密封胶的性能起着决定性的作用。聚合物的合成设计需要对黏度、力学性能、固化速度等方面综合考虑。前面研究了聚合物合成和结构的影响因素，根据低模量，高弹性的性能要求以及施工实际要求的相对长的操作时间，选择分子量为 16000 的二元聚醚作为聚合物主链，γ-异氰酸酯基丙基-三甲氧基硅烷作为封端剂，封端比率为 80%，催化剂为二月桂酸丁基锡，合成了一种硅烷封端的基础聚合物，性能稳定，结构可控。

2) 填料对密封胶性能的影响

在硅烷封端密封胶中常用的填料为碳酸钙，对密封胶的力学性能起到改进作用，同时碳酸钙填料的加入使密封胶的黏度增加，改善触变性和立面施工性能。同时添加碳酸钙可降低配方成本，具有较好的经济利益。

碳酸钙填料对密封胶性能的影响与碳酸钙的类型、粒径和表面处理等因素有关。不同厂家的产品也具有较大的差异，需要提前筛选。

在硅烷封端聚合物中添加聚合物比例 1.5 倍的几种不同的碳酸钙后胶料的性能见表 2-35。

表 2-35 几种碳酸钙对密封胶性能的影响

碳酸钙型号	类型	平均粒径（μm）	是否表面处理	胶料黏度（Pa·s）	拉伸强度（MPa）	断裂伸长率（%）	储存稳定性
A	轻质碳酸钙	0.15	是	1800	2.3	410	好
B	轻质碳酸钙	0.25	是	1400	2.0	430	好
C	重质碳酸钙	2.0	是	150	0.9	510	好
D	重质碳酸钙	4.0	否	35	0.6	350	差

表面处理可改善与聚合物的相容性，同时降低了表面的羟基比例，提高储存稳定性。轻质碳酸钙粒径较小，与聚合物具有良好的相容性，对密封胶有较好的增稠和补强作用，而重质碳酸钙的增稠性和补强作用相对较差，主要起到增量填料的作用，可以提高用量，降低树脂比例。

以碳酸钙 A 为例，研究碳酸钙比例（树脂为 100 份）对黏度和力学性能的影响，如图 2-101 所示。

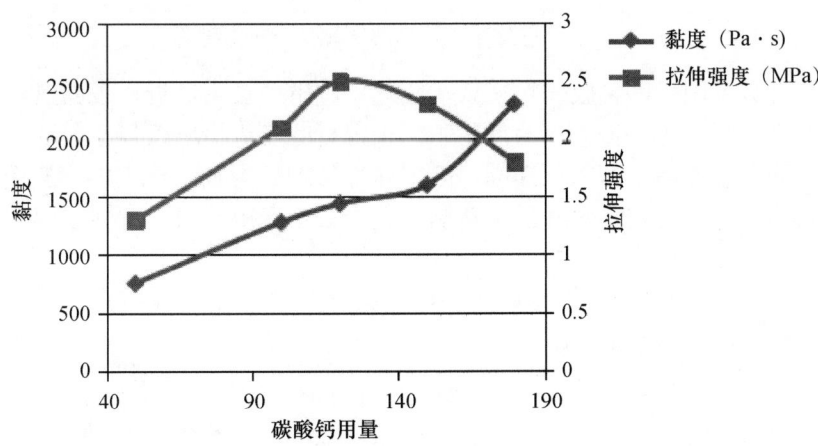

图 2-101 碳酸钙用量对黏度和拉伸强度的影响

随着碳酸钙比例增加，胶料黏度上升，由于碳酸钙的吸油值限制，到某一比例后无法加入胶料中。增加碳酸钙用量在低比例时对拉伸强度起到改善的作用，随着用量进一步增加，树脂比例相对进一步减少，强度下降。

除了碳酸钙之外，滑石粉、高岭土、硅微粉等也是密封胶行业的常用原料。中空玻璃微球是一种新型填料，具有相对密度小，流动性好，导热性低等特点，可以降低产品的密度，改善产品的收缩性，改善表面黏性等。

STP-E 密封胶产品中采用表面处理的轻质碳酸钙和重质碳酸钙配合使用，改善产品的力学性能和流变性能，根据应用特点添加部分其他种类的填料，得到较好的综合性能。

3）增塑剂对密封胶性能的影响

增塑剂在密封胶中的主要作用有：降低物料黏度，便于混合；改善密封胶的韧性、增加伸长率、降低硬度；改善密封胶施胶性能等。目前常用的增塑剂品种主要包括邻苯二甲酸酯类、脂肪酸酯类、烷基磺酸苯酯类等，此外，低分子量聚醚也是硅烷封端密封胶中常用的增塑剂。

增塑剂的亲水性及其与树脂的相容性影响密封胶的深层固化性能，对比测试了聚醚PPG、邻苯二甲酸二辛酯DOP以及烷基磺酸苯酯mesamoll体系在标准条件下不同时间的固化深度值，如图2-102所示。

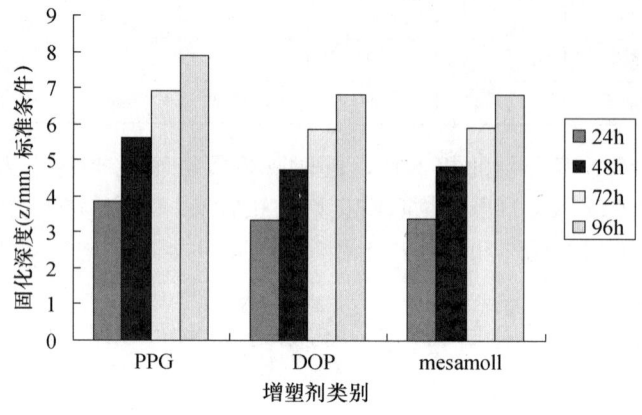

图2-102 不同增塑剂体系的密封胶的固化深度

对于单组分吸湿固化密封胶体系来说，固化反应由外及内进行，表面已经固化的胶层会阻碍空气中水分子进一步渗入内部与未固化密封胶反应，所以越往内部，固化速度越慢。对比不同增塑剂体系的固化深度，由于硅烷封端聚合物（STP-E）的主链结构与聚醚一致，相容性好，且聚醚与其他增塑剂相比，亲水性更好，故有利于水分在已固化胶层中的扩散，深度固化速度更快。

本产品选择分子量为1000～4000的聚醚，研究增塑剂比例（树脂为100份）对于力学性能的影响，如图2-103所示。

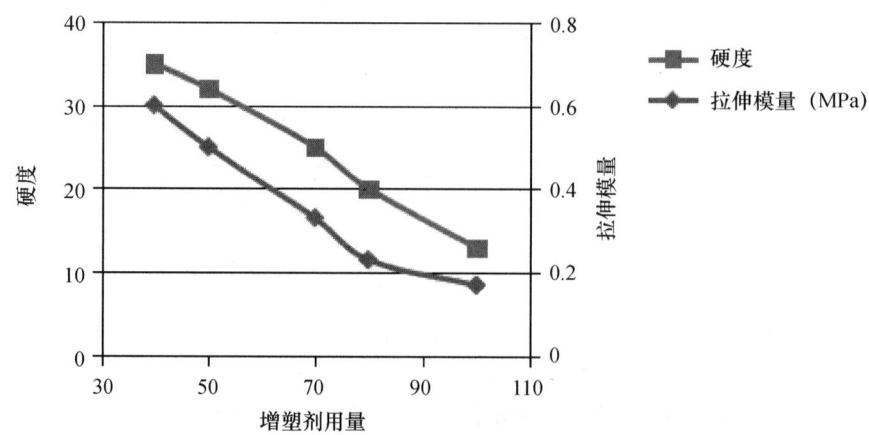

图2-103 增塑剂比例对力学性能的影响

通过增加聚醚增塑剂用量可以降低硬度和模量，但增塑剂作为密封胶中不参与交联反应的液体组分，其比例不得过高，否则容易在密封胶表面或者粘结界面发生增塑剂迁移，影响表面性能和粘结性能。为了达到低模量和抗迁移的性能，密封胶产品使用的聚醚增塑剂用量为 70～100 份（树脂为 100 份）。

4) 偶联剂对密封胶性能的影响

硅烷偶联剂在密封胶中作为除水剂和粘结促进剂作用。

密封胶中填料和颜料表面吸附了水分，同时在生产和储存过程中，环境中水分也可能进入胶中，对单组分密封胶的稳定性带来不利的影响，所以在配方中需要添加除水剂去除体系中水分。乙烯基三甲氧基硅烷是硅烷改性聚醚体系常用的除水剂，其与水反应速度很快，远快于硅烷封端聚合物（STP-E）与水反应的速度，可去除原料中或生产过程中的水分，提高稳定性。

在密封胶中添加不同比例的除水剂（树脂 100 份），24h 固化深度值如图 2-104 所示。

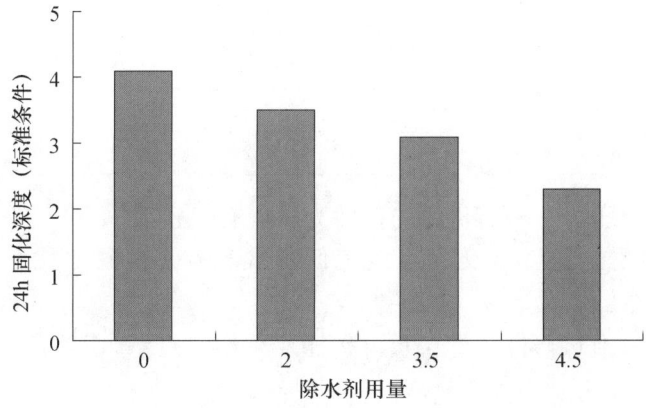

图 2-104　除水剂用量对 24h 固化深度的影响

密封胶中除水剂用量越高，单位体积密封胶反应消耗的水分量越高。选择水分含量较低的填料体系，或者通过脱水减少体系中水分含量，从而减少除水剂的用量，有助于提高深度固化。

硅烷封端密封胶中常用的粘结促进剂为含氨基硅烷类，聚合物的可水解硅烷基团与粘结促进剂的偶联基团产生协同作用，水解后的硅醇基团可与基材表面羟基或其他基团形成化学键或氢键，提高黏附性能。表 2-36 对比了三种不同的氨基硅烷对于粘结性能和力学性能的影响。

表 2-36　三种偶联剂对密封胶性能的影响

偶联剂类型	表干时间（h）	拉伸强度（MPa）	伸长率（%）	邵氏硬度	拉伸模量（MPa）	水泥砂浆板定伸粘结性
单氨基硅烷	1	1.04	317	28	0.43	部分内聚破坏
双氨基硅烷	1	1.02	423	21	0.32	无破坏
改性氨基硅烷	2～3	1.39	577	18	0.21	无破坏

不同类型硅烷对密封胶的表干时间有影响，因为氨基硅烷在密封胶中也起到助催化剂作用，其碱性影响体系的 pH 值，进而影响硅烷的水解缩合速度。另外硅烷类型也影

响了密封胶的交联密度，交联程度越高，硬度和模量越高，伸长率越低，拉伸时存在较大的内应力，容易发生内聚破坏。对于变形较大的接缝，应该选择交联程度相对较低的硅烷，降低模量和硬度，在发生形变时具有较低的内应力，不容易发生破坏，具有良好的密封防水能力。密封胶产品选择双氨基硅烷和改性氨基硅烷混合使用，具有低硬度、高弹性和对水泥材料良好的粘结性。

5) 催化剂对密封胶性能的影响

催化剂可以提高聚合物端基的硅烷水解速度，改善交联程度。在 STP-E 密封胶中常用的催化剂是有机锡类，其中最常用的是二月桂酸二丁基锡（DBTL），另外还有螯合锡，硅烷改性有机锡等结构。三种不同结构的有机锡催化剂在相同用量（1 份，树脂为 100 份）条件下对于表干时间和力学性能的影响见表 2-37。

表 2-37 三种催化剂对密封胶性能的影响

催化剂类型	表干时间（h）	拉伸强度（MPa）	伸长率（%）	邵氏硬度	拉伸模量（MPa）
DBTL	1	1.52	380	30	0.50
螯合锡	1.5	1.27	542	26	0.35
自制有机锡	0.5	1.34	425	28	0.42

在相同用量条件下，三种有机锡的活性为自制有机锡＞DBTL＞螯合锡，固化产物的交联程度也有差异。螯合锡交联程度偏低，体现为较高的伸长率，较低的模量和硬度。

研究自制高活性有机锡催化剂用量（树脂 100 份）对表干时间和固化深度的影响，见图 2-105。

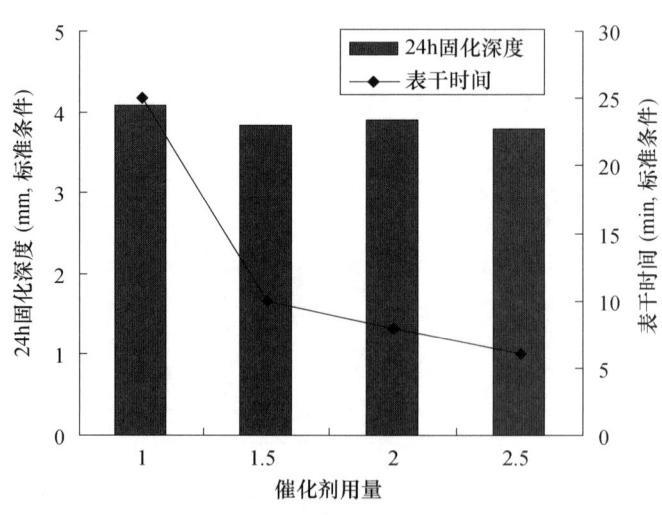

图 2-105 催化剂用量对硅烷改性聚醚表干时间和固化深度的影响

从图中可以看出，催化剂用量从 1 份增加到 1.5 份，随着催化剂用量升高，表干时间明显缩短，继续增加催化剂含量，表干时间略有缩短，变化不明显。对应的 24h 固化深度值没有明显差异。因为交联反应速度仍然远快于水分扩散的速度，还是以扩散速度决定深层固化速度，交联速度对内部固化的影响较小，而胶层的亲水性并没有发生明显改变,所以固化深度值没有明显变化。

催化剂的比例可根据使用的环境来调整。在夏季使用时,可降低用量得到较长的表干时间,保证施工调整时间;冬季低温条件,可适当提高用量,缩短表干时间。

6)触变剂对密封胶性能的影响

触变性是密封胶的一项重要指标,在实际施工时,需要在垂直或者倾斜的表面施胶,要求密封胶不拉丝,不流淌,否则容易污染被粘物体的表面。触变性可用不同剪切速率下的黏度比来表征,触变性好的密封胶,在低剪切速度下具有较高的黏度,在高剪切速度下具有较低的黏度,这样既保证胶水具有较好的施工性能,在储运过程中也有较好的稳定性。

改善密封胶的触变性可通过加入触变剂来实现。四种不同的触变剂添加后对胶料性能和黏度的影响见表 2-38 和图 2-106。

表 2-38 触变剂对密封胶性能的影响

触变剂型号	类型	拉伸强度(MPa)	断裂伸长率(%)	储存后黏度变化
空白胶料	—	1.60	412	稳定
1	氢化蓖麻油	1.63	387	降低
2	聚酰胺蜡	1.68	420	降低
3	气相白炭黑	2.34	463	升高
4	有机触变剂	1.70	420	稳定

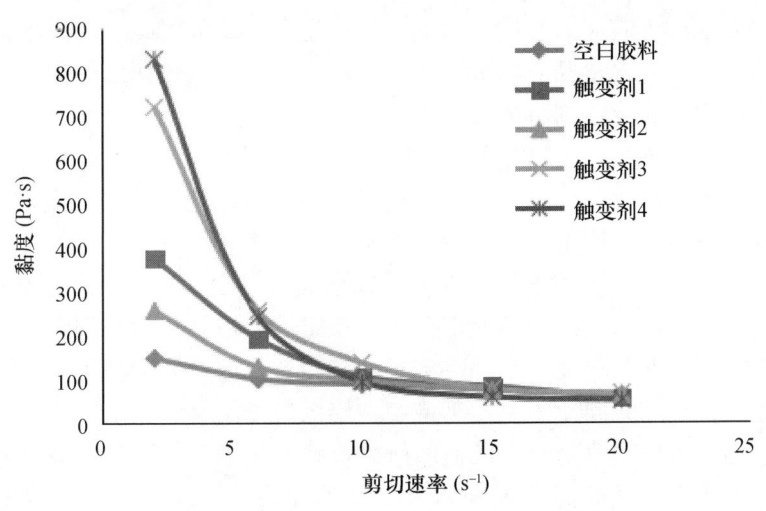

图 2-106 几种触变剂体系密封胶的黏度曲线

加入触变剂后,由于氢键或分子间作用力等作用提高形成了絮凝结构,在低剪切速率下的黏度上升明显,随着剪切速率提高,絮凝结构破坏,黏度降低。触变剂 1 和 2 黏比低,絮凝结构不稳定,储存后黏度下降,触变性变差。触变剂 3 和 4 对触变性改善明显,黏比大。由于气相白炭黑具有比表面积高、表面活性高和粒径小等特点,所以对密封胶力学性能有明显的增强作用,而且由于其表面残留的羟基影响稳定性,储存后,黏度升高明显。触变剂 4 是一种有机触变剂,对密封胶没有明显的补强作用,黏度稳定。密封胶产品选择有机触变剂和气相白炭黑混合使用,触变性好,制备的密封胶拉丝短,即使在比较宽的接缝堆积也不会产生塌陷（图 2-107 和图 2-108）。

图 2-107　密封胶的施胶拉丝性能

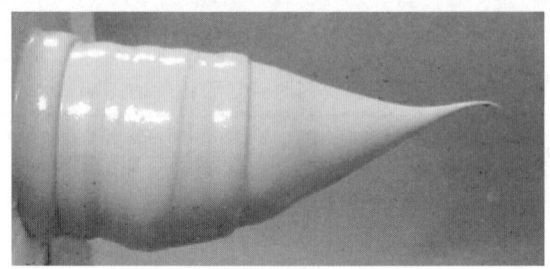

图 2-108　密封胶的抗下垂性能

7）其他助剂对密封胶性能的影响

密封胶中为了改善储存耐久性，可加入光稳定剂和紫外吸收剂，屏蔽或吸收紫外线的能量，排除或减缓光化学反应的可能性，延迟光老化，延长使用寿命。

按照作用机理，光稳定剂可分为以下几种：

（1）光屏蔽剂：这是一类能够遮蔽或反射紫外线的物质，使光不能透入高分子内部，从而起到保护高分子的作用。光屏蔽剂有炭黑、二氧化钛等无机颜料和酞菁蓝、酞菁绿等有机颜料，通常受到密封胶颜色的限制。

（2）紫外线吸收剂：它的作用能有效地吸收波长为 290～410nm 的紫外线，而很少吸收可见光。它本身具有良好的热稳定性和光稳定性，按其化学结构主要可以分为：邻羟基二苯甲酮类、苯并三唑类、水杨酸酯类、三嗪类和取代丙烯腈类，可作为辅助光稳定剂和受阻类光稳定剂共同使用，尤其是用在聚烯烃或涂料中。

（3）淬灭剂：可以接收塑料中发色团所吸收的能量，并将这些能量以热量、荧光或磷光的形式发散出去，从而保护聚合物免受紫外线的破坏。它对聚合物的稳定效果很好，多用于薄膜和纤维。淬灭剂主要是一些二价的有机镍螯合物。有机镍光稳定剂具有良好的性能，但因重金属离子的毒性问题，可能被其他无毒或低毒淬灭剂取代。

（4）自由基捕获剂：这类光稳定剂能捕获高分子中所生成的活性自由基，从而抑制光氧化过程，达到光稳定目的。主要有受阻胺光稳定剂（HALS），其是最有前途的一类新型高效光稳定剂，在国际上年平均需求增长率为 20%～30%。

（5）氢过氧化物分解剂：是受阻胺类光稳定剂中的一种。聚合物在储存和加工期间能产生氢过氧化物，导致聚合物的光氧化降解，氢过氧化物分解剂能够分解过氧化物，生成稳定的氮-氧自由基，并进一步捕获自由基，从而抑制聚合物降解。

在密封胶中，常用的光稳定剂由炭黑、二氧化钛颜料、苯并三唑类紫外吸收剂和受阻胺光稳定剂配合使用，与密封胶具有良好的相容性，可改善密封胶的紫外老化性能，延长使用寿命。

表 2-39 为密封胶紫外老化 3000h 后的性能变化，添加了光稳定剂后可明显改善紫外老化后密封胶的力学性能。

表 2-39　紫外老化 3000h 密封胶性能

试验项目	无光稳定剂		复合光稳定剂	
	23℃×7d（标准条件）	紫外老化×3000h	23℃×7d（标准条件）	紫外老化×3000h
拉伸强度（MPa）	1.45	0.79	1.20	1.02
断裂伸长率（%）	400	250	490	530
邵氏硬度	27	20	25	23

8）小结

STP-E 聚合物是密封胶的主体成分，需要综合考虑黏度、力学性能、固化速度等，其可以合成硅烷封端、性能稳定、结构可控的基础聚合物。本节还分析了不同功能助剂对材料性能的影响。在硅烷封端密封胶中加入碳酸钙填料，对密封胶的力学性能起到改进作用，同时使密封胶的黏度增加，改善触变性和立面施工性能。通过调整增塑剂、偶联剂、催化剂、触变剂等材料可以降低其硬度和模量，提高产品稳定性，影响表面性能、粘结性能和材料耐候性。

2.5.3　耐候密封胶性能

1. 耐候密封材料结构表征（红外、紫外）

1）红外光谱分析

波长扫描范围 $4000\sim400\text{cm}^{-1}$，STP-E 预聚体为黏性液体，采用涂膜法进行结构分析，即将树脂均匀涂于盐片表面，然后采用红外变频光谱仪进行测试。

图 2-109 是高分量羟基聚醚经过硅烷封端的 STP-E 红外图谱，从图可以看出，制备的 STP-E 在 2330.87cm^{-1} 处的 NCO 基团的伸缩振动峰几乎消失，有少量残留，说明端羟基聚醚已被硅烷封端改性。880.30cm^{-1} 处的振动峰时端基上 Si—O—CH_2R 的吸收峰，2958.68cm^{-1}、2902.15cm^{-1} 分别为甲基（—CH_3）、亚甲基—CH_2—吸收峰，1794.00cm^{-1} 处的峰为 C=O 的伸缩振动峰，1090.42cm^{-1} 处的强吸收峰为 Si—O 的伸缩振动吸收峰，1256.79cm^{-1} 处为 CH_3 的弯曲振动吸收峰，795.32cm^{-1} 处为 CH_3 的摇摆振动吸收峰，这些基团都归属于 STP-E 硅烷封端处的特征峰。

2）紫外吸收光谱分析

紫外分光光度法的基础是物质对紫外光的选择性吸收，是基于分子里价电子在能级之间的跃迁所产生的吸收。紫外吸收法可以测定物质的物理化学常数之外，还可以进行物质的定性分析和结构分析。对已制备的 STP-E 密封胶用紫外分光光度计进行检测，测试前取微量样品充分溶于四氢呋喃溶剂中，然后进行测试。测试结果见图 2-110。

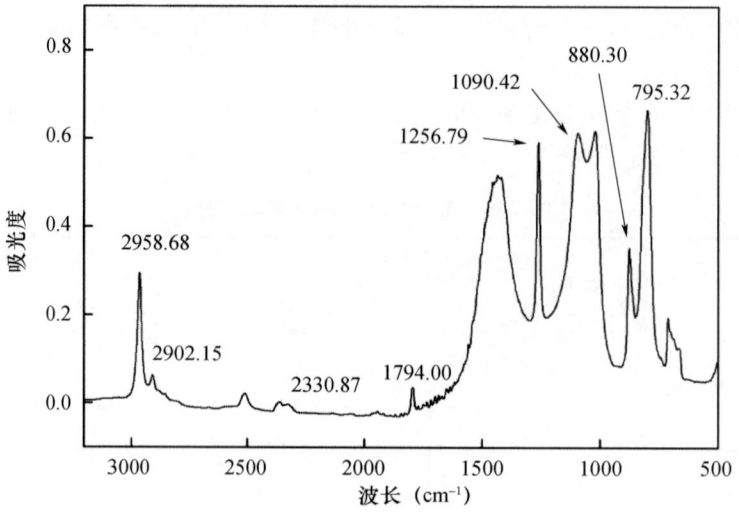

图 2-109　STP-E 红外表征

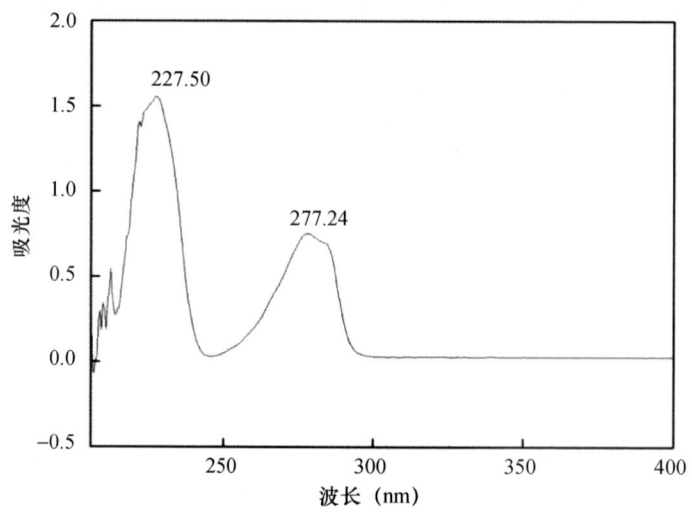

图 2-110　STP-E 密封胶的紫外吸收光谱

由图 2-110 紫外吸收光谱可知，STP-E 密封胶的紫外吸收波长分别为 277.24nm 和 227.50nm。227.50nm 吸收带的出现表明物质中有共轭体系的存在，即使少量未反应完全的—N＝C＝O 吸收带，而 277.24nm 处的吸收带是—NCO 与羟基反应生成的—NH—CO—的 $n-\pi^*$ 的跃迁吸收峰。两者说明—NCO 参与了反应，并生成了目标物。

2. 耐候密封材料物理化学性能

1）黏度测试

用旋转黏度计（剪切速率 60r/min）对硅烷封端聚合物和 STP-E 密封胶进行表观黏度的测试，见表 2-40、图 2-111。

第2章 新型构件生产及配套技术

表 2-40 不同温度下的黏度

温度（℃）		23	30	40	50	60
黏度（mPa·s）	STP-E 聚合物	3983	2327	1020	562	387
	STP-E 密封胶	113402	76533	42801	23768	17547

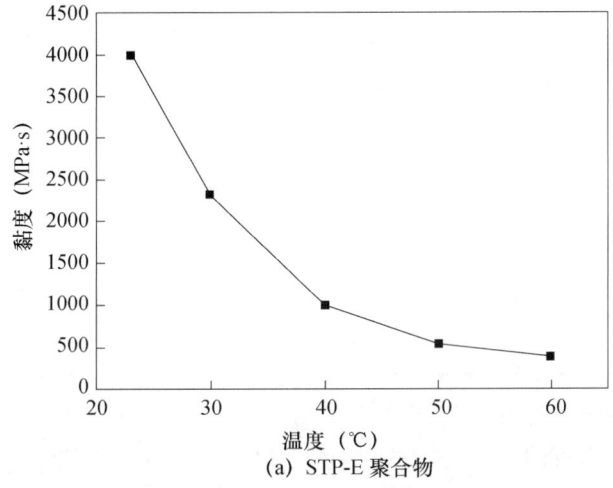

(a) STP-E 聚合物

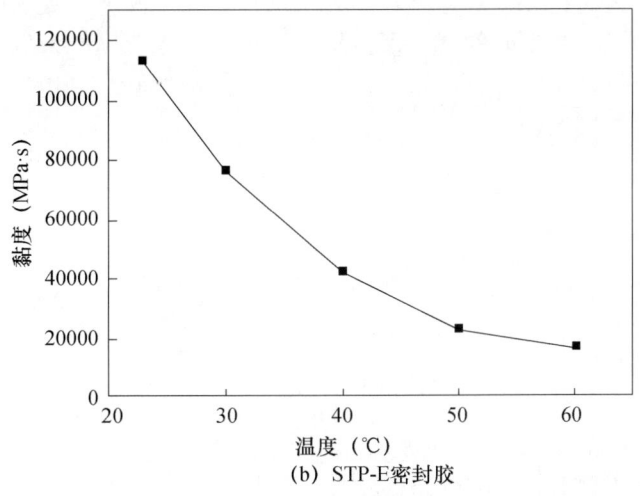

(b) STP-E 密封胶

图 2-111 黏温线

由图 2-111 可以看出，STP-E 密封胶的黏度随着温度的升高而降低，当温度由 25℃ 升至 40℃时，黏度变化最大，分别减小 74.39%（STP-E 聚合物）和 62.26%（STP-E 密封胶），而当温度高于 40℃时黏度变化率减小。其中两者的室温黏度（23℃）分别为 3983mPa·s（STP-E 聚合物）和 113402mPa·s（STP-E 密封胶）。

2) 挤出性

试验前，将待测包装在（23±2）℃和（5±2）℃恒温箱中处理至少 24h，每个处理温度各处理三个包装。将密封胶配套的胶嘴口径切割为（5±0.3）mm。将包装从恒温箱中取出，安装胶嘴，插入气动挤枪，升压至（250±10）kPa，先挤出 2~3cm 长的试样以充满喷嘴、排出空气,然后关闭气阀。

将600mL蒸馏水或去离子水倒入玻璃量筒,并将装有包装的挤枪垂直放在量筒的上方,喷嘴尖浸入水中约12mm,在确认空气压力为(250±10)kPa后,先在几秒钟内挤出少量试样,以确保试样在水中自由流动。然后第一次读取玻璃量筒中的水位。

挤出试样至量筒中,使水位至少变化200mL,记下所用的时间(s)。第二次读取玻璃量筒的水位。两次读数之差即为密封材料的挤出体积(mL)。

根据密封材料的挤出体积和所用的挤出时间计算每个包装的挤出率(mL/min)。计算每个处理温度下三个包装的平均挤出率(表2-41)。

表2-41 密封材料的挤出性

测试温度		23℃	5℃
挤出率(mL/min)	1号样品	475	223
	2号样品	430	208
	3号样品	527	240
	平均值	477	224

3)下垂度

采用图2-112所示的下垂度模具,表面经过不粘处理。将聚乙烯条衬在模具底部,使其盖住模具上部边缘,并固定外侧,然后把已在标准条件下放置24h以上的密封材料用刮刀填入模具内。将制备好的试样保持水平或垂直,放置标准条件下以及(50±2)℃和(5±2)℃的恒温箱中24h。然后取出,用钢板尺测试垂直和水平方向上时间移动的距离。下垂度试验结果见表2-42。

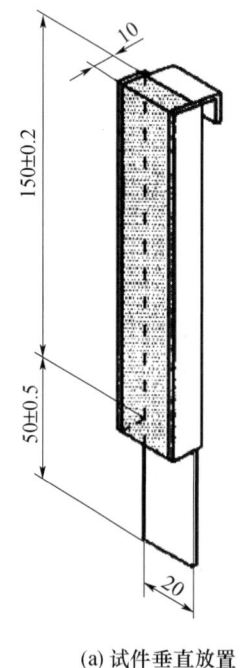
(a) 试件垂直放置

(b) 试件水平放置

图2-112 下垂度模具

表 2-42 密封材料下垂性测试结果

测试温度		50℃	23℃	5℃
挤出率（mL/min）	垂直	0	0	0
	水平	0	0	0

4）表干时间

用胶枪将在试验条件下至少放置 24h 的试样挤出，胶条宽度 5～10mm，长度 100～200mm，同时打 3～5 条。将制备好的样件在标准条件下静置一定的时间，然后用无水乙醇擦净手指端部，轻轻接触试件上三个不同部位。间隔适当时间重复上述操作，直至无试样黏附在手指上为止。记录胶条打出后至试样不黏附在手指上所经历的时间。测试了三种不同环境条件下的表干时间见表 2-43。

表 2-43 三种环境条件的表干时间

测试条件	10℃，30%RH	23℃，50%RH	30℃，80%RH
表干时间（min）	350	60	20

5）固化速度

固化深度测试模具如图 2-113 所示，表面经过不粘处理。将密封胶挤出于模板的空腔内，用刮刀刮平，使其在测试条件下固化一定时间后，用手将密封胶从最薄处揭起，直至出现密封胶黏附模板为止，记录固化层最深处厚度以及对应的固化时间。

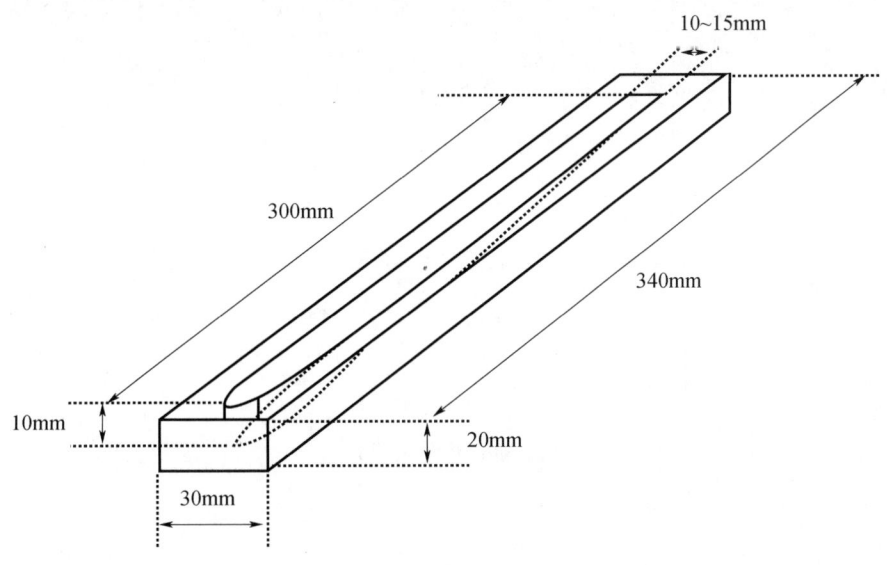

图 2-113 固化深度模具

测试了三种不同环境条件下的固化深度，与时间的关系如图 2-114 所示：

6）固化物吸水性能

由于水分子体积极小，极性又大，从而容易渗透到胶层内部引起聚合物发生水解反应并破坏粘结界面的物理吸附和化学吸附，因此，有必要对密封材料的吸水性能进行研究。对固化物的吸水率测试是在物料完全固化后，并且在干燥的状态下浸入水中进行测试，条件为室温。

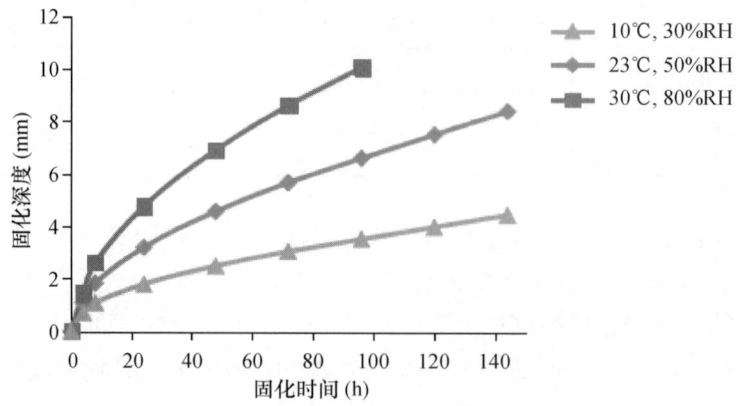

图 2-114　密封胶在三种环境条件下固化深度曲线

如图 2-115 所示，两种固化物在水氛中吸水率小且大概相同。室温 23℃下在水中浸泡 10d，STP-E 聚合物固化物（STP-Y）吸水率为 0.87%，而 STP-E 密封胶固化物（STP-J）吸水率为 0.90%。其两者的最高吸水率分别为 STP-E 聚合物 0.88%；STP-E 密封胶 0.92%。而总体上，在初期浸泡 6d 内，固化物吸水率随浸泡时间的增加而提高，6d 后，两者吸水率提高缓慢且处于微小变化的动态平衡状态。

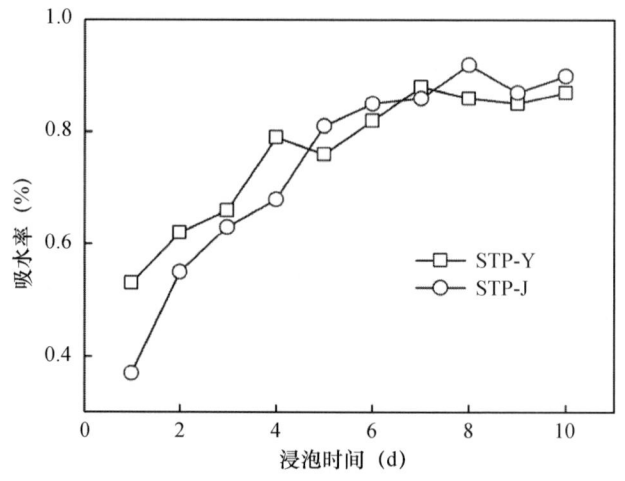

图 2-115　固化物吸水率随时间变化（Y—预聚物；J—密封胶）

7) 固化物表面浸润性能

水在聚合物表面的接触角是水在物体表面浸润性能的体现，接触角越小，说明浸润性越好，表面自由能高。为评价 STP-E 密封材料的可涂饰性，测定了水在 STP-E 密封胶表面的接触角。

图 2-116 可看出水对 STP-E 密封胶固化物表面的接触角均大于 30°，说明 STP-E 密封胶表面是非强亲水性的，有较低的表面自由能，所测试同一材料表面不同区域的接触角分别为 48.48°和 61.29°，均值为 54.89°，说明水在 STP-E 密封胶表面有良好的浸润能力。STP-E 聚合物是基于硅氧烷封端剂和聚醚多元醇合成的聚合物，由于大量聚醚结构的存在可以有效增加水的润湿性。

图 2-116 水在 STP-E 密封胶表面的接触角

随着水性树脂技术的进步，国内建筑外墙装饰涂料多以水性涂料为主。水性装饰涂料能在密封材料表面"润湿铺展"，给建筑外墙装饰提供更多的选择。对于水性涂料来说，其 40~50dyn/cm 的表面张力高于大部分基材，应用中往往会因为无法润湿而减少了水性涂料与基材的接触面积，导致结合力的流失。接触角的形成与基材和涂层的表面张力相关，角度大小直接关系到水性涂料对基材的润湿铺展程度，当接触角 θ>90°时，被认为不产生润湿，而接触角 θ<90°时，涂料可以快速铺展并且渗透孔隙。不同密封材料可涂饰性对比见图 2-117。

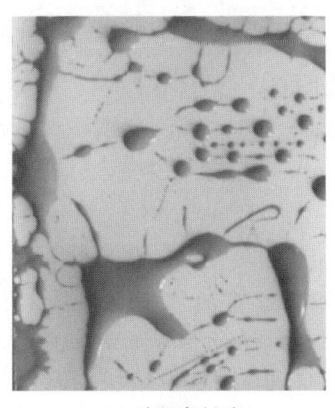 

(a) 硅酮密封胶　　　　　　　　(b) STP-E 密封胶

图 2-117 不同密封材料可涂饰性对比

8）耐候密封材料耐酸碱性能

测试密封材料在高温、饱和、湿度条件下对三种不同 pH 值溶液的耐受性。

按照 GB/T 528 制备胶片，胶层厚度（2±0.2）mm，标准条件下固化 7d。将胶片用脱脂棉包起，放入塑料袋中，并加入溶液。平整袋子并热封。放入 70℃烘箱中 14d。从烘箱中取出，冷却至室温。取出袋子，去除包裹胶片的脱脂棉，擦拭表面游离水分。测试样件力学性能。与初始性能对比。从表 2-44 可看出，STP-E 密封胶对弱酸弱碱具有良好的耐受性。

表 2-44 三种不同 pH 值溶液对密封胶性能的影响

	拉伸强度（MPa）	断裂伸长率（%）	邵氏硬度
初始	1.23	490	25
pH=4	1.19	630	21
pH=7	1.14	680	20
pH=9	1.11	650	18

3. 耐候密封材料力学性能分析

1）拉伸强度和断裂伸长率

根据 GB/T 528 制备测试胶片，厚度为（2±0.2）mm。在标准条件下固化 7d 后，从模具上取下，使用 2 型裁刀制备哑铃型样件，在拉力试验机上用 500mm/min 速度拉伸，测试拉伸强度和断裂伸长率。

2）硬度

根据 GB/T 531.1 测试邵氏硬度，采用 A 型硬度计，测试厚度不小于 6mm 的样件的硬度。样件可用 3 层胶片叠加而成。

3）剪切强度

根据 GB/T 7124 制备搭接剪切片，测试基材为铝合金，搭接面积 25mm×12.5mm，控制胶层厚度为 2mm，标准条件下固化 7d 后，测试剪切强度，拉伸速度为 5mm/min。

4）拉伸粘结性-拉伸模量

按 GB/T 13477 第 8 章试验，制样方法见图 2-118。粘结基材为水泥砂浆板，表面用 P10 底涂处理，固化条件为 A 法，试验伸长率为 100%。分别在（23±2）℃和（−20±2）℃温度下进行拉伸试验，拉伸速度 5mm/min，记录应力-应变曲线。测定并计算试件拉伸至 100% 伸长率时的强度（MPa）。

5）定伸粘结性

按 GB/T 13477 第 10 章试验，粘结基材为水泥砂浆板，表面用 P10 底涂处理，固化条件为 A 法，试验伸长率为 100%。在标准条件下进行定伸试验，拉伸速度 5mm/min。试件拉伸至 100% 伸长率时，停止拉伸，用定位垫块插入已拉伸的试件中并在标准条件下保持 24h。测定试件粘结或内聚的任何破坏。

6）浸水后定伸粘结性

按 GB/T 13477 第 11 章试验，粘结基材为水泥砂浆板，表面用 P10 底涂处理，固化条件为 A 法，试验伸长率为 100%。将固化后的试件浸入（23±2）℃蒸馏水中 4d，再于标准条件下放置 1d。在标准条件下进行定伸试验，拉伸速度 5mm/min。试件拉伸至 100% 伸长率时，停止拉伸，用定位垫块插入已拉伸的试件中并在标准条件下保持 24h。测定试件粘结或内聚的任何破坏。

7）冷拉-热压后粘结性

按 GB/T 13477 第 13 章试验，粘结基材为水泥砂浆板，表面用 P10 底涂处理，固化条件为 A 法。试验所用的拉伸和压缩速度为 5mm/min，拉伸压缩幅度为 ±25%。固化后对试件进行下述试验。

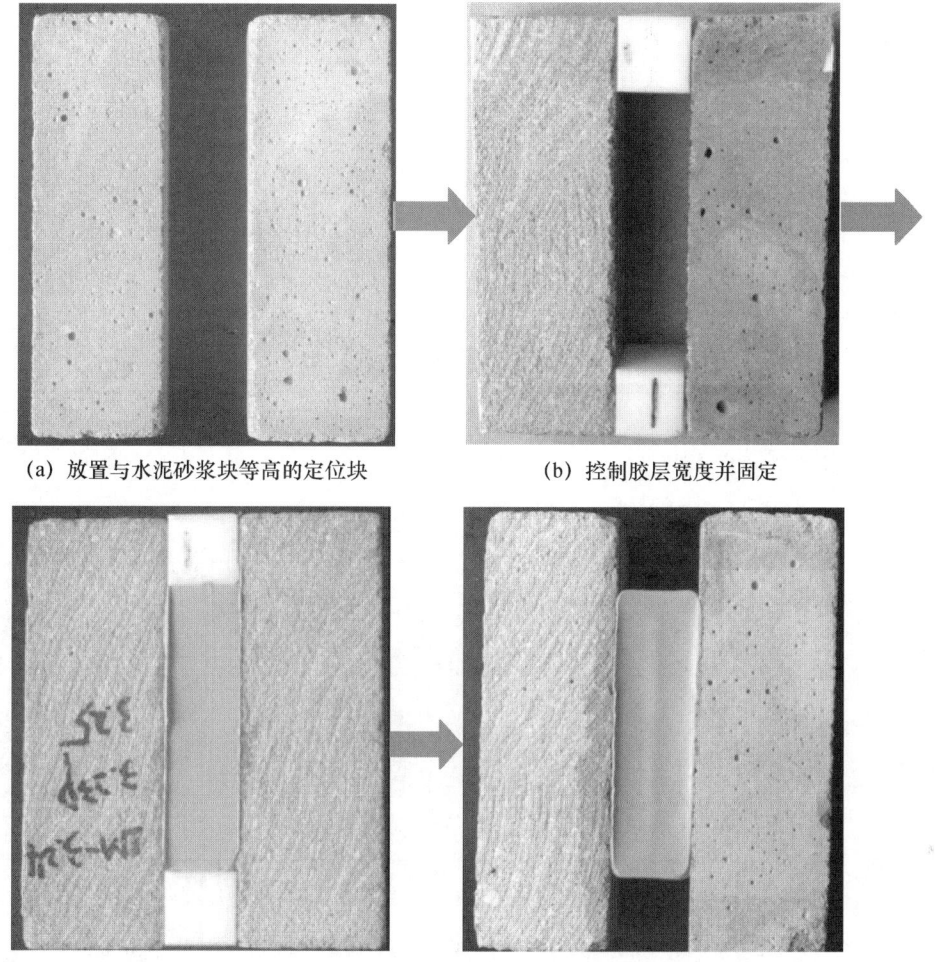

(a) 放置与水泥砂浆块等高的定位块　　(b) 控制胶层宽度并固定

(c) 施胶并刮平　　(d) 胶层固化后撤掉定位块

图 2-118　拉伸粘结试件的制备

第一周：

第 1 天：将试件放入（-20±2）℃的低温箱内，3h 后在试验机上于相同温度下拉伸试件至所要求的宽度，并在（-20±2）℃下保持拉伸状态 21h。

第 2 天：解除拉伸，将试件放入（70±2）℃的干燥箱内，3h 后在试验机上于相同温度下压缩试件至所要求的宽度，并在（70±2）℃保持压缩状态 21h。

第 3 天：解除压缩，重复第 1 天步骤。

第 4 天：同第 2 天的步骤。

第 5～7 天：解除压缩，将试件以不受力状态于标准试验条件下放置。

第二周：重复第一周的步骤。

试验结束后，测定试件粘结或内聚的任何破坏。

8）弹性恢复率

按 GB/T 13477 第 17 章试验，粘结基材为水泥砂浆板，表面用 P10 底涂处理，固化条件为 B 法，试验伸长率为 100%。

在标准试验条件下对试件进行拉伸试验，拉伸速度 5mm/min。对试件拉伸 100%伸长率后固定,在标准试验条件下放置24h后,除去固定垫片,1h后测算弹性恢复率值。

$$R_e = \frac{W_1 - W_2}{W_1 - W_0} \times 100$$

式中　R_e——弹性恢复率(%);
　　　W_0——试件的初始宽度(mm);
　　　W_1——试件拉伸后的宽度(mm);
　　　W_2——试件弹性恢复后的宽度(mm)。

9) 测试结果见表2-45。

表2-45　密封胶力学性能

测试项目			测试结果	测试依据标准
拉伸强度(MPa)			1.2	GB/T 528
断裂伸长率(%)			490	GB/T 528
邵氏硬度			25	GB/T 531.1
剪切强度(MPa)			0.65	GB/T 7124
拉伸粘结性	拉伸模量(MPa)	23℃	0.3	GB/T 13477.8
		−20℃	0.4	GB/T 13477.8
定伸粘结性			无破坏	GB/T 13477.10
浸水后定伸粘结性			无破坏	GB/T 13477.9
冷拉-热压后粘结性			无破坏	GB/T 13477.13
弹性恢复率(%)			85	GB/T 13477.17

10) 疲劳性能

根据GB/T 7124制备搭接剪切片,测试基材为铝合金,搭接面积25mm×12.5mm,控制胶层厚度为2mm,在标准条件下完全固化后,在疲劳试验机上测试,采用位移控制方法(图2-119)。

图2-119　疲劳试验机

位移控制条件1，平衡位移0.2mm，位移振幅0.15mm，频率20Hz，百万次后观察强度变化。

位移控制条件2，平衡位移0.3mm，位移振幅0.2mm，频率20Hz，百万次后观察强度变化，见表2-46：

表2-46 密封胶力学性能

项目	测试结果	项目	测试结果
条件1	样件没有断开，测试剩余强度值0.67MPa	条件2	样件没有断开，测试剩余强度值0.60MPa

结果表明：样件经过数百万次振动后，强度无明显衰减，密封材料具有较好的抗疲劳性能。

4. 耐候密封胶热重分析

对所制备的STP-E密封胶进行热重分析（TG），升温速率10℃/min，0~750℃。

采用热重分析仪（TGA）对STP-E密封胶进行热重分析，从图2-120、表2-47可以看出总体的失重率为69.69%，其中出现热失重平台，分为两个阶段，第一阶段是660℃之前升温阶段，此时树脂体系热解，其中初始热解温度为469.48℃（失重率为5%的温度），热解温度为621.15℃。第二阶段是680℃之后的失重阶段，其失重温度较高为714.50℃，由于在STP-E中添加的气相二氧化硅，第二阶段的失重是由于气相二氧化硅的析出阶段。最后残留量为碳酸钙填料。

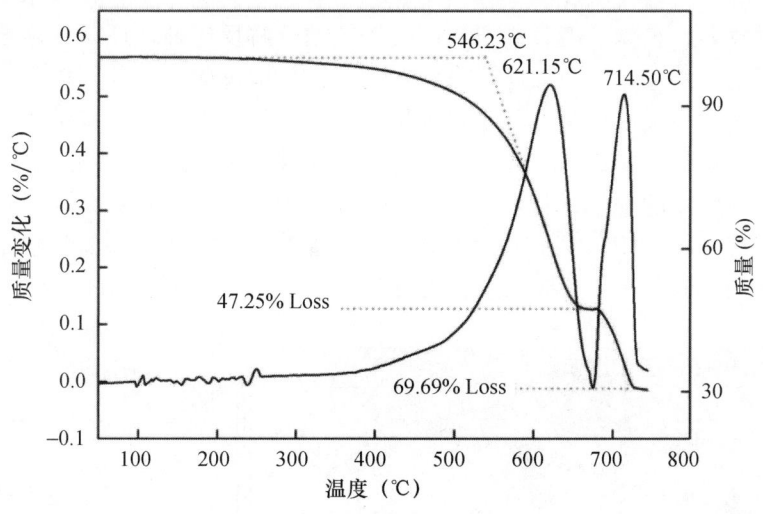

图2-120 STP-E密封胶TG图

表2-47 Tg温度数据表

失重率（%）	1.00	5.00	10.00	50.00	47.25	69.69
热解温度（℃）	326.86	469.48	527.15	646.15	621.15	714.50

根据DSC测试密封材料玻璃化转变，玻璃化转变范围在-67.7~-62.3℃，在-60℃以上处于高弹态，即使在冬季低温条件下也具有较好的弹性和形变能力。

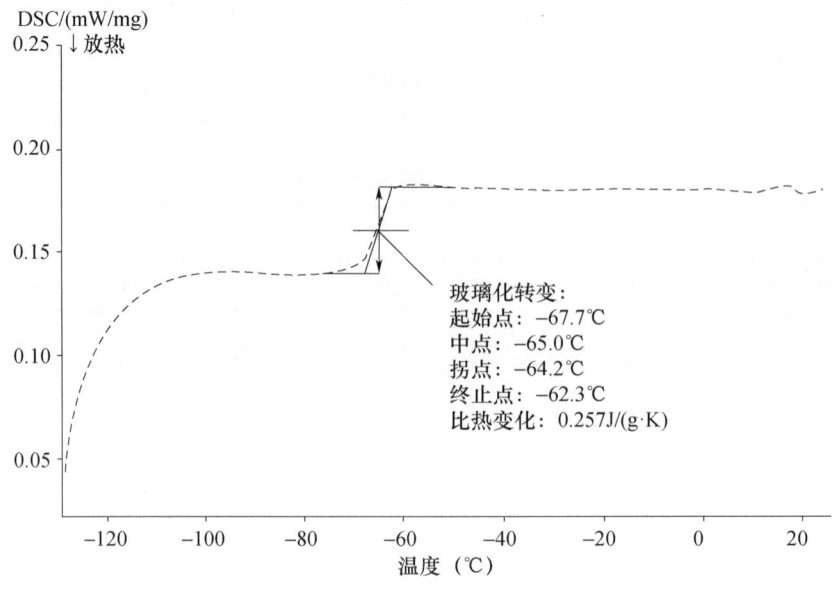

图 2-121 STP-E 密封胶的 DSC 曲线

5. 耐候密封材料老化性能

1）大气暴晒试验

在大气环境中引起胶接性能下降的主要因素有氧、臭氧、热、光、水等。太阳光中的紫外光能量较高，它除了能直接引起高分子链的分解反应外，还由于聚合物分子吸收紫外光后能产生自由基，进而加速了自由基的链锁分解反应。为此，提高密封材料的耐暴晒能力，对改善胶接密封构件的质量水平及延长其使用寿命将具有重要的实际意义。

本书使用的暴晒架如图 2-122 所示，置于屋顶朝正南方，并校正与水平的倾角 θ，使之接近于试验地点的地理纬度，可以得到太阳最大的辐射能量，尽可能均匀地受到光、热、水汽的作用。按 GB/T 13477 第 8 章制备工字件，粘结基材为混凝土试块，完全固化后在暴晒架放置一年，观察表面变化和基材的变化（图 2-123、表 2-48）。

 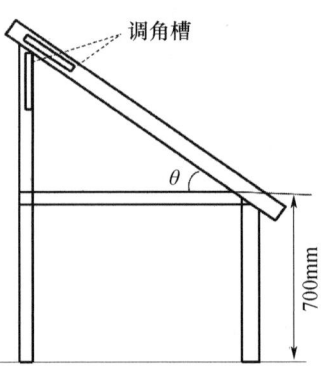

图 2-122 密封胶的大气暴晒试验

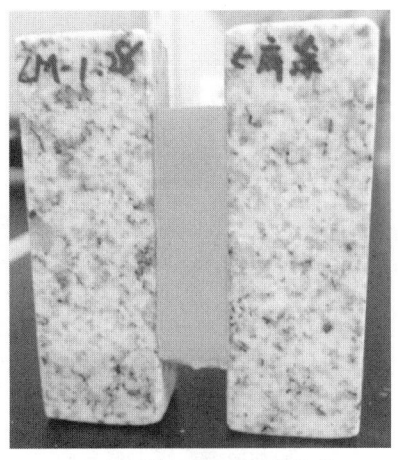
(a) 暴晒前STP-E密封胶外观

(b) 暴晒1年后STP-E密封胶外观

(c) 暴晒1年后硅胶外观，接缝轻微污染

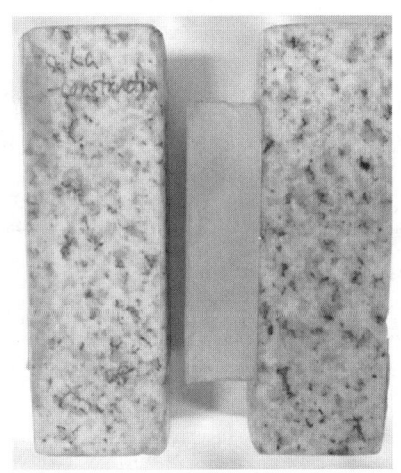
(d) 暴晒1年后PU外观，表面微裂纹，粘结面裂开

图 2-123　密封胶试件大气暴晒后的表面

表 2-48　不同密封胶的大气暴晒试验结果

密封胶种类	密封胶表面变化	是否粘结破坏	是否污染基材
聚氨酯	表面开裂，粉化	是	否
硅酮	无明显变化	否	轻微污染
硅烷封端密封胶	无明显变化	否	否

装配式住宅在服役过程中，墙板间接缝位移随大气温湿度变化，会出现较大收缩伸长现象，而且因为中国的地域辽阔，要考虑更大的接缝位移。暴晒架试验样品没有伸缩变形的现象，存在一定的局限性。为尽可能得到模拟实际工程中密封材料的暴晒性能，我们在实体建筑——苏州天山大楼，进行密封材料的暴晒试验。大楼建成使用六年，混凝土接缝密封材料表面无裂纹，与界面粘结良好，无开胶或界面剥离。混凝土表面无渗油现象，密封材料表面不沾灰（图 2-124）。

图 2-124 使用六年的苏州天山新材料有限公司大楼和混凝土接缝密封胶

2) 湿热老化性能

制备密封胶片,水泥砂浆粘结块(表面用底涂处理),完全固化后放置在 63℃,90% RH 恒温恒湿箱加速老化,1000h 后将样件取出测试力学性能和定伸粘结性,与老化前性能对比见表 2-49。

表 2-49 湿热老化 1000h 后 STP-E 密封胶性能变化

试验项目	23℃×7d（标准条件）	湿热老化×1000h	变化率
拉伸强度（MPa）	1.20	1.17	−2.5%
断裂伸长率（%）	490	650	+32.7%
邵氏硬度	25	20	−20.0%
定伸粘结性	无破坏	无破坏	无变化

经过 1000h 的湿热老化后,拉伸强度变化不大,由于水分在密封胶中起到增塑剂的作用,伸长率升高,硬度下降,保持了良好的弹性和柔顺性,对水泥砂浆块保持了良好的粘结性,具有良好的密封防水性能。

3) 紫外老化性能

制备密封胶片,厚度为 2～3mm,在标准条件下固化 7d 后放入紫外老化箱。

紫外老化箱条件:光源 UVA－340nm,辐照强度 $0.76W/m^2$,测试循环:60℃光照 8h,50℃水冷凝 4h,测试 3000h。取出样片观察颜色、表面变化,并测试力学性能,结果见表 2-50、图 2-125 和图 2-126。

表 2-50 紫外老化 3000h 后 STP-E 密封胶性能变化

试验项目	23℃×7d（标准条件）	紫外老化×3000h	变化率
外观	均匀致密灰色,无裂纹	均匀致密灰色,无裂纹,无明显颜色变化	无变化
拉伸强度（MPa）	1.20	1.02	−15.0%
断裂伸长率（%）	490	530	+8.2%
邵氏硬度	25	23	−8.0%

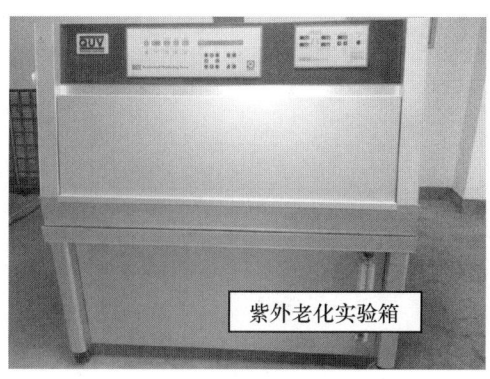 

图 2-125　紫外老化 3000h 后 STP-E 密封胶对比照片

经过 3000h 的紫外老化后，改性硅酮密封胶外观均匀致密，无裂纹，无明显颜色变化。老化后，机械性能有一定变化，拉伸强度、硬度稍微降低，断裂伸长率增加，总体变化趋势不大，保持了良好的弹性和柔顺性，具有良好的密封防水性能，对应用产生影响较小。

为了能更好地证明 STP-E 密封胶具有优异的耐紫外老化性能，更清楚地观察紫外老化后密封胶的表面状态，选择白色的 STP-E 密封胶产品，对比市场上白色聚氨酯接缝密封胶产品，经过 5000h 的紫外老化测试后，取出对比样片观察颜色、表面变化，见图 2-126。

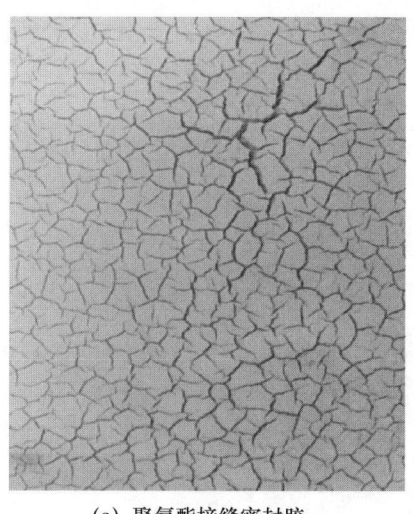 

(a) 聚氨酯接缝密封胶　　　　　　(b) STP-E 密封胶

图 2-126　紫外老化后密封胶外观

4）耐盐雾性能

制备密封胶片，厚度为 2~3mm，在标准条件下固化 7d 后放入盐雾老化箱。

盐雾老化箱条件：35℃，100% RH，放置 240h。取出样片观察颜色、表面变化，并测试力学性能，结果见表 2-51。

表 2-51 盐雾老化 240h 后 STP-E 密封胶性能变化

试验项目	23℃×7d（标准条件）	盐雾老化×240h	变化率
外观	均匀致密灰色，无裂纹	均匀致密灰色，无裂纹，无明显颜色变化	无变化
拉伸强度（MPa）	1.20	1.10	−8.3%
断裂伸长率（%）	490	685	+39.8%
邵氏硬度	25	22	−12.0%

经过 240h 的盐雾老化后，密封胶外观均匀致密，无裂纹，无明显颜色变化。盐雾老化后，机械性能有一定变化，拉伸强度、硬度稍微降低，断裂伸长率增加。这可能是由于盐雾试验过程中，在略为酸性的沉降液的浸泡下，密封剂中的增量、补强填料受到了一定的影响造成的，但产品的机械强度、硬度下降较小，对应用产生影响较小。

6. 耐候密封材料与混凝土相容性

由于装配式混凝土板的接缝会因为温度湿度变化、混凝土板收缩、建筑物的轻微振动或沉降等原因产生伸缩变形及位移运动，因此耐候密封材料与混凝土的相容性尤为重要。要求密封材料必须具备一定的弹性，且能随着接缝的张合变化而自由伸缩以保持接缝密封；同时为了防止密封材料开裂（图 2-127）以保证接缝具有安全可靠的粘结密封，密封胶的位移能力必须大于板缝的相对位移，经反复循环变形后还能保持并恢复原有性能和形状。因此，装配式建筑混凝土板接缝用密封材料，其主要的力学性能，如位移能力、弹性恢复率及拉伸模量非常关键。另外，耐候密封材料与混凝土的相容性体现在密封材料的抗污染性能和抗渗油污性能。对装配式建筑来说，除了追求质量合格，还要保持外观美观。

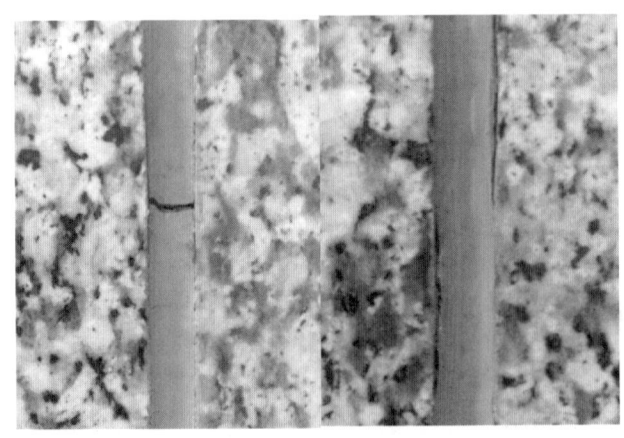

图 2-127 硅酮密封胶胶体开裂与界面开胶

1）接缝拉伸疲劳

接缝拉伸疲劳测试：按 GB/T 13477 第 8 章制备工字件，粘结基材为水泥砂浆板，表面用 P10 底涂处理，完全固化后在耐久性测试设备上进行拉伸试验，位移为 25%，拉伸 20000 次后观察样件，没有内聚或粘结破坏。试验表明密封材料具有较好的耐久性（图 2-128）。

图 2-128 接缝拉伸疲劳测试

2) 粘结界面微观分析

为了进一步研究 STP-E 密封材料与混凝土的粘结机理，我们采用 SEM 对 STP-E 密封材料与混凝土界面的微观结构进行分析（图 2-129），并且利用 EDX 分析了混凝土界面层的元素组成（表 2-52）。

表 2-52 混凝土/底涂/STP-E 的 EDX 元素含量分析 质量分数，%

试样	C	O	Si	Ca
混凝土	14.35	48.83	8.83	24.26
混凝土/底涂	58.31	33.75	4.07	3.86
混凝土/STP-E	25.40	42.24	18.69	6.2

图 2-129 为样品 STP-E 密封材料与混凝土界面层的 SEM 结果。(a) 图为空白混凝土表面微观结构，可以看出混凝土界面为松散的孔隙结构；(b) 图为在混凝土上涂有底涂的界面照片，可以看到混凝土内部孔隙基本被底涂给填充，封堵，并形成连续相；(c) 图为在混凝土上涂有 STP-E 密封材料的界面照片，同样也可以看到 STP-E 材料良好渗入混凝土内部孔隙，并结合在一起，表明 STP-E 与混凝土具有良好相容性；(d) 图为在混凝土上涂有底涂和 STP-E 密封材料的界面照片，显然底涂和 STP-E 密封材料几乎与混凝土界面形成一个整体，看不到混凝土内部的孔隙。表明了底涂、STP-E 与混凝土具有良好的相容性。

我们采用 EDX 对 STP-E 密封材料与混凝土界面层进行元素分析。从图 2-129 和表 2-52 的元素含量分析可知，图 (b) 中的方框区域，相对于空白混凝土，C 含量增大，Ca 含量减少，可确认该区域为底涂成分。图 (c) 中的方框区域，相对于空白混凝土，C 含量有所增加，为 25.4%，Si 含量增大至 18.69%，由于 STP-E 密封材料本身含有 C、Si 元素较多，因此可以确认该区域含有 STP-E 密封材料成分，也表明了有机无机粘结性和相容性好。

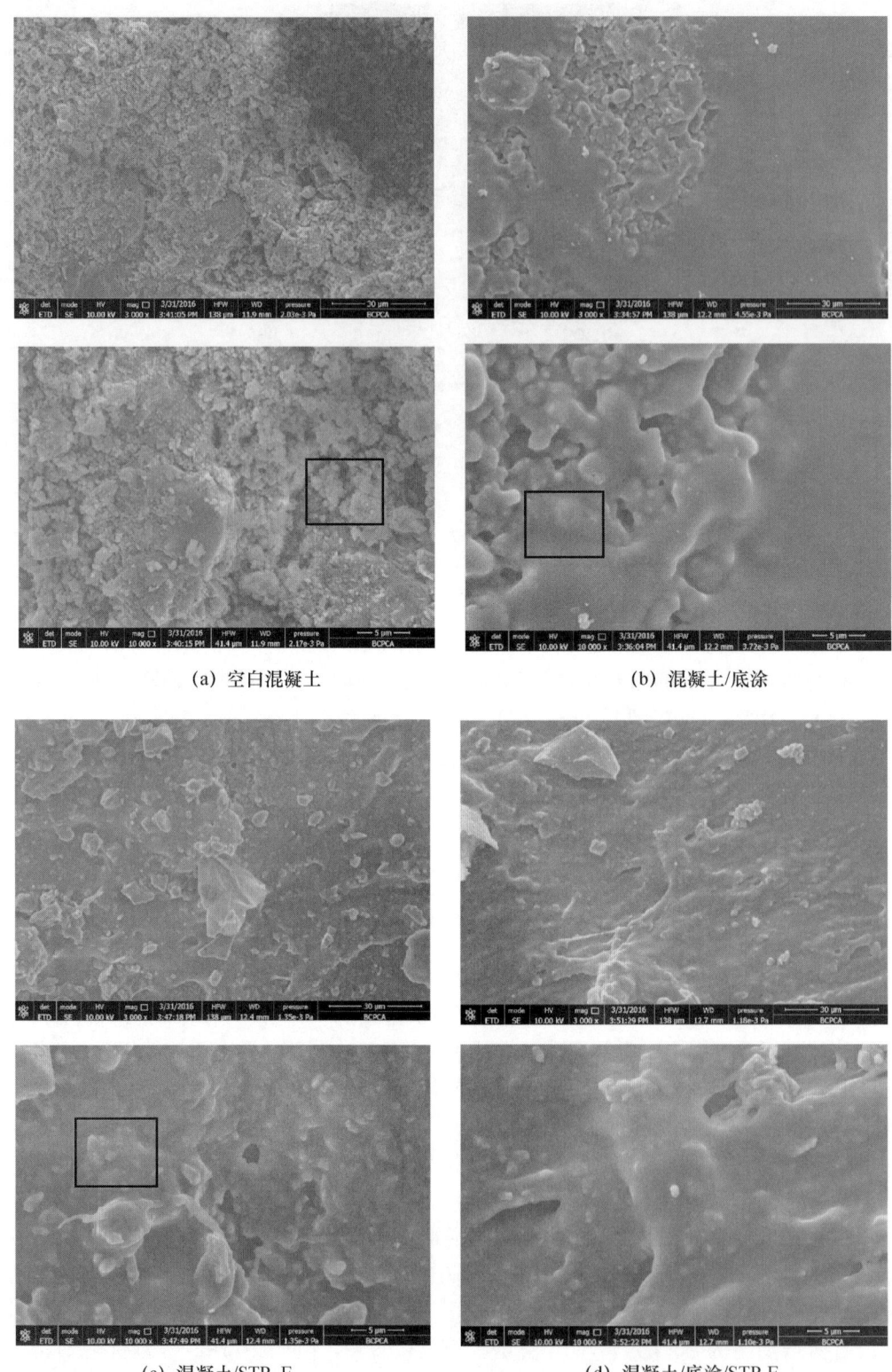

(a) 空白混凝土　　　　　　　　　　(b) 混凝土/底涂

(c) 混凝土/STP-E　　　　　　　　　(d) 混凝土/底涂/STP-E

图 2-129　STP-E 密封材料与混凝土界面的微观结构

3) 防污染性能分析

密封材料对混凝土基材造成污染，主要是指渗入污染和垂流污染。渗入污染，一般是密封材料中的增塑剂或小分子挥发性物质在密封材料固化过程中不参与交联反应，会渗入混凝土多孔材料的内部，造成胶缝周围基材的变色，形成渗入污染。这种污染一旦造成就无法消除，对建筑外观影响非常大。垂流污染，一般是由于胶缝表面吸附灰尘引起的。由于密封材料自身的特性，灰尘和污物易在胶表面聚积。聚积的灰尘和污物在雨水的作用下容易在胶接缝附近产生脏污垂流现象。

污染性测试：按照标准《石材用建筑密封胶》（GB/T 23261—2009）附录 A 中的规定进行。污染性试验基材为石材。

从试验结果表 2-53 和图 2-130 可见，STP-E 耐候密封材料在污染测试中放污染性优于硅酮耐候密封胶和聚氨酯接缝密封胶，能起到有效防止基材污染的作用。

表 2-53 污染性测试结果 mm

样品	污染宽度	污染深度	标准规定
STP-E	0	0	≤2.0
硅橡胶	2.5	1.5	
聚硫胶	0.5	0.3	
聚氨酯	0	0.2	

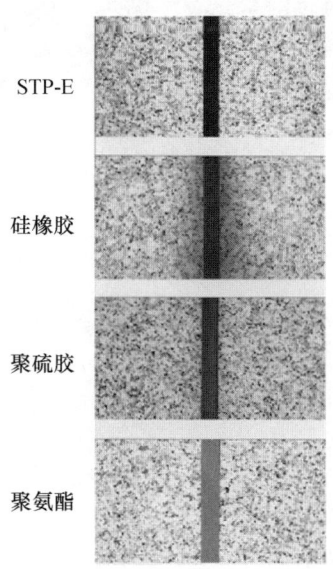

图 2-130 不同密封胶污染测试 6 年后效果

7. STP-E 密封胶耐候机理

为了进一步研究 STP-E 密封材料的耐候机理，我们以相同配方，不同树脂体系的聚氨酯密封材料（PU 胶）和 STP-E 胶进行对比试验。在相同试验条件下，密封材料固化后在暴晒架放置一年，采用 SEM 对胶层的微观结构进行分析（图 2-131），并且利用 EDX 分析了胶层表面的元素组成变化及暴晒一年后产物的组成（图 2-132、表 2-54）。

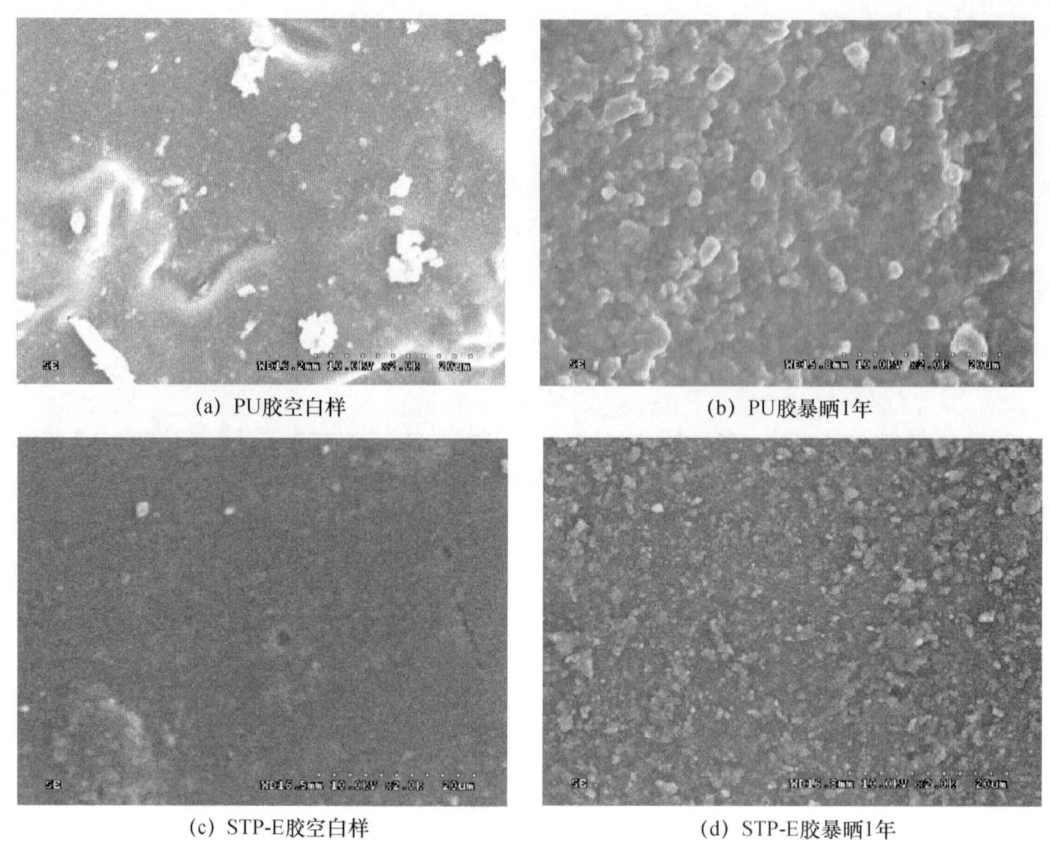

图 2-131　聚氨酯胶和 STP-E 暴晒 1 年后 SEM 图

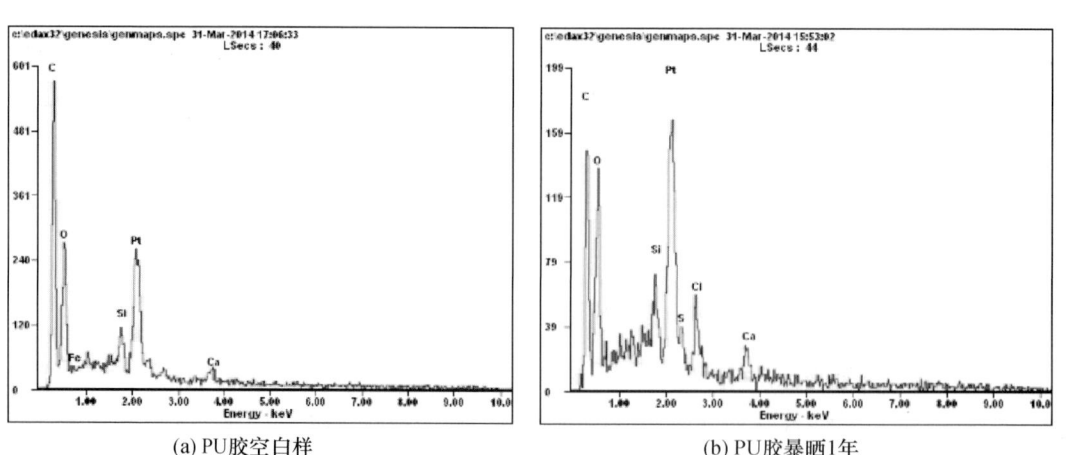

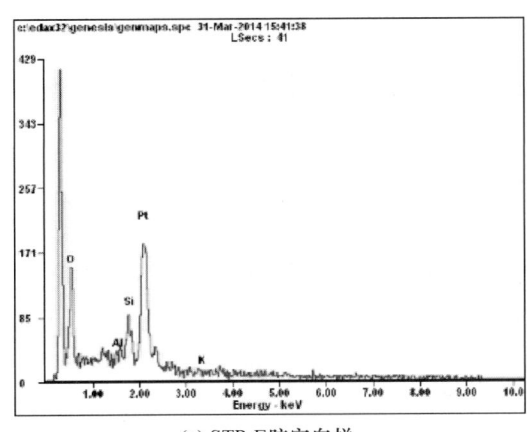
(c) STP-E胶空白样

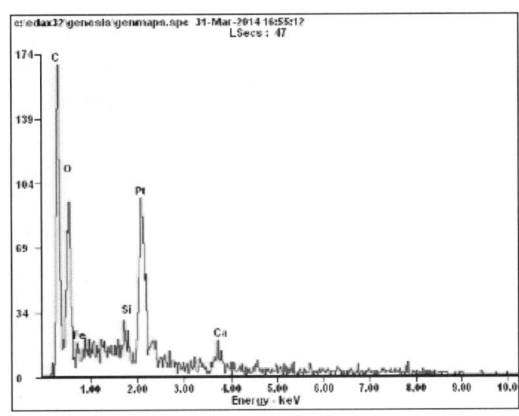
(d) STP-E胶暴晒1年

图 2-132 PU 胶和 STP-E 胶暴晒 1 年 EDX 图

表 2-54 PU 胶和 STP-E 胶暴晒 1 年 EDX 元素含量分析   质量分数,%

涂料类别	紫外老化时间	C	O	Si	Ca
PU 胶	0h	40.66	17.00	2.85	2.82
	5000h	29.45	15.33	4.36	4.85
STP-E 胶	0h	41.21	16.8	2.37	0.36
	5000h	38.29	17.18	2.16	1.81

图 2-131 为样品紫外老化前后，表层的 SEM 结果。可以看出，样品紫外光照前，胶层表面较为光滑，经大气暴晒 1 年后，胶层表面变得粗糙，露出均匀堆积的小颗粒。很明显 PU 胶紫外老化后的粗糙程度和颗粒暴露程度比 STP-E 胶要多得多，很可能是胶层表面聚合物经大气暴晒 1 年后，分子链结构发生降解，露出胶内部的无机填料。

为了进一步验证胶层表面的材料组分变化，我们采用 EDX 元素分析。从图 2-132、表 2-54 可知，PU 胶和 STP-E 胶层表面的主要组成元素为 C、O、Si、Ca 等。其中 C 元素含量较高，Si、Ca 元素含量较低，表明胶层中有机物作为连续相整体包覆着无机填料。大气暴晒 1 年后，PU 胶表面的 C 元素从初始的 40.66% 降至 29.45%，Si、Ca 分别从 2.85%、2.82% 增至 4.36%、4.85%。而 STP-E 胶表面的 C 元素从初始的 41.21% 降至 38.29%，Si、Ca 分别从 2.37%、0.36% 增至 2.16%、1.81%。这表明了经大气暴晒 1 年后，PU 胶有机聚合物发生了降解，暴露出致密堆积的无机填料碳酸钙和二氧化硅，而 STP-E 胶的有机物降解程度较 PU 胶的低。综上分析，表明了 STP-E 胶的耐候性比 PU 胶优异，并且 STP-E 聚合物分子结构比聚氨酯树脂的耐候性更佳。

密封材料的耐候性，除了与聚合物分子结构有关外，还与光稳定剂、抗氧剂等无机填料的种类和分布有很大关系。从以上的 SEM 照片中，我们发现，当密封材料表层的有机物降解后，无机填料在材料里的分布和耐候情况是其耐候性的关键。为此，我们对暴晒一年后的 SEP-E 胶的内部填料进行分析。

对所制备的 STP-E 密封胶进行填料的微观形貌分析，在电阻炉中进行高温热烧，设定温度为 800℃，高温热烧 1h 后，在放置密封胶的坩埚周围析出大量的絮状白色物质，而坩锅内部则是具有大量空隙的灰色部分（图 2-133）。

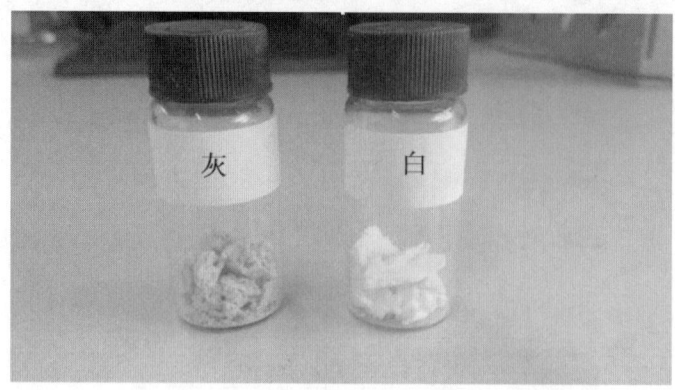

图 2-133　STP-E 密封胶热解后两种残留物

对 STP-E 密封胶高温热烧后的白色和灰色残留物进行结构及物质的检测，由 SEM 和 EDS（图 2-134 和表 2-55）分析结果可以看出白色絮状部分主要元素为 Si 和 O，因此高温热解后析出的白色物质为气相二氧化硅填料。灰色絮状部分主要元素为 Ca，而少量的 Si 和 O 是由于气相 SiO_2 的残留引起。因此高温热解后残留的灰色物质为碳酸钙。

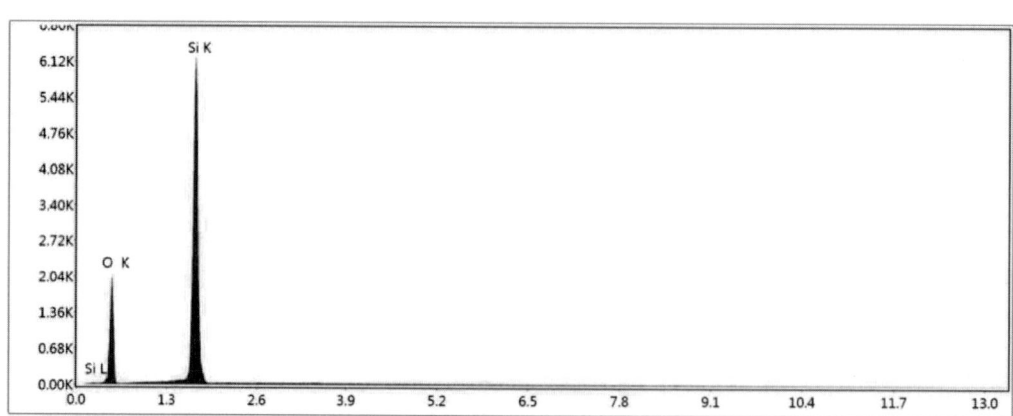

(a) 白色残留物

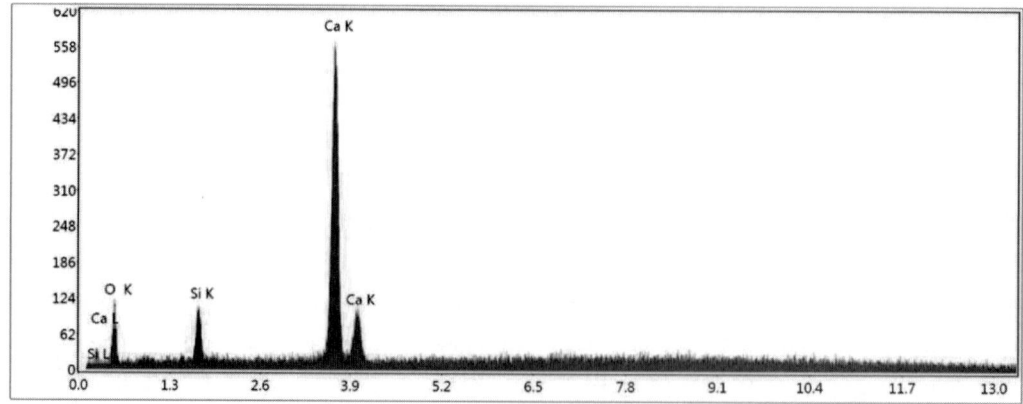

(b) 灰色残留物

图 2-134　残留物 EDS 图

表 2-55　EDS 元素含量分析　　　　　　　　　　　质量分数,%

残留物	O	Si	Ca
白色物质	51.35	48.65	0
灰色物质	48.69	4.18	47.13

由图 2-135 可看出,白色残留物中二氧化硅的粒径很小,约为 $1\mu m$,因此比表面积大,表面吸附力强,表面能大,分散性能好,表面光洁度高,能够很好地反射紫外线等,因而赋予 STP-E 密封材料优越的化学稳定性、耐高温性和耐候性。由图 2-136 可看出,碳酸钙与树脂亲合性好,颗粒物形状不规则,粒径分布在 $1\sim20\mu m$ 之间。由于在我们的配方体系中重钙和轻钙匹配使用,大、小颗粒堆积紧密,给予基体材料提供热稳定性和色泽稳定性,提高基体材料耐受外界因素的影响。

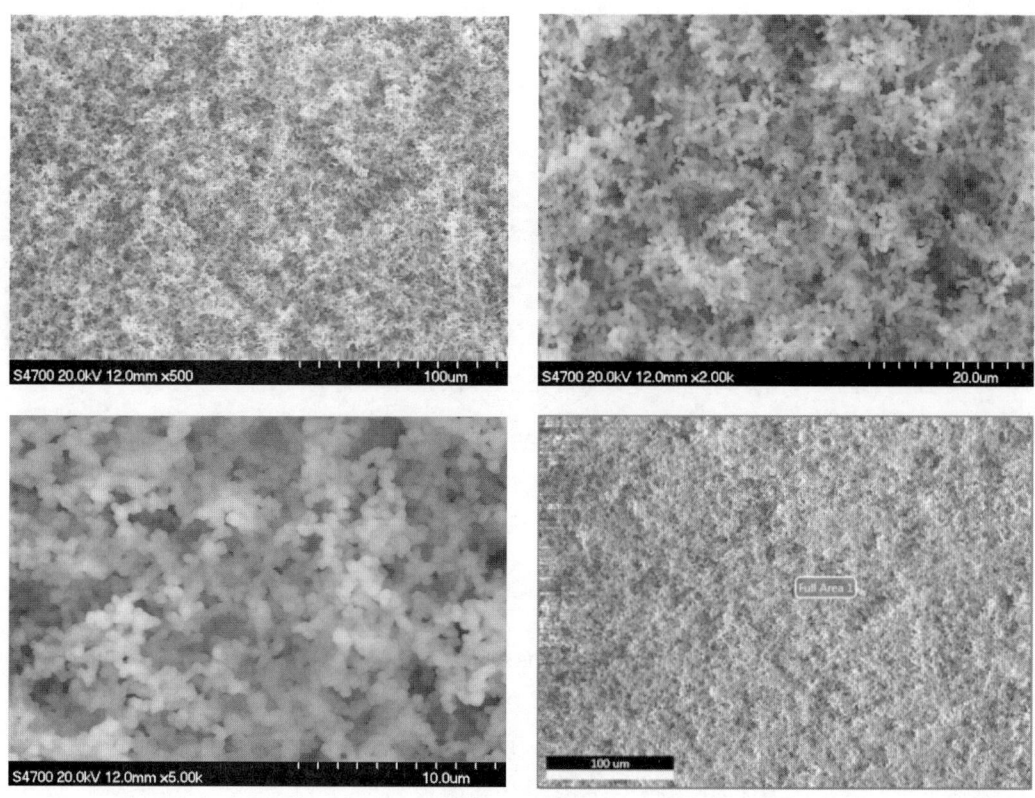

图 2-135　STP-E 密封胶热解后白色残留物电镜图

8. 小结

1) 通过对密封材料的黏度、挤出性、下垂度、固化速度等物理化学性能进行了测试。STP-E 密封材料的耐湿热老化、紫外老化、耐盐雾等老化性能方面具有良好的表现。

2) 研究了耐候密封材料与混凝土的相容性,发现 STP-E 密封材料具有良好的与混凝土接缝的耐久性,表面抗污染性能强,而且通过 SEM 表征发现其与混凝土的界面粘结性大幅增强。

3) 通过 SEM 和 EDS 对 STP-E 密封材料的耐候机理进行分析,发现 STP-E 聚合物

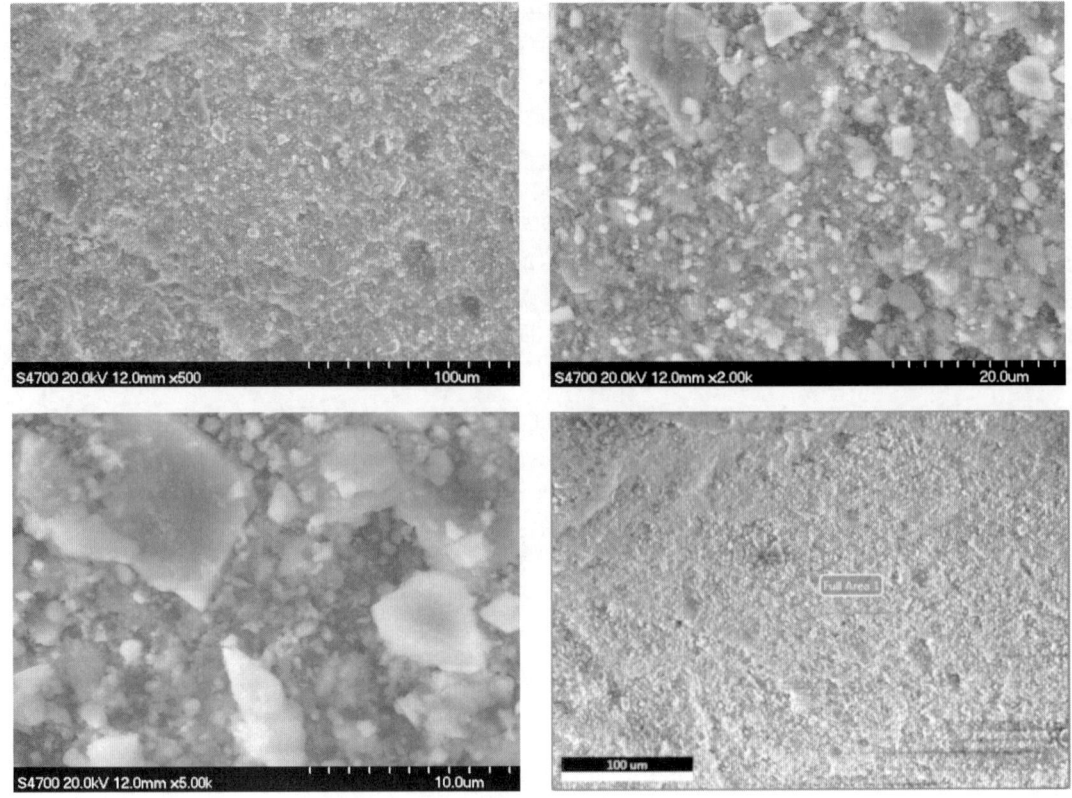

图 2-136　STP-E 密封胶热解后灰色残留物电镜图

具有良好的耐候性能，同时在密封材料体系中，纳米二氧化硅和重钙、轻钙的配伍，与 STP-E 聚合物的相容性是提高密封材料耐候性的关键。

2.5.4　耐候密封胶施工技术

1. 装配式住宅接缝密封防水构造

建筑物的防水工程一直是建筑施工中非常重要的一个环节，因为防水效果的好坏直接影响到建筑物今后的使用功能是否完善，经常漏水的房屋是无法满足用户居住和使用需求的。

预制装配式建筑就是将建筑物的结构体（如墙板、柱、梁、楼板、楼梯等）按一定的规格分拆后在工厂中先进行预制，然后运输到现场进行拼装。由于是现场拼装的构配件，会留下大量的拼装接缝，这些接缝很容易成为水流渗透的通道，因此预制装配式建筑在防水上有一定先天弱点。此外有些预制装配式建筑为了抵抗地震力的影响，接缝设计必须达到足够的宽度，保证其始终大于可能出现的位移量，防止构件端部发生结构性破坏，这更加增加了墙板接缝防水的难度。

鉴于以上因素，对预制装配式建筑防水的设计就必须进行调整。对于预制装配式建筑的防水，导水优于堵水、排水优于防水。简单说在设计时就考虑可能有一定的水流会突破外侧防水层，通过设计合理的排水路径将这部分突破而入的水引导到排水构造中，将其排出室外，避免其进一步渗透到室内。

此外，利用水流受重力作用自然垂流的原理，设计时将墙板接缝设计成内高外低的企口形状，结合一定的减压空腔设计防止水流通过毛细作用倒爬进入室内，除了混凝土构造防水措施之外，使用橡胶止水带和多组分耐候防水胶完善整个预制墙板的防水体系才能真正做到滴水不漏。

预制外墙板接缝（包括屋面女儿墙、阳台、勒脚等处的竖缝、水平缝、十字缝以及窗口处）必须进行处理，并根据不同部位接缝特点及当地风雨条件选用构造防水、材料防水或构造防水与材料防水相结合的防排水系统。挑出外墙的阳台、雨篷等构件的周边应在板底设置滴水线。

预制外墙板接缝采用构造防水时，水平缝宜采用企口缝或高低缝，少雨地区可采用平缝（图2-137）。竖缝宜采用双直槽缝，少雨地区可采用单斜槽缝（图2-138）。

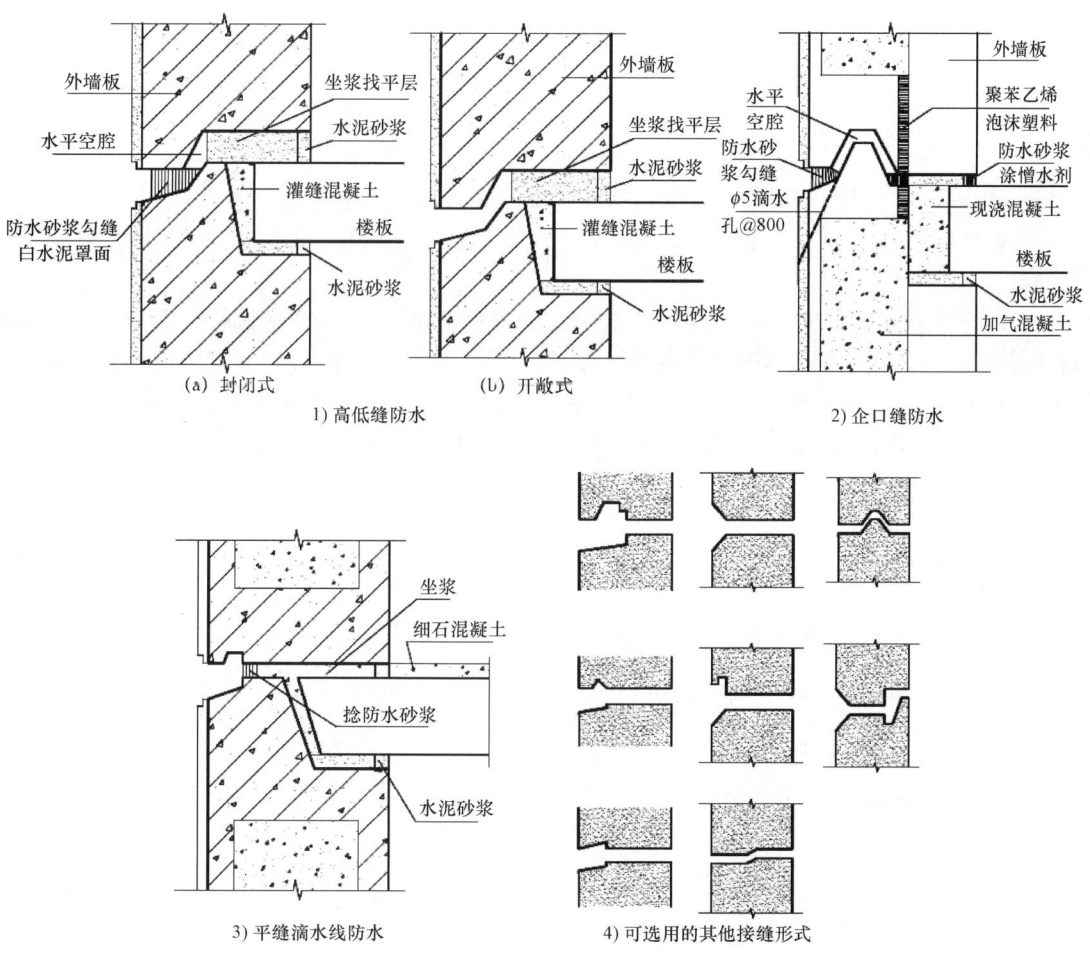

图2-137 水平缝构造防水做法

预制外墙板接缝采用材料防水时，必须用防水性能可靠的嵌缝材料。板缝宽度不宜大于20mm，材料防水的嵌缝深度不得小于20mm。对于普通嵌缝材料，在嵌缝材料外侧应勾水泥砂浆保护层，其厚度不得小于15mm。对于高档嵌缝材料，其外侧可不做保护层。预制外墙板接缝的材料防水还应符合下列要求：

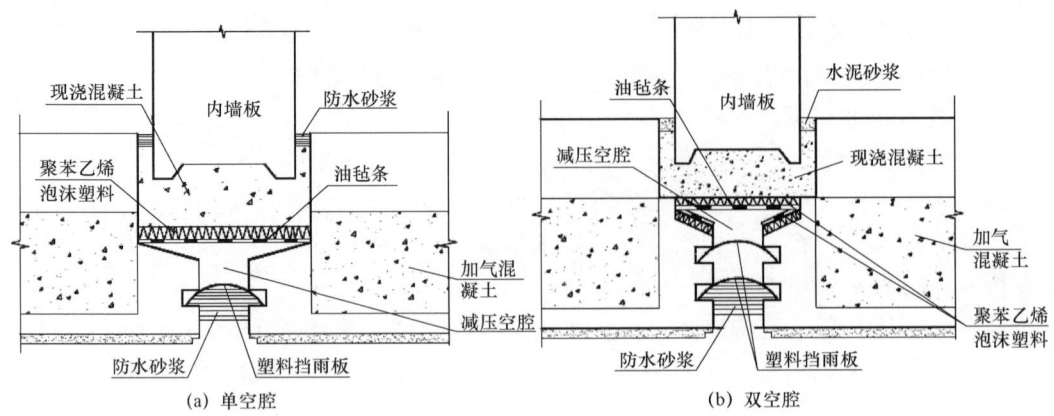

图 2-138 竖缝减压空腔构造防水做法

1) 外墙板接缝宽度设计应满足在热胀冷缩及风荷载、地震作用等外界环境的影响下，其尺寸变形不会导致密封胶的破裂或剥离破坏的要求，因此在设计时应考虑接缝的位移，确定接缝宽度，使其满足密封胶最大容许变形率的要求。

2) 外墙板接缝宽度不应小于10mm，一般设计宜控制在10~35mm范围内；接缝胶深度一般在8~15mm范围内。

3) 外墙板接缝所用的密封材料应选用耐候性密封胶，耐候性密封胶与混凝土的相容性、低温柔性、最大伸缩变形量、剪切变形性、防霉性及耐水性等均应满足设计要求。

4) 外墙板接缝防水工程应由专业人员进行施工，以保证外墙的防排水质量。

5) 普通多层建筑预制外墙板接缝宜采用一道防水构造做法，见图 2-139。

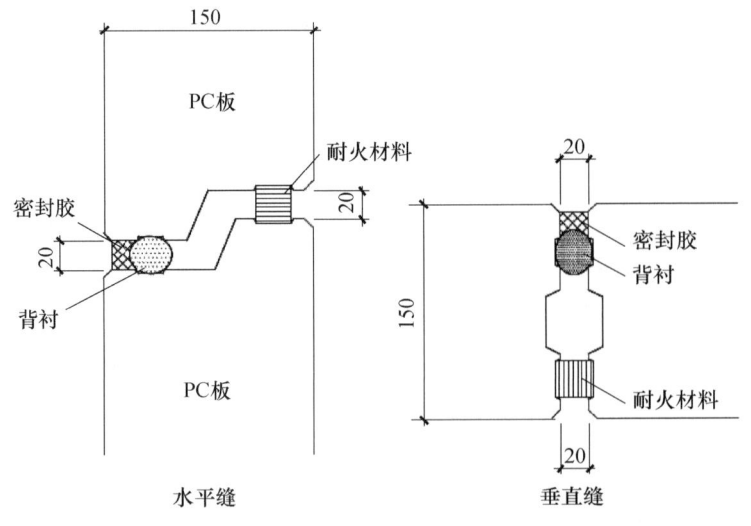

图 2-139 板缝一道防水构造

6) 高层建筑、多雨地区的预制外墙板接缝防水宜采用两道密封防水构造的做法，即在外部密封胶防水的基础上，增设一道发泡氯丁橡胶密封防水构造，见图 2-140。

7) 当屋面采用预制女儿墙板时，应采用与下部墙板结构相同的分块方式和节点做

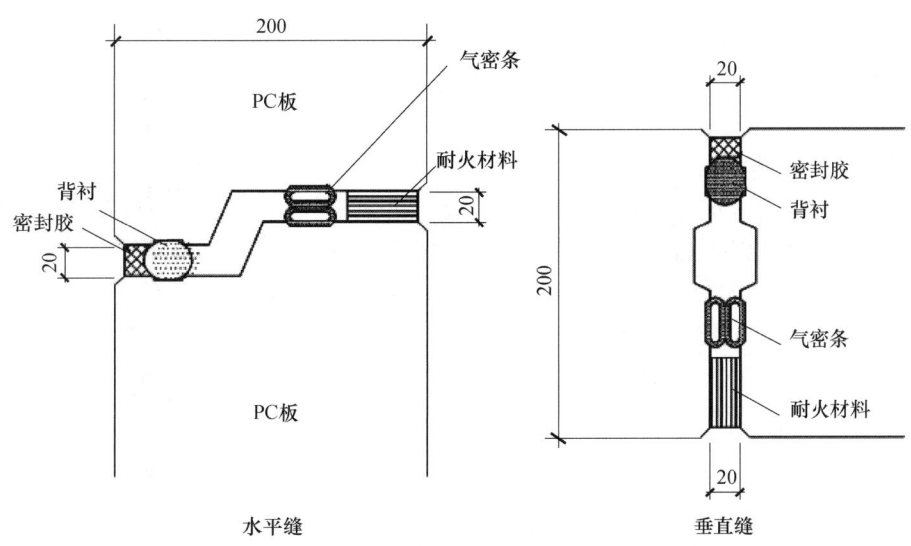

图 2-140 板缝两道防水构造

法，女儿墙板内侧在要求的泛水高度处设凹或挑檐，便于屋面防水材料的收头。

8）预制筑外墙板与装饰构建、配件的连接（如门、窗、管线支架等）应牢固可靠。

2. 接缝类型分析及接口设计

在实际运用中普遍采用的预制外墙板接缝防水形式，主要有以下几种：

1）内浇外挂的预制外墙板（即 PCF 板），主要采用外侧排水空腔及打胶，内侧依赖现浇部分混凝土自防水的接缝防水形式。

这种外墙板接缝防水形式是目前运用最多的一种形式，它的好处是施工比较简易、速度快，缺点是防水质量难以控制，空腔堵塞情况时有发生，一旦内侧混凝土发生开裂直接导致墙板防水失败。

2）外挂式预制外墙板采用的封闭式线防水形式。

这种墙板防水形式主要有三道防水措施，最外侧采用高弹力的耐候防水密封胶，中间部分为物理空腔形成的减压空间，内侧使用预嵌在混凝土中的防水橡胶条上下互相压紧来起到防水效果，在墙面之间的十字接头处在橡胶止水带之外再增加一道聚氨酯防水，其主要作用是利用聚氨酯良好的弹性来封堵橡胶止水带相互错动可能产生的细微缝隙，对于防水要求特别高的房间或建筑，可以在橡胶止水带内侧全面施工聚氨酯防水，以增强防水的可靠性。每隔 3 层楼高在外墙防水密封胶上设一处排水管，可有效地将渗入减压空间的雨水引导到室外。

封闭式线防水的防水构造采用了内外三道防水，疏堵相结合的办法，其防水构造是非常完善的，因此防水效果也非常好。缺点是施工时精度要求非常高，墙板错位不能大于 5mm，否则无法压紧止水橡胶条，采用的耐候防水胶的性能要求比较高，不仅要有高弹性耐老化，同时使用寿命要求不低于 20 年，成本比较高，结构胶施工时的质量要求比较高，必须由专业富有经验的施工团队来负责操作。

3）外挂式预制外墙板还有一种接缝防水形式称为开放式线防水。

这种防水形式与封闭式线防水在内侧的两道防水措施即企口型的减压空间以及内侧的压密式的防水橡胶条是基本相同的，但是在墙板外侧的防水措施上，开放式线防水不采用打胶的形式，而是采用一端预埋在墙板内，另一端伸出墙板外的幕帘状橡胶条上下相互搭接来起到防水作用，同时外侧的橡胶条间隔一定距离设置不锈钢导气槽，同时起到平衡内外气压和排水的作用。

开放式线防水形式最外侧的防水采用了预埋的橡胶条，产品质量更容易控制和检验，施工时工人无须在墙板外侧打胶，省去了脚手架或者吊篮等施工措施，更加安全简便，缺点是对产品保护要求较高，预埋橡胶条一旦损坏更换困难，耐候性的橡胶止水条成本也比较高。开放式线防水是目前外墙防水接缝处理形式中最为先进的形式，但其是一项由国外公司研发的专利技术，受专利使用费用的影响，目前国内使用这项技术的项目还非常少，混凝土预制接缝密封防水构造如图2-141所示。

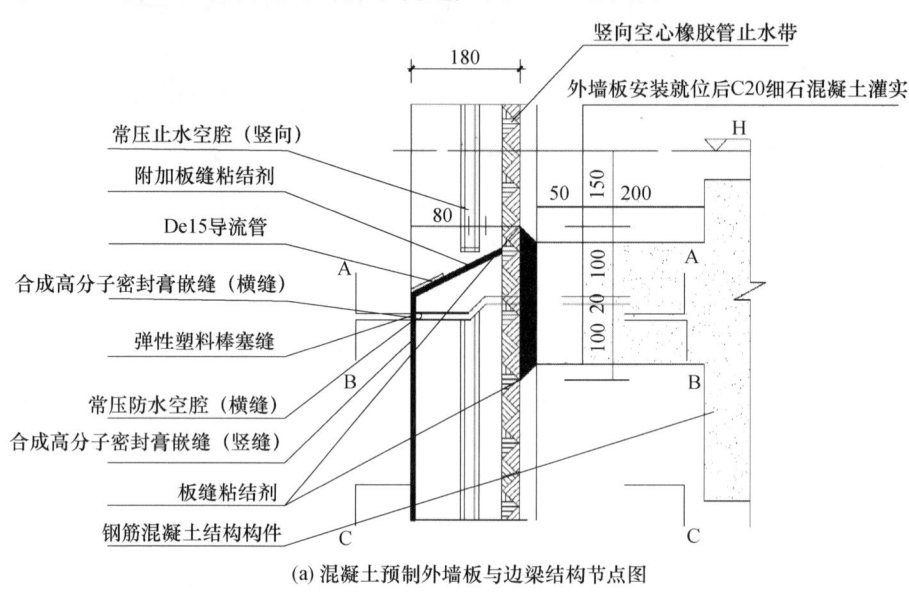

(a) 混凝土预制外墙板与边梁结构节点图

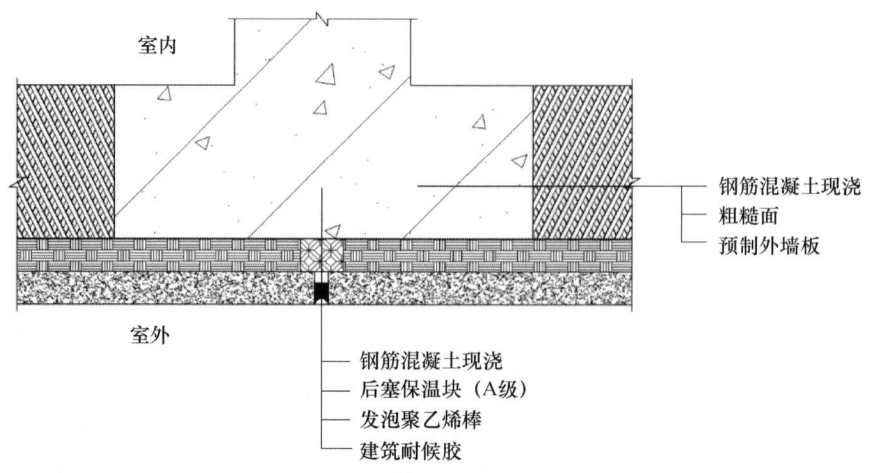

(b) 预制混凝土夹芯外墙板T形竖缝密封防水构造

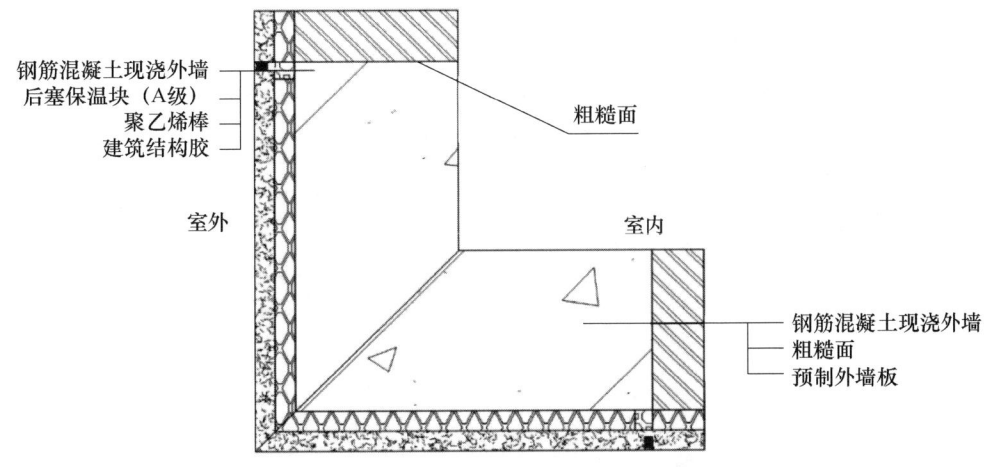

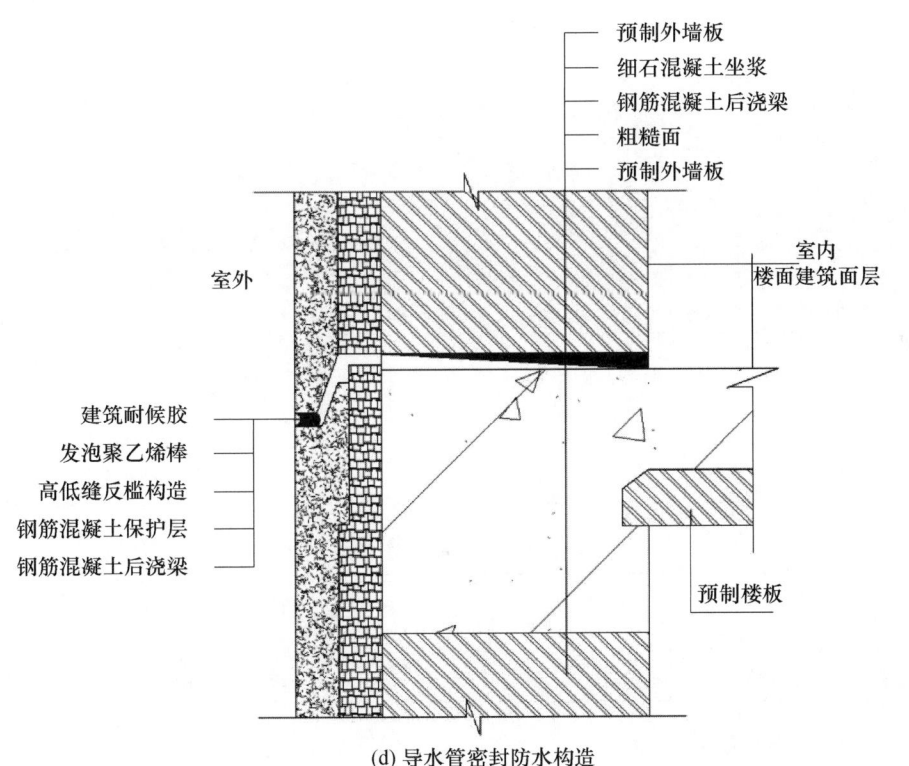

图 2-141 预制混凝土接缝密封防水构造图

装配整体式结构伸缩缝的最大间距宜符合表 2-56 规定。

表 2-56 装配整体式结构伸缩缝的最大间距

结构体系	装配整体式框架结构	装配整体式框架-剪力墙结构	装配整体式剪力墙结构
最大间距（m）	55	50	45

接缝设计必须达到足够的宽度，保证其始终大于可能出现的位移量，防止构件端部

发生结构性破坏。密封接缝设计还需要保证嵌填的密封材料具备足够的位移能力,防止密封材料破坏导致渗漏,必要时应更换材料或加宽接缝尺寸。

接缝宽度与基材位移量和密封材料位移能力有关,简化的公式可按以下公式计算:

$$W > \Delta L / \varepsilon + \delta$$

式中 W——缝宽(mm);

ε——密封材料位移量(%);

δ——接缝施工误差(mm),一般取 2mm;

ΔL——基体伸缩位移量(mm)。

其中 $\Delta L = L \cdot \alpha \cdot \Delta T$

L——构件基本长度(mm);

α——构件基体材料热膨胀系数[mm/(℃·mm)];

ΔT——使用温度范围(℃),一般选 83℃,见表 2-57。

表 2-57 接缝设计参数

W 缝宽 (mm)	ε 密封材料位移量 (%)	δ 接缝施工误差 (mm)	ΔL 基体伸缩位移量 (mm)	L 构件基本长度 (mm)	α 构件基体材料热膨胀系数 [mm/(℃·mm)]	ΔT 使用温度范围 (℃)
18.6	0.25	2	4.15	5000	0.00001	83
15.3	0.25	2	3.32	4000	0.00001	83
12.0	0.25	2	2.49	3000	0.00001	83
8.6	0.25	2	1.66	2000	0.00001	83
10.0	0.25	2	2	5000	0.00001	40
8.4	0.25	2	1.6	4000	0.00001	40
6.8	0.25	2	1.2	3000	0.00001	40
5.2	0.25	2	0.8	2000	0.00001	40

表 2-58 密封胶宽深比设计

构件长度(m)	2	3	4	5
接缝(密封胶)宽度(mm)	11	15	19	23
密封胶深度(mm)	11	8	10	12

3. 耐候密封胶施工工艺

为保证装配整体式混凝土结构外墙板等构件接缝密封防水工程质量,优异的耐候密封材料是必不可少的,专业的施工技术是不可或缺的。为保证工程质量,耐候密封材料应按照如下的工艺步骤进行施工操作,以达到最佳的密封防水效果(图 2-142)。

1) 缝隙修补与清洁

为避免因缝隙被污物附着或界面宽度过宽/不足等原因,造成密封质量不佳、防水失效的结果,所有外墙接缝处在进行耐候密封胶防水施工前,必须进行表面修补和表面清洁两步。具体包括以下几点:

(1) 将外墙拼缝处缺损部位,修补成 90°直角;

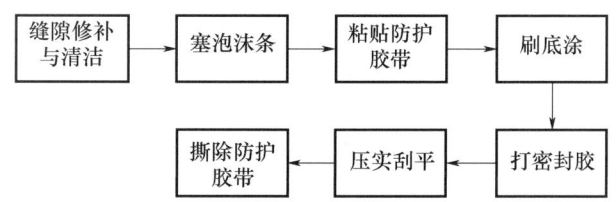

图 2-142 工艺操作步骤

(2) 去除外墙拼缝处的表面附着物和接缝内异物；

(3) 检查外墙拼缝处宽度，拼缝宽度不得小于 15mm。一般情况下 15～25mm 之间均可以接受，以 20mm 为宜。如不能满足，务必进行调整或修改，否则可能因涂胶不足而造成接缝处密封质量不佳；

(4) 用毛刷清洁缝隙表面杂质及灰尘，并保持干燥（图 2-143）。

 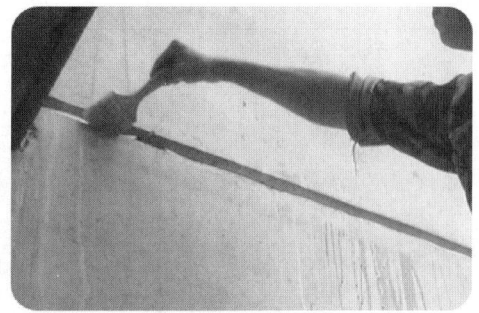

图 2-143 缝隙修补与清洁

2) 塞泡沫条

泡沫条可以防止出现三面粘结，保持密封胶的位移能力。填充泡沫条需要注意以下几点：

(1) 泡沫条推荐使用聚乙烯泡沫棒；建议泡沫条的宽度为接缝宽度的 1.2 倍左右，填充后不能过松或过紧；

(2) 泡沫条填塞深度决定了密封胶的厚度，密封胶的深度选择与接缝宽度有关。为了满足接缝密封材料的变形能力，最小的接缝宽度应为 15mm 以上，密封胶的最小厚度参见具体接缝设计文件；

(3) 填充泡沫条时注意不能用尖锐的物体按压，以免扎破泡沫条，出现密封胶鼓泡现象，影响外观和密封防水能力（图 2-144）。

图 2-144 塞泡沫条

3）粘贴防护胶带

在施胶之前，先用防护胶带将待施胶缝隙外沿的表面盖住，以防止在刮胶时污染而影响外观。施工时需要注意以下几点：

（1）防护胶带选择粘结力高、不分层、不残留的产品；

（2）部件的角落处也要粘贴上；

（3）胶带粘贴时要用力压平压实，并再次确认胶带的粘贴状态是否有问题，特别是如果有浮起的话，密封材料就会渗透到胶带的内侧，影响表面外观；

（4）防护胶带的粘贴不能间断，边缘部位曲线粘贴。为了不妨碍作业的进行，撕下时应一次性撕下；十字部位也不能间断，应用力折叠使其出现一个角状（图 2-145）。

图 2-145　粘贴防护胶带

4）刷底涂

水泥混凝土一方面孔隙多，所以表面较脆弱、难粘结；另一方面 PC 板制造过程中，为了保护其表面，有时会涂刷表面处理剂，而处理剂的主要成分矿物油会影响粘结性。所以推荐配套底涂，以保证密封胶与墙体材料有较好的粘结效果。正确使用底涂有助于提高接缝的密封耐久性。

底涂的使用应严格按下述方法进行：

（1）底涂使用前接缝处应该是清洁并且干燥的；

（2）用不掉毛的刷子涂刷，涂刷保持一个方向浸湿 PC 板表面。不能滴入 PC 板表面；

（3）待底涂干燥之后才能打密封胶，当现场灰尘较多时，应在底涂干燥后立即施胶，超过 8h 未施胶需要重新涂底涂（图 2-146）。

5）打密封胶

耐候密封胶的施工是控制整个外墙接缝防水工程质量至关重要的一环，故此环节的各项检查一律从严从重。

（1）前期准备

在正式开展耐候密封胶施工前，要进行环境温湿度检查和工具、原材料检查。

（2）温湿度检查

单组分耐候密封胶无须混合，直接施胶，其固化机理是吸潮固化，它与空气中的水分反应形成一种弹性物质，其表干时间和固化时间与环境温度和湿度有关，同时固化时

图 2-146　刷底涂

间也和密封的深度有关。增加温度和湿度能缩短表干和固化时间，同时低温和低湿也会延缓这一过程。单组分耐候密封胶的使用温度在 5～40℃ 之间，最佳使用温度在 15～25℃ 之间；环境湿度在 30%～80% 之间，最佳环境湿度在 40%～70% 之间。

正是因为密封胶工程质量受温湿度影响较大，因此在准备进行注胶施工前，工程单位须递交完整的注胶施工方案，报送相关质量监督单位。在方案审阅通过后，根据每日环境温湿度记录和近期气象预报，由工程监理单位，确定注胶工程的开工时间。

简而言之，注胶工程的施工时间由工程监理单位根据施工方案、气象预报和现场温湿度记录确定；同时，工程建设单位要无条件服从质量监督单位对于注胶工程施工时间的安排，以确保外墙体系的防水工程质量。

（3）工具、原材料检查

①工具检查：施胶工具，如胶枪、刮刀、毛刷等，是否齐全有效；

②密封胶和底涂进场检查：生产日期，有效期，合格证。

（4）单组分密封胶施工流程

①切开包装一端的软膜，将胶嘴装入胶枪中；切开胶嘴，涂胶嘴口径小于缝宽；

②从缝隙底部打胶，连续打胶，保持底部胶线不间断；

③缺陷补充时，胶嘴一定要深入胶缝中打胶；

④填充量不宜过多也不宜过少，胶冒出缝隙表面 5mm 左右（图 2-147）。

图 2-147　打密封胶

6）压实刮平

注胶后需要在密封胶表面干燥之前立即进行修整处理。

①用专用刮刀压实，保持密封胶与基材的充分接触，以达到良好的粘结效果；

②凹缝处理：根据现场缝隙宽度制作刮板，轻压刮板刮平表面并清除多余残胶（图 2-148）。

图 2-148　压实刮平

7）撕除防护胶带、清理工具

①清理胶带时注意不能接触成型的胶缝表面；

②胶带清理一定要顺着一个方向拉开；

③处理缝隙两侧的残胶；

④清理工具，如胶枪和刮刀上的残胶（图 2-149）。

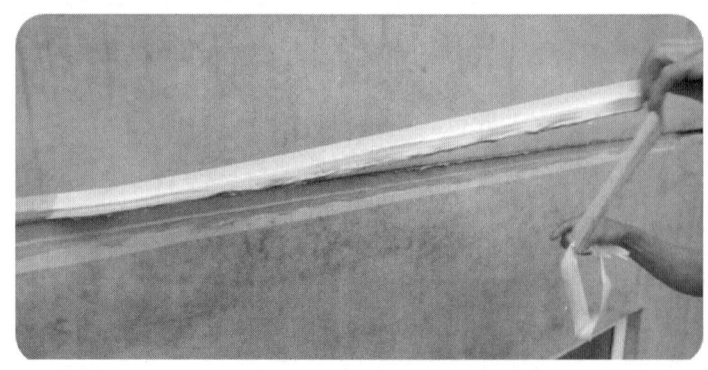

图 2-149　撕除防护胶带

4. 封闭式双重防水密封结构设计

封闭式双重防水密封结构设计的提出：

1）胶受力形式

密封材料的使用性能取决于弹性和塑性的组合。弹性密封材料在初始的宽度和形状变形后应该显示出极大的弹性恢复性，也就是完全的形变恢复性（没有永久的形变）。然而由于塑性，一些变形、屈服和应变重新发生。影响的程度取决于所用材料的性质、温度、可逆应力的循环周期以及在恒定应变下形变的持续时间等条件。大的塑性行为，即通过屈服恢复初始形状，只当密封材料在发生小的和相对慢的位移接缝中使用时才被接受。

在对接缝中，密封材料有时受拉有时受压（图2-150）。密封材料应该改变形状而不发生体积变化。要想获得良好性能，就要对密封材料有一定的要求：易于安装；橡胶类材料的极限强度要高；耐屈服和应力松弛；与表面粘结好；橡胶类的弹性体模量要低；压缩形变低；均一；不渗透性；无须硬化；不劣化。

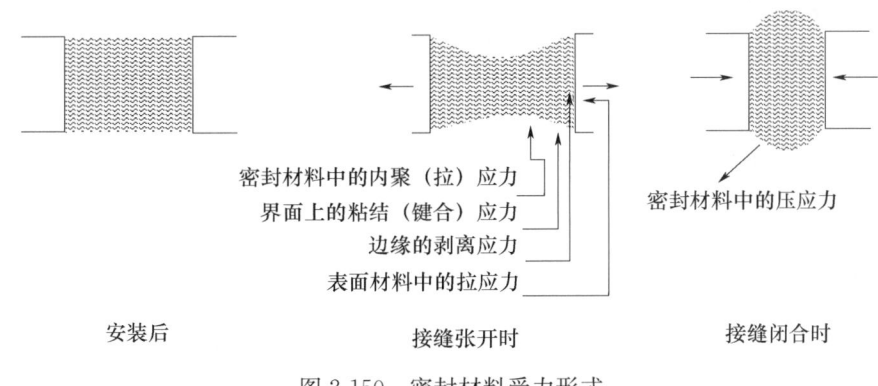

图 2-150 密封材料受力形式

2）边缘脱胶

在实际工程应用中，很难做到混凝土基层清理无灰尘，或者表面仍然存在一层强度较低的浮浆。虽然密封材料与混凝土有一定的粘结性能，但一般情况下，密封材料黏度很大，渗透能力有限，往往与基层表面灰尘、浮浆接触后，很难再渗入混凝土内部，导致密封材料长期受复杂外界变化，容易边缘脱胶，仅有这一层密封材料起防水作用。这时内部的泡沫条几乎起不到任何防水的作用，造成密封防水失效。

3）内部防水失效

耐候密封材料外部连接大气，内部为物理空腔形成的减压排水空间，紧贴于密封材料的泡沫条由于没有和混凝土形成有效粘结，没有防水作用。也就是说，在耐候密封材料背后是一个长期的潮湿环境，不利于密封材料的耐久性。对于防水要求特别高的房间或建筑，可以在接缝内部喷注高弹性发泡聚氨酯材料来代替泡沫条，使其很好地粘结混凝土界面，以增强防水的可靠性，并同时起到衬垫材料的作用。可有效地降低减压空间的雨水对密封材料的破坏。

4）封闭式双重防水密封结构设计

（1）喷注聚氨酯泡沫弹性体。采用带限位板的胶枪将聚氨酯泡沫体喷注于接缝里使其与混凝土基层有良好粘结，并给密封材料预留设计深度的空腔。该弹性体当作衬垫材料，既能支撑密封材料并有助于耐凹痕、垂淌，又使密封材料发挥最大程度的延伸。

（2）界面处理：在接缝表面打底涂，可以改善粘结强度，进而提高延伸性。粘结性能的改善取决于密封材料和密封材料与接缝界面的状况。所起的作用：对混凝土孔隙进行密封和渗透，给混凝土孔隙涂底胶，给灰尘粒子涂底胶，减少气泡的形成以及减少混凝土对油的吸收。

（3）在固化后的聚氨酯泡沫弹性体表面粘贴隔粘材料。要求隔粘材料不能与密封材料粘结。

（4）按照打胶操作规范，打耐候密封胶。

在预制混凝土构件的接缝密封关键技术中，采用了"以聚氨酯微孔高弹性体替换发

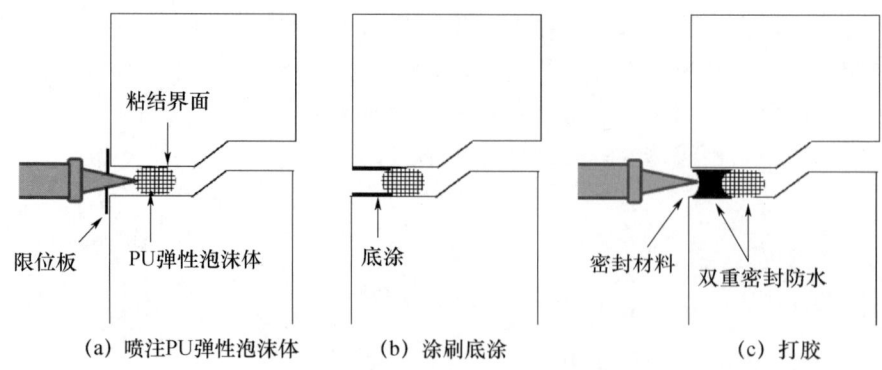

图 2-151 封闭式双重防水密封结构

泡聚乙烯棒——涂刷混凝土封闭底涂剂——敷设耐候密封胶"的双重密封防水施工工艺。设计并实现了预制混凝土构件接缝的"双重密封防水体系",创新和提升了预制混凝土构件拼接技术体系(表2-59、表2-60)。

表 2-59 底涂的物理化学性能

序号	检验项目	技术指标
1	外观质量	均匀黏稠体、无凝胶、结块
2	干燥时间	5～30min
3	涂布后有效时间	0.5～8h
4	水泥粘结性	密封胶内聚破坏
5	水泥浸水后粘结性	密封胶内聚破坏

表 2-60 聚氨酯泡沫弹性体物理化学性能

序号	检验项目	技术指标
1	外观质量	均匀黏稠体、无凝胶、结块
2	表观密度	(1.15 ± 0.5) g/cm^3
3	拉伸强度	3～6MPa
4	断裂延伸率	250%～300%
5	水泥粘结性	聚氨酯内聚破坏
6	水泥浸水后粘结性	聚氨酯内聚破坏

5. 小结

(1) 通过分析预制混凝土构件接缝类型,进行合理的接口设计,并计算出密封材料的宽深比为 2∶1 最为合适。

(2) 结合工程,编制了比较完善的装配式住宅用耐候密封材料的施工工艺技术,并实现 STP-E 密封材料的单组分的施工工艺技术。

(3) 设计并实现了预制混凝土构件接缝的"双重密封防水体系",创新和提升了预制混凝土构件拼接技术体系。在预制混凝土构件的接缝密封关键技术中,采用了"以聚氨酯微孔高弹性胶替换发泡聚乙烯棒——涂刷混凝土封闭底涂剂——敷设耐候密封胶"的双重密封防水施工工艺。

第3章　预制构件自动化和信息化生产技术

3.1　预制构件自动化生产线

3.1.1　概况

项目建设规模：年产预制混凝土 8 万 m^3，可满足 40 万 m^2 以上建筑面积使用。

项目建设目标：在未来五年内，成为北京地区规模最大和综合配套能力最强的建筑构件生产商。主要生产装配式住宅用内、外墙板，楼板，楼梯，阳台板以及空调板等预制混凝土构件。

项目建设内容：占地面积 240 亩。新建建筑面积 $15480m^2$，包括：新建构件生产车间 $12000m^2$，搅拌站储料大棚 $2600m^2$，仓库 $550m^2$，锅炉房 $330m^2$。

本项目在集成国内外现有的预制构件生产技术基础上，结合北京市重点推广的预制装配式抗震剪力墙结构体系构件特点，重点对信息化、自动化、新材料、新工艺以及节能环保等要素进行了专项研究，建设一条"通用建筑构件自动化生产线"和一条"异型建筑构件固定平台生产线"。通用建筑构件自动化生产线主要生产叠合楼板、内墙板、外挂板等形状规则产品；异型建筑构件固定平台生产线主要生产预制梁、柱、阳台、楼梯和 PCF 板等形状复杂构件；两条生产线均可生产复合保温外墙板。

项目建设过程：针对本项目流水线建设方案，项目组于 2013 年 5 月 26 日和 6 月 25 日，两次组织国内著名专家进行了技术论证。项目部在充分吸收与会论证专家意见后形成了招标方案。2014 年 3 月底，"通用建筑构件自动化生产线"和"异型建筑构件固定平台生产线"建成投产，开始为通州马驹桥公租房项目、温泉公租房项目、郭公庄一期公租房项目生产装配式构件，标志着"燕通公司建筑产业化基地"建设基本完成，见图3-1、图3-2。

3.1.2　生产工艺设计原则

生产车间和流水线工艺方案设计应考虑以下几个原则：

1) 先进性：提高产品在市场中的竞争能力；
2) 实用性：与北京市抗震剪力墙结构需要的预制混凝土构件相适应，达到发挥资源优势，降低原材料消耗和能耗，提高产品质量的目的；
3) 可靠性：采用先进和成熟的技术，在保证产品质量和成本合理的前提下，对生产设备进行全球采购；
4) 经济性：各工艺技术方案要体现投资小，成本低，利润高的效果；

图 3-1 燕通公司建筑产业化基地

图 3-2 装配式构件生产车间

5）适应性：根据市场要求，可灵活生产多种产品，不断扩大产品规格，型号和种类；

6）安全和环保：技术方案的选择，要为生产工人提供安全的工作环境和无污染或尽量减少污染的工艺。

应结合北京市重点推广的预制装配式抗震剪力墙结构体系预制构件的特点，结合钢筋加工设备类型和特点，重点对生产车间布局、流水线工艺布置、自动化设备选型、信息化和智能化控制技术、新材料、新工艺以及节能环保等内容进行专项研究。

3.1.3 预制构件种类及特点

目前,国内装配式建筑预制构件的突出特点是品种多、型号多且分类复杂。主要预制构件品种包括:复合保温外墙板、内墙板、叠合板、PCF 板、楼梯板、阳台板、空调板、扶手板、装饰板、梁、柱、挂板等。主要预制构件品种的特点:

1) 复合保温外墙板:是构造和配筋最为复杂的预制构件品种之一,大多采用三明治结构,不仅有平面板,而且有很多带拐角的异型板、边模板需要考虑灌浆套筒安装和预留钢筋穿出,内外叶墙混凝土分两次浇筑(图 3-3)。平面板可以采用流水线生产,拐角板需要固定模板生产。

图 3-3 预制夹芯保温外墙板

图 3-4 预制内墙板

2) 内墙板:构造和配筋也比较复杂,内部还要设置聚苯板减重块、预埋水电管等配件,边模板需要考虑灌浆套筒安装和预留钢筋穿出(图 3-4)。大多数为平面板,可以采用流水线生产。

3）叠合板：构造和生产工序相对简单，但构件面积占比很大，需要模台数量多。国内项目的叠合板配筋设计标准化程度低，大多数项目需要考虑预留钢筋穿出边模板。典型叠合板见图3-5。

图 3-5　预制叠合板

4）阳台板、空调板、装饰板。这些预制构件多数为异型构件（图3-6、图3-7），往往采用独立模板进行生产。

图 3-6　预制楼梯板

(a) 预制阳台板　　　　　　　　　　　(b) 预制空调板

图 3-7　预制阳台板和预制空调板

综上所述，预制构件工厂生产线设计方面，不仅要考虑平板型构件，还要考虑异型构件生产。以北京市公租房项目为例：按照体积计算，适合流水线生产的平板型构件约占80%。这部分平板型构件，按照面积计算，复合保温外墙板占30%，内墙板占25%，叠合板占45%。

3.1.4 钢筋加工设备及特点

预制构件生产线既包括钢筋加工生产线，也包括构件成型生产线。目前，只有少数国外流水线将钢筋加工和构件成型整合成一体化流水线。由于国内钢筋加工的自动化程度低，往往将钢筋加工和构件成型生产线进行独立设计和配置。装配式构件生产用钢筋加工主要设备包括：

1) 高效数控弯箍机：主要用于梁柱箍筋制作，可加工直径 5～12mm 钢筋，产量 1t/h；仅需 1 人操作，弯曲箍筋单边长度可达 2.3m。

2) 数控钢筋调直机：用于 5～12mm 盘条开卷调直，每分钟矫切速度 130m，成品用于焊网机焊接用。

3) 数控钢筋弯曲中心、数控钢筋切断生产线：两套设备可通过专用联动机构，形成整套切断弯曲生产线，相互配合工作，提高效率，节约占地。

4) 钢筋网焊接生产线：主要用于钢筋网片加工，纵筋可采用直条（盘条）的形式，横筋（直条）采用全自动供给机构，承重 1500kg 左右，不需要人工参与；采用 12m 接网装置，形成全自动的生产过程；焊接生产速度为 60～90 片/小时。

5) 钢筋桁架焊接生产线：主要用于桁架骨架的焊接，生产速度≤18m/min；焊接性能稳定，焊点牢固，更换规格调整方便，适应大批量生产要求。

3.1.5 生产工艺方案确定

按照预期的生产规模和现有地块实际情况，项目组参照国内同类企业厂房建设情况，将生产车间规划为三联跨厂房结构，即 165m（L）×72m（W），建筑面积 11880m^2。

在流水线生产工艺深化设计阶段，项目组与国内外多家建筑构件流水线设备制造商进行了技术交流。其间，我们还建造了一幢 1000m^2 三层实验楼。通过实验楼预制构件的生产实践，发现在一条流水线上生产所有品种的装配式抗震剪力墙结构构件是不科学的，因为这些产品的设计结构存在较大区别，混合生产无法达到预期的生产能力。因此，本书设计了两条适合不同产品特点的流水线，即一条"通用建筑构件自动化生产线"和一条"异型建筑构件固定平台生产线"，其中："通用建筑构件自动化生产线"主要生产叠合板和内墙板等形状规则产品，"异型建筑构件固定平台生产线"主要生产阳台、楼梯和 PCF 板等形状复杂产品，两条生产线均可生产复合保温外墙板。

在可研方案和专家论证基础上，项目组对流水线工艺做了局部调整，最终确定的主要建设内容包括：

1) 根据现有场地情况和项目设计规模，生产车间设计成三联跨结构。紧邻车间北面建设混凝土搅拌站、砂石储存料仓、仓库和锅炉房。详见图 3-8 建筑构件生产车间平面布置图。

2) 在车间北跨建设一条自动流水线，便于混凝土从搅拌站直接送料，主要生产叠合板、内墙板等构件，兼顾生产复合保温外墙板。详见图 3-9 通用建筑构件自动化生产线平面图和图 3-10 建成后的通用建筑构件自动化生产线。

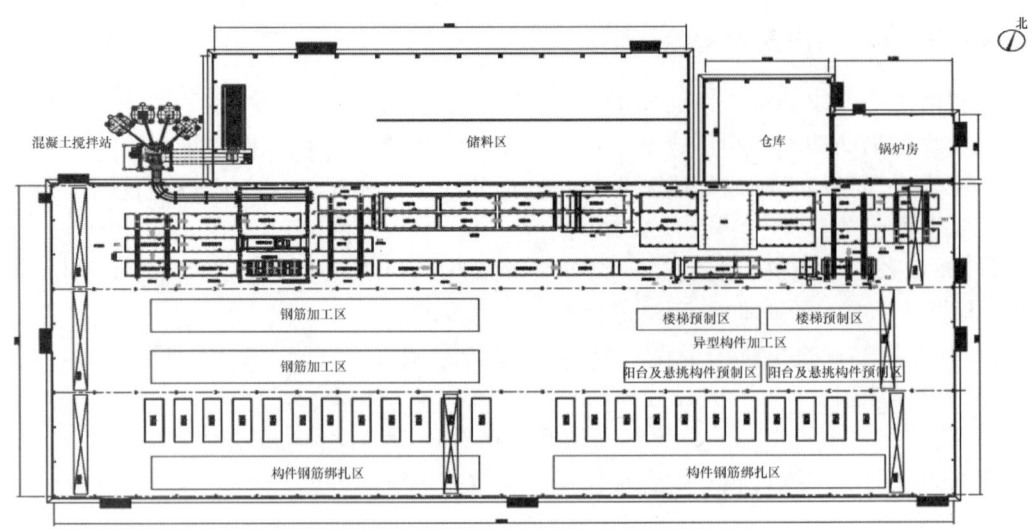

图 3-8 建筑构件生产车间平面布置图

图 3-9 通用建筑构件自动化生产线平面图

图 3-10 通用建筑构件自动化生产线

3) 在车间南跨建设一条异型构件生产线,生产阳台、楼梯、PCF 板等异型构件,兼顾生产复合保温外墙板。详见图 3-11 建成后的异型建筑构件生产线。

图 3-11 异型建筑构件生产线

4) 车间中跨西区作为钢筋加工区，供应两条生产线。中跨东区可生产异型构件。

3.1.6 自动流水线关键参数及设备配置

1. 关键参数

1) 基本生产数据：每年工作 300d；每天生产 2 班次；每班工作 10h。
2) 预制构件设计产能：设计产能 10 万 m^3，平均每小时生产 $16.67m^3$。
3) PC 构件参数

结构类型：剪力墙；
建筑开间：北京地区公租房大部分户型的开间为 4.2～4.5m；
　　　　　商品房大部分户型开间为 3.0～3.3m；
建筑层高：北京地区公租房 2.7m；
　　　　　商品房 2.8～2.9m；
复合保温外墙板厚度：外叶墙板 60mm；内叶墙板 200mm；保温层 80mm；
实心墙板厚度：200mm。

4) 边模参数

反打工艺：外叶墙边模的宽度：0.11m；
正打工艺：内叶墙边模的宽度：外叶墙＋0.11m。
实心墙的边模宽度在外漏钢筋以内，故在模台上的占用面积为外漏钢筋的轮廓面积。

5) 边模拆模操作面要求

反打工艺：外叶墙的相邻模具间需留出 0.2～0.5m 的操作空间；内叶墙边模在上层，可不考虑操作空间。

正打工艺：内叶墙边模间距 0.5m 以上。

实心墙构件间外漏钢筋的间距 0.2m 以上。

6) 模台尺寸的选择

模台的宽度由层高决定，2.7m 层高标准层，模台宽度应大于 3.07m（2.715+0.135+0.22），顶层构件需加高约 0.08m，故模台宽度应大于 3.15m；2.9m 层高的模台宽度应大于 3.35m；考虑到以后的发展需求，故模台的宽度选为 3.5m。

构件埋件数量较多，钢筋复杂，为了减少单个模台的操作时间，每个模台上布置的构件数量不宜超过 3 块。根据典型构件的参数，每个模台上布置 2 块外墙或 3 块实心墙。

模台的长度由构件的宽度决定，外立面部分户型的开间决定了构件的宽度。根据以往项目的经验，北京大部分公租房的开间为 4.3m、4.4m 和 4.5m，商品房的户型开间基本为 2.8m、3.0m 和 3.3m（上海万科）。

典型构件实例：按 4.5m 开间计算，外叶墙宽 4.48m，内叶墙宽 3.8m，高 2.54m；实心墙宽 2.7m，高 2.54m。

外墙边模板的宽为 0.11+4.48+0.11=4.7（m）；高为 0.11+2.9+0.11=3.12（m）。

内墙边模板都在外漏钢筋以内，实心墙的外漏钢筋轮廓面积即为构件在模台上的有效占用面积，宽为 0.19+2.7+0.19=3.08（m），高为 0.11+2.74+0.31=3.16（m）。

根据以上构件的布置要求，模台长度>4.7+0.5+4.7=9.9m；模台长度>3.08×3+0.2×2=9.64m。模台的尺寸定为 3.5m×10m。

3.5m×10m 规格的模台适用于开间为 4.0~4.6m，层高不高于 3.0m 的装配式建筑墙板构件的生产，见图 3-12。

7) 生产线节拍的选择

(1) 单个模台构件体积：

外墙=[4.48×2.7×(0.06+0.08)+3.8×2.74×0.2−(1.5×1.2+0.6×1.2)×0.34]×2=5.84(m^3)

实心墙=(2.7×2.54×0.2)×3=4.12(m^3)

(2) 模台分配：

根据经验，同一项目的外墙和实心墙的构件体积比为 5∶3。外墙和实心墙的模台数量比为 5∶4。

(3) 根据每小时的产能要求，单位小时需完成的模台数量为：16.67/(5.84×5/9+4.12×4/9)=3.28。

(4) 内墙生产工艺相对简单，生产节拍定位 15min，每小时完成 4 个模台；外墙板生产工序较多，生产节拍定位 20min，每小时完成 3 个模台。

8) 模台数量的选择

预制构件养护时间大于 8h，每小时需完成 4 个模台，需要 8×4=32 个养护工位。

考虑到冬季养护时间较长等因素，选 40 个养护工位，即养护窑内布置 40 个模台；为了满足流水要求，生产线上至少布置 20 个模台。共需模台总数量为 60 个。

2. 自动流水线设备配置

根据自动流水线生产工艺要求，主要设备配置见表 3-1。

第 3 章 预制构件自动化和信息化生产技术

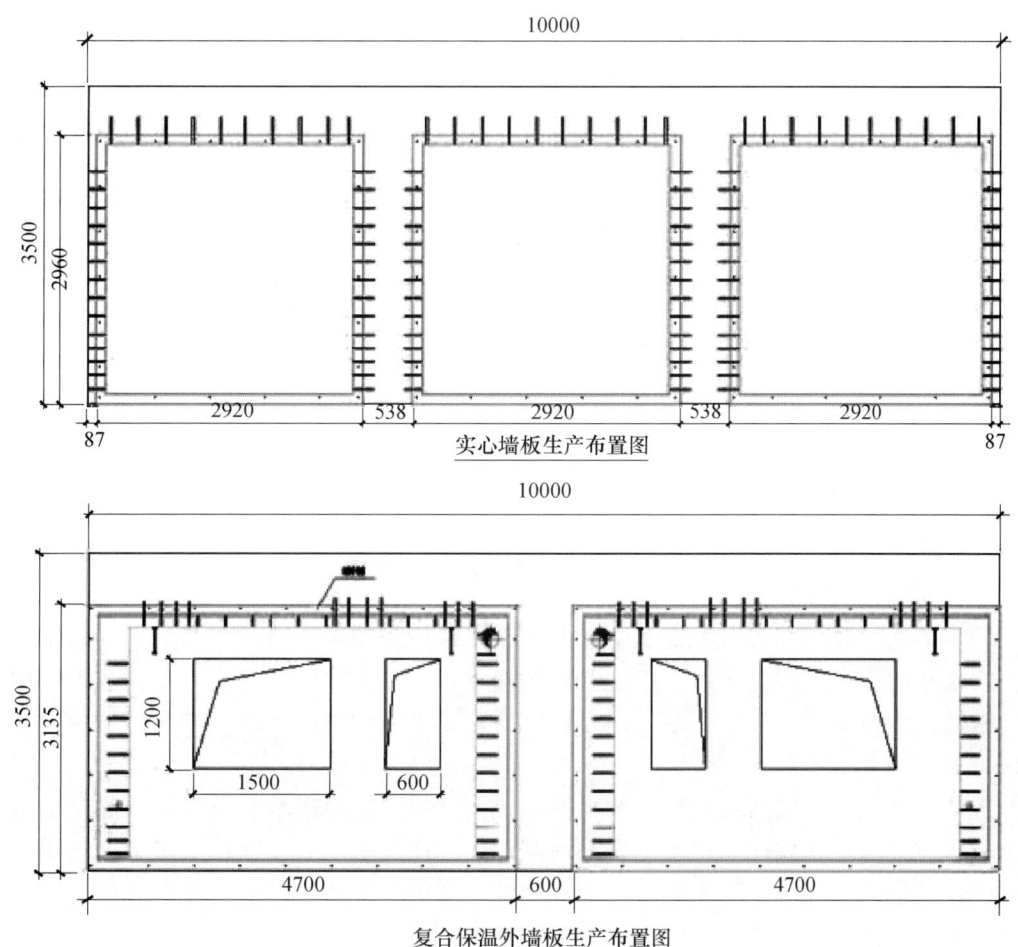

图 3-12 3.5m×10m 规格模台预制构件布置

表 3-1 自动化生产线设备配置明细表

序号	设备名称	单位	数量	备注
1	地面支撑轮	个	486	必配设备 地面支撑轮及模台驱动单元配置的数量为暂估，投标人可根据招标文件平面布置图修改配置
2	模台驱动单元	个	108	
3	混凝土空中输送机系统	套	1	必配设备 包括输送机轨道、轨道吊架和支撑结构
4	布料机系统	台	2	必配设备
5	振动台系统	台	2	必配设备
6	预养护窑系统	套	1	必配设备
7	抹光机	台	1	必配设备
8	堆垛机	台	1	必配设备
9	立体蒸养窑系统	套	1	必配设备
10	构件侧立机	台	1	必配设备

续表

序号	设备名称	单位	数量	备注
11	中央输送车系统	台	1	必配设备 该系统含输送车通道封闭平台、屏蔽门
12	边模板运输清理机系统	台	1	必配设备
13	流水线控制系统	套	1	必配设备 需满足集中控制模式要求
14	模台	台	60	必配设备
15	模台清理机	台	1	必配设备
16	涂油机	台	1	选配设备
17	振动赶平机	台	1	选配设备
18	划线机	台	1	选配设备

3. 搅拌站及封闭砂石料场

1) 混凝土搅拌站

基于本项目规划产能、混凝土质量保证以及建筑构件多采用特种混凝土等因素，本项目规划建设了独立的搅拌站系统。考虑到同一园区内市政路桥集团下属企业港创瑞博公司有较大规模的混凝土搅拌站可作为备用站，出于节约投资考虑，本项目采用了单机组设计方案。

搅拌机类型：考虑到预制构件清水混凝土高品质混凝土需求以及必须在搅拌机上设两个出料口等因素，设计采用了国际上预制构件厂最多采用的立轴式混凝土搅拌机。主要原因：该型机搅拌的混凝土质量优于双卧轴式混凝土搅拌机，为国外多数预制混凝土构件厂采用机型；从流水线生产工艺布置，要求搅拌机有两个呈90°分布的出料口，与悬挂式混凝土输送车、车载混凝土料斗运输及混凝土搅拌运输车的运输方式相匹配，立轴行星式混凝土搅拌机易于实现双出料口的要求。

搅拌机出料容积：混凝土搅拌站是预制混凝土构件生产的主要配套设备。根据装配式住宅设计规范的要求，单块构件的质量不宜大于6t，约为2.4m^3混凝土；目前，国产建筑构件生产线混凝土设备容量一般不超过2m^3，因此，本项目选择了单盘出料体积2m^3的立轴行星强制式混凝土搅拌机。

2) 封闭砂石料场

参考北京市预拌混凝土绿色生产环保要求，砂石料场采用了全封闭车间型式，见图3-13。

封闭砂石料场车间跨度选择：目前，昌平地区使用的骨料主要来自密云铁矿或北水凤山矿，运送石料的载重车均为百吨级改装车，车长18.5m，转弯半径较大，车间跨度最小为30m才能满足要求。为了满足冬季生产储料需求，车间设计长度87.2m，跨度30m，总面积2616m^2，可储存5920m^3骨料。

4. 成品存储场地估算及起重机配置

1) 成品存储场面积估算依据

成品存储场面积应满足预制构件在厂内养护龄期要求；满足施工进度的必要预先储

第3章 预制构件自动化和信息化生产技术

图 3-13 已经建成的燕通公司搅拌站和封闭砂石料场

备量。根据国内外经验，建筑构件成品储存场地的面积应该是生产场地面积的 3~4 倍。因此，在设计年产量 8 万 m³ 情况下，需要生产场地面积约 11000m²，应设置室外存储场地 33000~44000m²（50~66 亩）。

2) 成品存贮场面积估算

燕通公司在远通公司构件厂基础上改制而成，项目组对现成的储存场面积是否满足要求进行了估算：

西一线：已有 2 台 L 形龙门吊，跨度 18m，两端悬臂各 6m，轨道长 200m，面积 6000m²（约 9 亩）。

西二线：已有 2 台 L 形龙门吊，跨度 18m，加两端悬臂 6m，轨道长 200m，面积 6000m²（约 9 亩）。

东线：已有 2 台花架龙门吊，跨度 36m，轨道长 410m，面积 14760m²（约 22 亩）。本项目计划在东线新购置两台 L 形龙门吊：跨度 36m，龙门吊一端悬臂 8m，使用面积将扩大至约 26 亩。

中线：已有 2 台花架龙门吊，跨度 36m，无悬臂，轨道长 390m，可使用面积 14000m²（约 21 亩）。

基于以上分析，现有储存场总面积约 65 亩，可满足设计生产能力要求，见图 3-14。

3) 室外起重机的配置

室外储存场新配置 2 台门式起重机，是基于远通公司构件厂现有门式起重机的性能和数量都无法满足生产需求所做的补充配置，见图 3-15。

(1) 现有起重机的性能参数与工作频率不匹配。现有起重机是以生产桥梁构件所配备的，起行和起升速度慢。

现有起重机的基本参数：大车运行速度 15m/min，小车运行速度 8m/min，主起升速度 4~6m/min。以大车运行 30m（往返 60m），小车运行整跨距 36m（往返 72m），主起升 8m（升降 16m）为一个工作循环计算：大车单程耗时 2min，小车单程耗时 4.5min，主起升单程 1.6min。采取联动作业，单程耗时 4.5min，一个工作循环耗时 9min。

图 3-14　产品储存场实景

图 3-15　储存场地上的龙门吊

（2）拟配置的单梁门式起重机基本参数：大车运行速度 47.1m/min，小车运行速度 39.3m/min，主起升速度 7.2m/min。以大车运行 30m（往返 60m），小车运行整跨距 36m（往返 72m），主起升 8m（升降 16m）为一个工作循环计算：大车单程耗时 0.64min，小车单程耗时 0.92min，主起升单程 1.11min。采取联动作业，单程耗时 1.11min，一个工作循环耗时 2.22min。

（3）从性能参数对比可见，新配置的门式起重机的效率为现有起重机的 4.05 倍。鉴于异型构件部分产品有可能在室外生产作业，现有的门式起重机数量和性能都将不能满足，因此，增加室外门式起重机是必需的，能够有效地缓解室外生产作业、储存和发运产品瓶颈现象。同时，新配置的门式起重机主梁至少一端悬臂外伸，增加了起重机作业的覆盖面，可充分、有效地利用场地。

（4）门式起重机的吨位选择是兼顾目前和将来的生产发展的需要；新起重机配备主、副起升，可以适应不同的生产作业并合理使用电能。

5．车间起重机配置

车间内新配置8台桥式起重机。

1）两条生产线跨度内各配置3台。其中：用于产品脱模、成品装车和吊运模板1台，组装模板和放置钢筋笼1台，运输和放置钢筋笼及混凝土吊运1台。

2）钢筋加工跨度内配制2台。其中：用于钢筋的卸车和切断上料1台，钢筋半成品的吊运及构件成品的后期处理1台。

3）起重机的吨位选择：根据起重机的承担的工作负荷和工厂承接业务的发展综合考虑，选择5~10t起重机。

6．钢筋加工设备

目前，国内装配式建筑结构的特点决定了构件配筋相对复杂、结构连接件多，因此除了配备传统的钢筋加工设备外，还需配备某些专用加工设备，以提高工效、降低加工成本。应配备的钢筋加工设备明细见表3-2。

表3-2　应配备的钢筋加工设备明细表

设备名称	规格型号	数量（台）
数控钢筋弯箍机	WG12B-2	1
钢筋切断机	50	3
钢筋调直切断机	XQ-120型	1
气体保护焊机	KRⅡ350	16
钢筋滚丝机	—	6

7．模台、模板制造和维修设备

由于各个工程项目均存在一定数量的异型构件，所以需要配置一定数量的非标尺寸固定模台和特制模具。本着"外协为主，自制为辅"的原则，除项目建设初期外购一定数量的模具外，正常情况下，大多数模板需要自行加工或改制。因此，配备相应的模板加工和维修设备是必要的。非标模台和模板配备详表3-3，模板加工设备详见表3-4。

表3-3　非标模台和模板配备明细表

模具名称	规格尺寸（m）	数量
模台	10×3.5	20
模台	6×2.5	5
模台	5×2.5	25
楼梯	每个工程不同，出拆分图后，自制或定制	根据具体工程确定
阳台板	每个工程不同，出拆分图后，自制或定制	根据具体工程确定
侧模板	每个工程不同，出拆分图后，自制或定制	根据具体工程确定

表 3-4 模板加工设备明细表

设备名称	数量	设备名称	数量
剪板机	1 台	气割	3 套
折弯机	1 台	木工台锯	1 台
焊机	6 台	—	—

结合流水线建设和马驹桥项目构件生产,本项目研制出一种控制叠合板钢筋保护层的专用玻璃钢边模(图 3-16)、门窗专用铝合金边模以及高效固定磁盒、灌浆套筒精确定位装置等多种配套构件生产机具,提高了产品质量和生产效率。

图 3-16 叠合板玻璃钢边模

8. 气、汽设备

建筑构件生产采用蒸汽养护工艺,同时,考虑冬季生产时车间供暖、骨料解冻、提高混凝土浇筑温度等多种因素,需配置 2 台蒸发量为 3t/h 的蒸汽锅炉。

生产流水线所需压缩空气将根据制造商的设计要求配备相应能力的空压机。

9. 厂内运输设备

运输设备主要用于厂内的构件短驳运输、混凝土运输(除配有悬挂混凝土运输车的流水线外)和搅拌站储料车间的骨料装卸,所需运输设备见表 3-5。

表 3-5 运输设备明细表

设备名称	型号	数量	设备名称	型号	数量
厂内短驳运输汽车		3 辆	混凝土运输车		2 辆
叉车	10T	2 辆	装载机	50	1 辆

10. 电力配送电设备

初步测算,建筑构件生产设备的总装机功率约 1500kW(不包含现有起重机的装机功率)。考虑所有设备不是同时开动使用的情况,估测了需用系数后,变压器容量已接近现有 630kVA 变压器的额定容量。从安全使用和远期发展角度出发,需另配置一台变压器 350kVA 变压器(该变压器已经由市政路桥集团安装完毕)。

车间内生产用电的配电,将在设备招标采购后,根据设备配置和布局在新厂房设计施工阶段完成配电箱(柜)的布置。

11. 其他生产辅助功能区和配套设施

生产辅助功能区和设施包括以下内容：

1) 办公区；
2) 员工宿舍；
3) 生产现场办公室；
4) 模板加工区和维修车间；
5) 生产材料和低值易耗品仓库。

经过测算，生产辅助区总面积需要 2000~3000m²。以上项目已经建设或改造完成，满足实际生产需要。

12. 土建工程

1) 主要土建工程包括长 166m，宽 72m 的三联跨生产车间一座，装配式建筑构件生产流水线基础，年产 20 万 m³ 自动化混凝土搅拌站基础，全封闭砂石料仓 2600m²，混凝土蒸汽养护用环保天然气锅炉房一座。

2) 其他配套设施（如厂区供电、厂区给排水、厂区道路、生产供汽（气）、供暖的新建或增容等），由中标的设备供应商承担施工。

3.1.7 自动流水线系统关键设备

"装配式预制构件自动流水线系统"通过智能制造执行系统（MES）和中央控制系统，将数控划线机、模具摆放机器人、数控混凝土布料机、养护窑和码垛车、各种计检测仪器等关键装备有机联系，达到预制构件的自动化、智能化生产目的。这些关键设备研制水平的高低直接关系到能否实现预制构件自动化和智能化生产。

1. 数控划线机

1) 数控划线机基本要求

数控划线机是自动流水线系统的关键设备，主要用于在底模台上快速而准确地画出边模、预埋件等的位置，以提高放置边模、预埋件准确性和速度，见图 3-17。

图 3-17 数控划线机

针对数控划线机的工作特点,需要根据产品实际情况建立数控划线的工艺规程。根据具体的产品类型及特征,在既定工艺决策方法的基础上,建立某构件的工艺加工规程,并将其存储到系统中以便以后调用。

2)数控划线工艺内容

包括划线的工序、划线进给速度、划线的粗细程度、划线的先后顺序。

数控划线工序,包括构件外轮廓划线、内部特征划线以及其他埋件位置划线。划线工序的安排可分为先外后内和先内后外两种,如图 3-18、图 3-19 所示。先外后内,即先进行构件外部轮廓划线后进行内部特征划线,当划线喷笔按照逆时针方向完成外部轮廓划线后,划线机按照就近原则开始对离外部轮廓终点最近的内部特征进行划线,这样可以减少划线空行程,提高划线效率;先内后外,即先进行内部特征划线后进行构件外部轮廓划线,同样按照就近原则进行顺序安排,从离原点最近的内部轮廓依次开始划线。

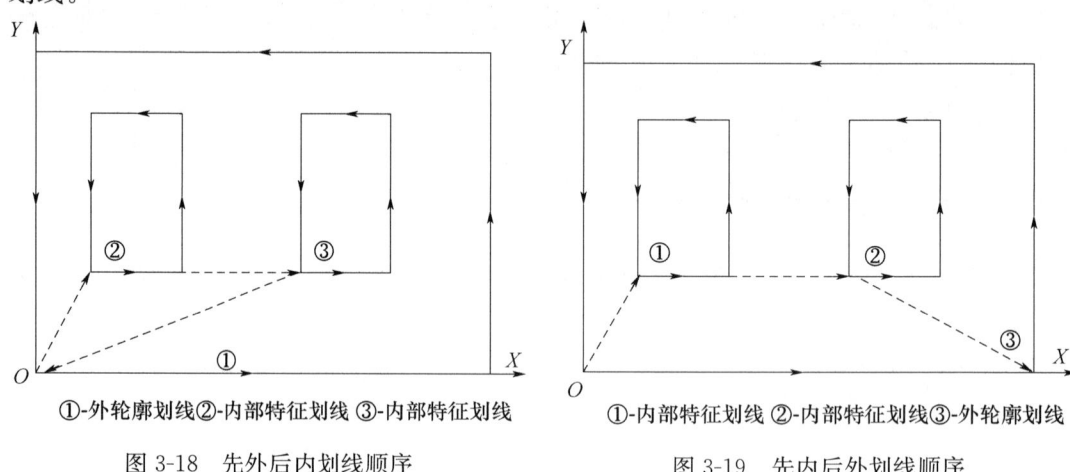

图 3-18　先外后内划线顺序　　　　图 3-19　先内后外划线顺序

数控划线进给速度根据生产效率以及划线机本身而定,速度快可以提高划线效率,但由于划线机向移动部分本身质量所限,运动速度有一定限度。根据试验,划线最佳进给速度为 5~6m/min,空行程速度高于划线速度。

3)工艺决策方法

条件项中 T 表示混凝土预制构件具备某特征,F 表示混凝土预制构件不具备某特征;动作项中用数字表示对特征划线的顺序,空格表示无划线动作。根据预制构件的特点和划线的要求,自动编程系统选择决策表方法来进行工艺决策,制定出预制构件的数控划线工艺决策表。其中:"规则外轮廓""不规则外轮廓""有门""有窗户""有线盒"为条件根,"划矩形轮廓""划不规则轮廓""划门""划窗户""划线盒"为动作根。如表 3-6 所示。

表 3-6　数控划线工艺决策表

规则外轮廓	T	T	T	T	T	T	T	F
不规则外轮廓	F	F	F	F	F	F	F	T
有门	T	F	T	F	T	F	F	F

续表

存窗户	T	T	F	T	F	T	F	T
有线盒	T	T	T	F	T	F	F	T
划矩形轮廓	1	1	1	1	1	1	1	—
划不规则轮廓	—	—	—	—	—	—	—	1
划门	2	—	2	2	—	—	2	2
划窗户	3	2	—	3	—	2	—	3
划线盒	4	3	3	—	2	—	—	4

4）工艺生成方法

对于预制构件来说，无论是分类还是数控划线的工序内容都是基于构件的所含特征。另外，预制构件形状各异，都属于非回转类构件，采用基于特征的复合路线工艺生成方法比较符合实际的需要。在构件分类成组的基础上，把同类构件的划线工艺集中成组进行对比，从中选择出组内含有最典型特征的划线工艺路线作为代表，得出能够满足常用基本构件要求的工艺，根据实际情况，删减不必要的划线工艺得出所需要的工艺路线。表3-7列出了几种典型构件外形特征的划线顺序，并依此确定出一条划线复合工艺路线，即首先对构件外轮廓进行划线，然后进行矩形特征划线，最后进行圆弧特征划线。

表 3-7　墙板复合路线工艺

典型构件图	划线工艺路线	典型构件图	划线工艺路线
	W-J		W-J1-J2-J3
	W-J1-J2		W-J1-J2-B
	W-X-J		W-Y1-Y2-Y3
		构件划线复合工艺路线	V-X-J1-J2-Y1-Y2-Y3

2. 数控布料机

1）数控布料机基本要求

数控布料机用于向模具中进行均匀定量的混凝土布料，布料机下布置振动台，见图3-20。柔性生产系统中的数控布料机采用程序自动控制，可实现按图纸位置、设计厚度需求均匀布料，设备具有平面两坐标运动控制、纵向料斗升降功能。控制系统留有计算机接口，可实现直接从中央控制室中的计算机系统读取图纸、程序等信息的功能。

混凝土布料机由钢构机架、纵向及横向走行机构、混凝土储料斗、安全装置、液压系统、电气控制系统、清洗装置等组成。混凝土布料机采用PLC控制器和变频驱动技术，带紧急制动装置，设备安全可靠。

2) 数控布料机关键技术

(1) 布料机工作原理

通过数学模型来模拟控制系统控制大车、小车及其料斗闸门的开闭情况。将工作平面上建立 $X-Y$ 坐标系：

设模板长 L，宽 H，布料口长 L_1，宽 H_1，布料口有8个闸门，则每个闸门长 $L_1/8$，宽 H_1。

Z 表示闸门，"0"表示闸门关，"1"表示闸门开。在 X、Y 方向上"0"表示模板上没有窗口，"1"表示模板上有窗口，X 方向分为 H_{X1}、H_{X2}……H_{XM}，同样 Y 方向上

图 3-20 螺旋式数控布料机

分为 Y_{Y1}、Y_{Y2}……Y_{YN}，这样就可以把模板分成 $m \times n$ 个模块。在 $m \times n$ 个模块中 X、Y 下标最后的数字全为1时才表示该处有窗口，不能布料，此时闸门处于关闭状态。因为模板边缘没有窗口，故 X 或者 Y 方向边缘均需要布料，下标最后一个数字为0。当 X、Y 下标最后一个数字全为0或者有一个0或有一个1时表示此处无窗口，需要布料。

模板分为 $(H_{X21} \times L_{Y10})$、$(H_{X10} \times L_{Y21})$……$(H_{XM0} \times L_{Y21})$ 共 $m \times n$ 个模块，随便取出一个需要布料的模块 $(H_{XK0} \times L_{YK1})$。

若 $H_{XK0} < L_1$，则表示此处宽度很小，可通过捣振将混凝土布好。

若 $L_{YK1} < L_1/8$，则表示此处长度很小，可通过捣振将混凝土布好。

通常情况下 $H_{XK0} > L_1$，$L_{YK1} > L_1/8$ 这情况可以正常布料，令：

$$\frac{L_{YK0}}{L_1/8} = N, \quad \frac{H_{XK}}{H_1} = G$$

①当 $N > 8$，$G > 1$ 时，表示该处需要大车和小车共同移动带动料斗横向和纵向移动大车移动，大车移动 $N \times L_1/8$，小车移动 $G \times H_1$，分料闸门全开。

②当 $N > 8$，$G = 1$ 时，表示该处大车移动，小车不移动，大车行走 $N \times L_1/8$，分料闸门全开。

③当 $N = 8$，$G > 1$ 时，表示该处大车不移动，小车纵向移动 $G \times H_1$。

④当 $N = 8$，$G > 1$ 时，表示料斗无须移动，大车小车不动，分料闸门全开。

⑤当 $N < 8$，$G = 1$ 时，表示大车小车无须移动，打开1到 N 个布料闸门即可。

⑥当 $N < 8$，$G > 1$ 时，表示此处小车行走 $G \times H_1$，布料口全部打开。

(2) 布料机设计

大车走行速度：0～30m/min

大车走行功率：1.5kW

小车走行功率：1.5kW

小车走行速度：0～30m/min

布料螺旋功率：4×3.0kW

根据设计料斗满载时混凝土体积约为 $2m^3$，故设定料斗顶端进料口为长方形，初步设定长1812mm，宽1136mm，料斗总体高度为1908mm。料斗板材选择Q235号钢，料

斗如图 3-21 所示。

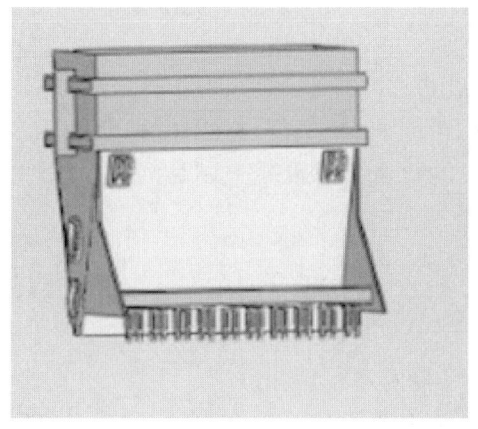 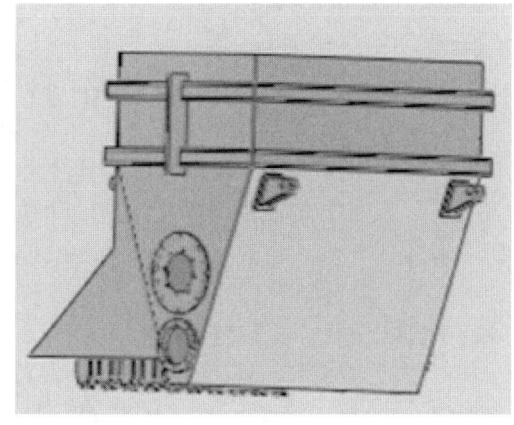

图 3-21 料斗三维图

3. 养护窑

1）养护窑基本要求

养护窑由仓体、蒸汽系统、温度控制系统组成。养护窑型式为立体养护窑。根据生产需要设置具体的养护工位数。基本结构如图 3-22 所示：

（1）立体养护窑仓体是由型钢组焊成框架，框架上焊上托轮，将模具分层存放。养护窑有保温门，仓体外墙用钢-聚氨酯-钢保温材料拼合成。

（2）立体养护窑是由 4×5 层养护位的孔洞组成，即共 20 个养护位，各孔位之间有隔板形成独立的养护空间，分别前后有保温门进行密封保温。

（3）养护窑两侧的下层形成模具输送通道，仓体两侧下部设置地面辊道。

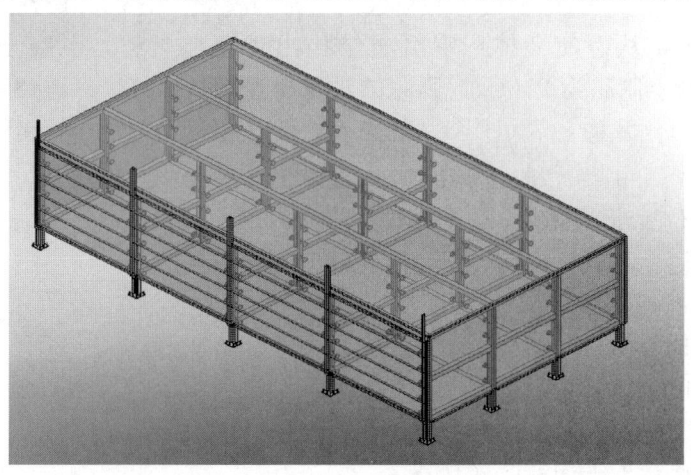

图 3-22 养护窑内部结构

2）养护窑关键技术

（1）养护热源确定

蒸汽养护热源的确定。计算蒸汽养护过程中的热量消耗，确定蒸汽养护系统热源的容量。基本参数：恒温阶段温度 $t_2=55℃$；养护前预制构件温度 $t_1=5℃$；预制构件平

均比热 $C_c=0.84kJ/kg\cdot℃$；建筑型钢的比热 $0.48kJ/kg\cdot℃$；预制构件总质量 $G_c=522072kg$。

①升温期的热量消耗

加热混凝土制品（预制构件）所消耗的热量 Q_1

$$Q_1=G_c\times C_c\times(t_2-t_1)=522072\times0.84\times(55-5)=21927024\text{（kJ）}$$

蒸发水分所消耗热量 Q_2。取混凝土中水分的含量为总混凝土制品（预制构件）的质量得 1%，则水分蒸发的计算公式与结果如下：

水的汽化潜热 $r_{c1}=2501kJ/kg$，$t_{pj}=(t_2+t_1)/2$。

$$Q_2=G_c\times1\%\times[r_{c1}+1.85\times(t_{pj}-t_1)]=13298479\text{（kJ）}$$

养护窑体钢结构所消耗的热量 Q_3：

$$Q_3=\sum G\times C\times(t_2-t_1)=321384.1\text{（kJ）}$$

充满养护仓自由空间蒸汽耗热量 Q_4。蒸汽首先要加热养护仓内的空气，这部分蒸汽耗热量的计算公式如下：

$$Q_4=C_p\times m\times\Delta_t$$

其中：C_p——空气定压比热，为 $1.0045kJ/(kg\cdot℃)$；

m——空气质量，kg；

Δ_t——空气温度变化，℃。

将已知各量的值代入上式，得：

$$Q_4=1.0045\times1.29\times18.2\times9.2\times4.12\times50=44695.74\text{（kJ）}$$

养护仓蓄热和散失热量、冷凝水带走的热量、逸失介质的耗热量为升温阶段总输出的 30%。则升温阶段的总热量为：

$$Q_5=(Q_1+Q_2+Q_3+Q_4)/0.7=50845118.37\text{（kJ）}=5.08\times10^7\text{（kJ）}$$

水泥的水化热。水泥在水化时要释放出一部分热量，这部分的热量会导致混凝土的内外温差过大，从而使大体积混凝土结构出现温差裂缝，混凝土中水泥含量为 $300kg/m^3$，混凝土制品为 $216m^3$，则总的水泥含量为 $300\times216=64800kg$。沃式经验公式为：

$$q_c=[M\times\varepsilon\times\beta/(1564-0.96\times\varepsilon)]\times\sqrt{W/C}$$

式中 q_c——单位重量水泥放出的水化热（kJ/kg）；

M——普通水泥强度等级，假定水泥强度等级为 42.5；

W/C——水灰比，取为 0.31；

ε——度时系数。

计算公式如下：

$$\varepsilon=t_h\tau$$

式中 t_h——混凝土的平均温度（℃）；

τ——混凝土养护时间（h）；

因此，养护中所释放的水泥水化热 Q_6 的计算为：

$$\varepsilon=t_h\tau=0.5\times(5+45)\times6+55\times10+0.5\times(55+20)\times4=850℃$$

$$\beta=0.84+0.0002\varepsilon=0.84+0.0002\times850=1.01$$

1kg 水泥水化热为：$q_c=335.5kJ/kg$，水泥总的水化热为：

$$Q_6 = 64800 \times 335.5 = 2.17 \times 10^7 \text{ （kJ）}$$

则升温期的热量消耗为：$Q_s = Q_5 - Q_6 = 2.91 \times 10^7$（kJ）。升温阶段单位时间需要供给的热量：$Q_{ms} = Q_s/6 = 4850786.4 \text{kJ/h} = 1.82 \text{t/h}$。

②恒温期的热量消耗

热量消耗主要有散失于周围介质的热量、漏失蒸汽损失的热量两部分。其热量计算参考有关文献，可取为升温期热量的 15%。

$$Q_h = 15\% \times Q_s = 4365707.76 \text{kJ}$$

恒温阶段单位时间需要供给的热量：$Q_{mh} = Q_h/10 = 0.16 \text{t/h}$

③养护期间热量

单位时间需供给的热量为升温期和恒温期的热量消耗的总和。经热量计算后，可知蒸汽养护所消耗的总热量（转化为所需的蒸汽量）为：

$$Q_{ms} + Q_{mh} = 1.98 \text{ (t/h)}$$

以上计算未考虑的管道损失和养护窑缝隙损失等因素的影响，富余系数 1.1。所以，最终所需的蒸汽量为 2.2t/h。

(2) 蒸汽管道的布置

①管道管材的选择。主管道选用焊接钢管，蒸养管采用不锈钢无缝钢管，以防生锈堵塞管道。为了便于安装，养护窑内每个模位内的蒸养管在末端采用软管进行连接。

②蒸汽管道的布置。养护窑内管道布置的依据是使整个养护窑内部能够均匀的充满蒸汽。养护窑内蒸汽管道的布置如图 3-23 所示，每个模位都布置有两个蒸汽管道和两个排水管道，蒸汽主管道一段接锅炉，排水管道一段接排水槽。这样就能使得养护窑每个模位内都均匀的充满蒸汽，且排水问题也能得到解决。

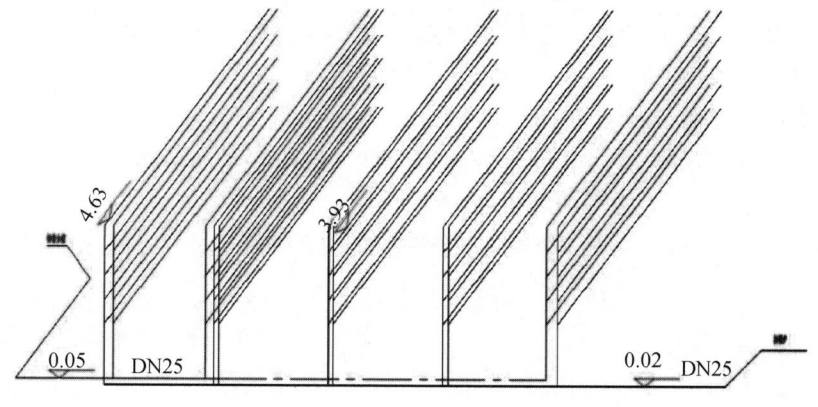

图 3-23　养护窑内蒸汽管道的布置

4. 脱模剂喷涂机

脱模剂喷涂机是将脱模隔离剂均匀快速地喷涂在模板表面上。脱模剂的喷头安装在摆杆上，可随摆杆左右摆动，加大喷头的喷洒区域。脱模剂喷涂机控制系统采用 PLC 控制，可根据要求实现喷油全覆盖或腔覆盖，并且喷油量可调，具有自吸油功能，见图 3-24。

喷涂机基本组成结构如图 3-25 所示。

图 3-24 脱模剂喷涂机实物

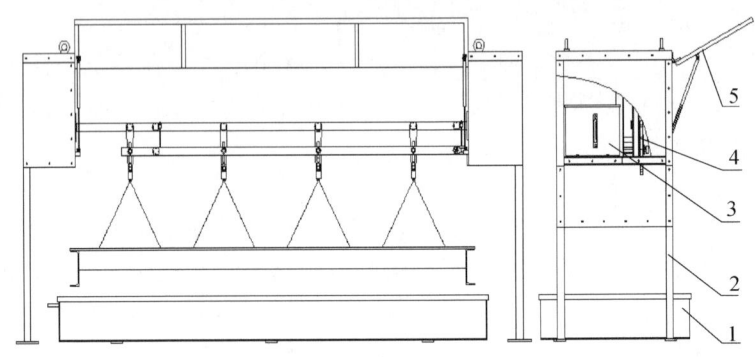

图 3-25 喷涂机整体图
1—收集箱；2—箱体骨架；3—脱模剂箱；4—摆动装置；5—门组件

1) 箱体骨架。箱体的整体设计为长方体。喷涂机长 4.76m、宽 1m、高 1.82m。箱体骨架上还有一个门组件，在喷涂机不工作时门可以合上。

2) 摆动装置。摆动装置使用了曲柄摇杆机构。摆动装置主要由杆、曲柄、滑块、轴组成。曲柄的摇动带动了可移动杆的左右摆动。电机转动后，电机轴与曲柄转动所到达的位置，可以限制喷枪所摆动的角度。

3) 回收装置。回收装置采用双系统涂料辊轮回收系统，可提高涂料的利用率，同时可以快速地更换涂料，确保生产的连续运行。

5. 模台清理机

模台清理机是生产线中的关键设备，主要用于回模输送线负责将附着、散落在模具上的混凝土渣清理干净。清理机生产节拍为 4min，与人工清理相比，保证合格率，实现自动化，提高了工作效率，降低了生产成本。

模台清理机的组成有：外架、内架、滚筒刷、刮板、带座立式轴承、减速机、链轮、链条、汽缸、销子、螺栓螺母等。刮板处构成粗清部分。

6. 拉毛机

拉毛机用于对预制构件新浇筑混凝土的底面进行拉毛处理。

1) 组成部分。拉毛机由下列部分组成：①门架式走行机构：分别通过无级调节转速的电动机进行驱动，走行速度 1.5～30m/min。②拉毛部件：用电动机驱动的钢绳绞车升降的钢梁及可以更换的拉毛板组成。③供电与控制：通过固定在坑道基础侧面的供电轨进行供电，只用手动借助于控制滑车进行控制。电气柜应有防尘和防溅保护作用，至少达到 IP55。

2) 作业过程。正常情况下作业过程如下：①将拉毛机移动到模板模具的纵向挡板上；②降下拉毛机；③在模板模具上方移动并对表面拉毛；④重新将拉毛机升高。

3.2 预制构件生产信息化管理技术

3.2.1 概述

目前，我国发展装配式建筑政策利好，预制构件需求量急速增加，但是制约预制构件行业健康发展的因素还很多。其中装配式建筑构件生产方式落后，装配式建筑全产业链信息化管理水平低的现象尤为突出。现代工业的转型升级离不开技术创新和管理创新，离不开信息化与工业化的深度融合，每一项新兴信息技术与工业企业的深度融合，都将为我国工业发展带来新机遇和挑战，开发建筑构件建造管理信息系统意义重大。

1. 装配式建筑发展面临的突出问题

1) 人才不足问题严重

(1) 有研发和深化设计能力的企业少，有经验从业人员短缺。以北京为例：北京市现有 10 家部品目录库企业中，只有 5 家具备一定的预制构件深化设计能力，有经验的深化设计人员数量大多只有 1~5 人。计划申报部品目录库的 11 家企业大多没有深化设计能力。

(2) 各企业管理水平参差不齐，关键岗位有经验管理人员短缺。某些企业质量意识不高，质量管理体系认证流于形式，有的未进行环境、职业健康认证，有的未进行安全标准化认证。大多数新建企业急需有经验的管理人员，既包括公司领导和部门经理等骨干人员，也包括从事生产计划、生产指挥、物资采购、技术管理、质量控制、产品修补、储存发货等具体工作的管理人员。关键工作岗位持证上岗率极低。

(3) 有经验的劳务作业队数量不足，人员流动严重。预制构件生产效率和质量与劳务队经验和素质关系极大，由于大多数工厂生产任务不足或者全年生产任务不平衡，劳务队流动频繁，劳务作业人员更新率极大，往往造成产品质量的波动。

2) 生产效率低，成本偏高问题突出

(1) 流水线自动化程度低，用工量大。以北京为例：大多数企业配备了国产预制构件循环化流水线，这些流水线自动化水平基本一致，属于半自动化状态，许多岗位还大量依赖于人工操作。流水线市场占有率最大的是河北新大地机电公司的流水线，包括北京燕通、北京住总、北京榆构、正方利民公司、河北绿建、河北合创公司等企业；其次是三一快尔居的流水线，包括二十二冶装配式住宅分公司、天津建筑工业化公司、三一筑工等企业；中铁房桥公司采用鞍山重工的流水线；珠峰科技公司采用自主研发的成组立模流水线；天津远大公司和天津远大兴辰公司采用远大重装工厂组装的流水线；中建科技（北京）公司采用中建机械流水线，引进的德国安夫曼公司流水线尚未安装完成。只有个别企业暂时未配备流水线，采用固定模台生产。

(2) 设计复杂，生产效率低下。目前装配式建筑遵循"方案设计→PC 拆分→深化设计→构件加工→现场拼装"的程序。由于在方案设计阶段对构件生产技术理解不足，拆分出来的构件大多数为个性化定制产品，深化设计单位需对每一种构件进行深化图绘制，构件加工单位需对每一个构件进行模具设计和钢筋翻样。产品标准化程度低，导致工厂劳动生产率极低，目前平均效率约 0.5m^3/人工，工业化程度和效率很低，造成社会资源严重浪费。

(3) 综合生产成本居高不下。目前，由于装配式建筑预制构件标准化程度低，模具摊销成本高、人工费高，造成装配式预制构件生产成本居高不下。目前虽然产品销售价格在去年的基础上有所回升，但仅仅也就是微利而已。如果将土地和流水线设备投资折旧计入的话，基本还是无利可图。长此以往将严重影响行业健康发展。

3) 全过程信息化管理水平低

(1) 缺乏专业化管理信息系统。国有企业及大型企业基本实现了财务管理信息化。部分大型企业配备了 ERP 信息化管理系统。少数企业针对预制构件企业特点研发或配备了预制构件生产、储存、运输、安装信息化管理系统。

(2) 产业链企业间数据交换困难。有经验的施工图设计企业少，BIM 设计处于探索阶段，图纸版本多变，各种信息错误率高；有经验的总承包企业少，对施工阶段各种预留预埋提供信息滞后，施工进度计划控制偏差大；按照传统方式管理装配式建筑项目，边决策、边设计、边施工。

(3) 预制构件储存、装卸车、运输等物流环节成为安装进度制约因素。传统生产方式下，构件标识错误率高，构件储存管理难度大，往往造成装车效率低下。大多数构件厂要自备汽车吊，担负工地卸车任务，运输效率低下。大多数企业将构件运输分包给民营运输企业，运输过程中基本不采取防磕碰、防污染等的特殊措施，造成较多外观损坏。因标识不明显，总承包企业经常发生构件安装错误。构件厂、运输企业以及总承包企业间矛盾突出。

4) 构件生产过程尚存许多问题

(1) 构件品种多、数量大，对管理人员素质要求高，生产计划管理难度大。

(2) 原材料质量检验、生产过程隐检记录、产成品质量检验以及质量证明文件的可追溯性差，对生产质量提供缺乏指导作用。

(3) 成本分析不及时，缺乏指导作用。

2. 构件信息化管理现状

近年来，RFID、BIM、互联网和云存储技术等先进技术的快速发展，逐步成为国内外研究热点，也为解决我国的装配式建筑信息化管理问题提供了可能性。2012 年，哈尔滨工业大学苏畅进行了基于 RFID 的预制装配式住宅构件追踪管理研究。2012 年，大连理工大学李天华等针对装配式建筑全寿命周期管理的特点，探讨将 BIM 和 RFID 技术结合，解决建设项目全生命周期管理中缺少将各阶段关联起来的关键性技术平台的问题，使各阶段、各参与方及时共享和交流信息，对建设项目全生命周期管理产生积极的推动作用。2013 年，沈阳建筑大学 BIM 中心管梓瑜等通过研究 RFID 在预制混凝土构件中应用，提出适应建筑产业化需求的混凝土预制构件信息化管理平台，实现预制构件从生产、存储、运输到现场安装全过程的信息化实时动态管理。2013 年，中国建筑股份有限公司技术中心曾涛等从供应链优化管理的角度将项目参与各方纳入统一的平台，并将关键环节的核心要素放在统一的平台上协同运转，建立以 BIM 模型为基础，集成虚拟建造技术、物联网技术、云服务技术、远程监控技术和高端辅助工程设备的数字化精益建造平台，实现对整个建筑项目供应链的管理，达到项目业务流程最优、周期最短、成本最低、库存最小、资金周转更快、各企业价值最大化的目标。2013 年，上海大学悉尼工商学院胡珉等尝试将 RFID 标签嵌入预制混凝土构件中，实现生产全过程跟踪，并结合移动设备、互联网和数据库技术设计了预制混凝土构件的生产智能管理系统。系统对构件生产实施全程进度和质量管理，同时进行质量动态预警和生产计划调整，有效地解决了因预制混凝土构件生产地点分散导致的质量和进度控制难题。斯洛文尼亚马里博尔大学 Nenad Cus Babic 基于 BIM 技术与 ERP 系统开发了预制构件跟踪管理系统，实现了设计、生产和施工过程中构件相关信息的集成管理与预制构件跟踪管理。上海城建（集团）公司熊诚等人基于 BIM 技术开发了 PC 深化设计、生产和建造环节管理平台，实现了基于库的预制构件参数化深化设计和生产吊装跟踪管理，提升了设计和信息管理效率。国立台湾大学 Samuel Y. L. Yin 等基于 RFID 技术开发了预制构件生产质量管理系统，实现了生产现场质量管理，避免了二次信息录入。2015 年，清华大学土木工程系马智亮等基于 BIM 技术建立了预制构件生产管理系统框架，试图解决目前应用 ERP 系统进行预制构件生产管理时存在的所需输入基础数据过多、所需进行人工干预过多的问题。

3.2.2 相关信息化管理技术

通过对近 10 年来国内外相关领域发表的研究成果进行调研分析，归纳出解决装配式构件生产管理痛点问题的先进技术，主要包括：物料身份数字化技术、BIM 技术、移动互联和云存储等技术。

1. 物料身份数字化技术

1) RFID 射频技术

射频识别 RFID 是一种无线通信技术，可以通过无线电信号识别特定目标并读写相关数据，而无须识别系统与特定目标之间建立机械或者光学接触。无线电的信号是通过调成无线电频率的电磁场，把数据从附着在物品上的标签上传送出去，以自动辨识与追踪该物品。某些标签在识别时从识别器发出的电磁场中就可以得到能量，并不需要电池。也有标签本身拥有电源，并可以主动发出无线电波，调成无线电频率的电磁场。标签包含了电子存储的信息，数米之内都可以识别。射频标签不需要处在识别器视线之内，也可以嵌入被追踪物体之内。

预制构件内制 RFID 芯片实际上是给每块构件设置的身份证，使得预制生产、储存、运输、安装全过程的数据可以实时获取、实时反馈，实现质量责任可追溯。

2) 条形码和二维码技术

与传统制造工业类似，预制构件也在工厂的生产线上进行制造，传统制造工业中已经广泛使用的条形码和二维码系统在国外的预制构件企业也得到了推广应用。条形码与二维码（图 3-26）特点如下：

（1）承载的信息量不同

条形码的信息部分只能是字母和数字，尺寸相对较大，也就是说它的空间利用率较

图 3-26 条形码和二维码

低,这就决定了其信息量不大的局限性。它的数据容量较小,一般只可容纳 30 个字符左右。二维码就不一样了,它的信息承载量很大,最大数据含量可达 1850 个字符。信息内容可包含字母、数字、汉字、字符等。信息含量非常丰富。二维码(2-dimensional bar code)是用某种特定的几何图形按一定规律在平面分布的黑白相间的图形记录数据符号信息的。在代码编制上巧妙地利用构成计算机内部逻辑基础的"0""1"比特流的概念,使用若干个与二进制相对应的几何形体来表示文字数值信息,通过图像输入设备或光电扫描设备自动识读以实现信息自动处理。它具有条码技术的一些共性:每种码制有其特定的字符集;每个字符占有一定的宽度;具有一定的校验功能等。同时还具有对不同行的信息自动识别功能以及处理图形旋转变化点。

(2)信息表达方式不同

根据其特性及结构可以看到,条形码只能在水平方向单向地表达信息,而在垂直方向则不表达任何信息。它的一定高度通常是为了便于条码设备的对准和读取,而二维码在水平和垂直方向都可表达信息,也就是说它在二维空间内存储信息。

(3)外在结构不同

如图 3-26 所示,条形码和二维码的结构完全不同。条形码是用条空在水平方向上表达信息的条码,外形更接近矩形;二维码可以说是正方形,在其内部有三个"回"字型的定位点,可以帮助条码设备对焦,便于读取数据。也正是它们结构的差异,使条形码没有较强的纠错功能,如果条码有破损,就不能被读取。对于二维码来说,即使有破损,大多数也可以正常读取,其破损纠错率可达 7%~30%。

(4)两者的码制不一样

在目前的码制中,条形码和二维码各有自己的码制和组成成员。常用的条形码的码制包括:EAN 码、39 码、交叉 25 码、UPC 码、128 码、93 码、ISBN 码及 Codabar (库德巴码)等;常用的二维码码制有:PDF417 二维条码、Datamatrix 二维条码、QR Code、Code 49、Code 16K、Code one 等。

综上所述,条形码虽然便于扫描器的对准,可以提高信息录入的速度,减少差错率。但是数据的容量比较小,需要计算机数据库,条形码被破坏后便不能读取,容错率低;二维码却信息容量大,编码范围广,成本较低,容易制作,而且不需要数据库本身就能储存大量数据,二维码的容错机制保证了图片部分被破坏后还能正确识别,容错率最高可达 30%。

2. ERP 系统

ERP（Enterprise Resource Planning，即企业资源计划）是一种主要面向制造行业进行物质资源、资金资源和信息资源集成一体化管理的企业信息管理系统。ERP 是一种以管理会计为核心，可以提供跨地区、跨部门，甚至跨公司整合实时信息的企业管理软件。针对物资资源管理（物流）、人力资源管理（人流）、财务资源管理（财流）、信息资源管理（信息流）集成一体化的企业管理软件。

ERP 管理软件应根据行业特点进行选择或编制。ERP 产品比较多，不同企业间的规模、产品结构、市场战略、管理模式也存在较大的差异。因此，企业在选择 ERP 软件的时候，应该着重从企业需求、软件功能的拓展与开放性、二次开发工具及其易用性、完善的软件文档、良好的售后服务与技术支持、系统的稳定性、供应商的实力与信誉、合适的价格等方面进行综合考虑。

3. MES 系统

MES（Manufacturing Execution System，制造企业生产过程执行管理系统，简称 MES 系统）是一种面向制造企业车间执行层的生产信息化管理系统。MES 可以为企业提供包括制造数据管理、计划排程管理、生产调度管理、库存管理、质量管理、人力资源管理、工作中心/设备管理、工具工装管理、采购管理、成本管理、项目看板管理、生产过程控制、底层数据集成分析、上层数据集成分解等管理模块，为企业打造一个扎实、可靠、全面、可行的制造协同管理平台。

MES 系统在制造业中至关重要，它连接着下层的过程控制系统和上层的企业资源计划，并执行制造计划。很多大型制造企业都部署了过程控制系统和企业资源计划系统，企业在设备自动化转运过程中，需要对产品的工艺流程和参数进行实时追踪，这涉及生产信息的采集和传递。如何把车间的生产数据实时的传递到企业资源计划系统，控制产品生产和设备运转问题是尤为重要的。MES 系统作为连接上下层的桥梁，对于产品的全程追踪、信息的采集和传递发挥了巨大的作用。

3.2.3 关键技术

1. 预制构件信息化管理集成技术

1）基于信息化管理的预制构件生产管理流程

为解决装配式建筑构件信息化管理集成难题，项目基于 BIM、ERP、MES、移动互联网、云存储等信息化技术研发了"装配式构件生产信息管理系统（简称 PCIS）"。该系统针对预制构件企业管理痛点，以提高生产效率、提高产品质量、降本增效为目的，以预制构件身份数字化技术（RFID 技术）为核心，将预制构件深化设计（BIM 技术）、生产制造和运输安装管理（MES 系统）、企业资源管理（ERP 系统）等众多管理要素进行了流程再造和信息化集成，实现了产业链企业信息化管理和智能化生产的高度融合，对于解决装配式构件型号众多和数量巨大造成的差错率大、产业链企业信息流不畅造成工期不可控、集团企业计划安排困难、产品质量可追溯性差、产品储存、运输和安装等管理问题具有示范意义。预制构件生产管理流程见图 3-27。

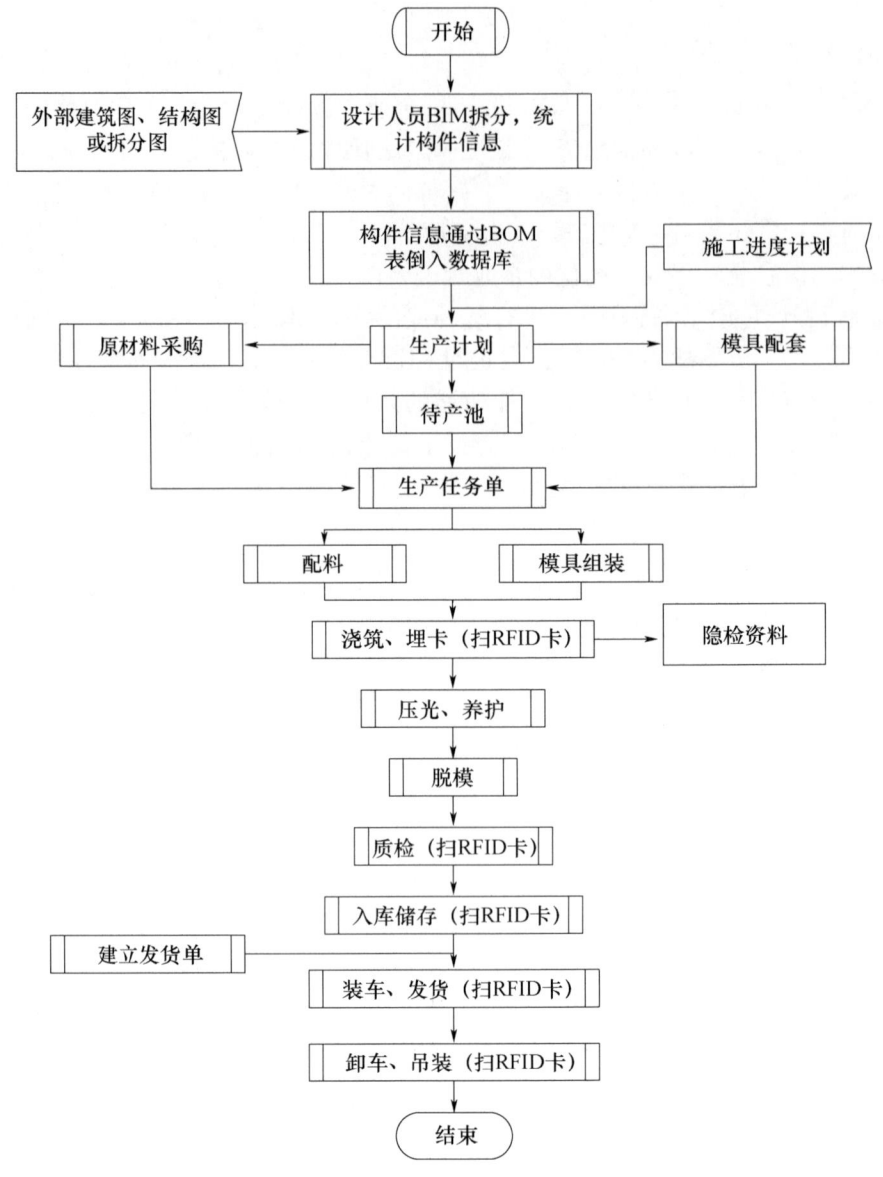

图 3-27 信息化管理的预制构件生产管理流程图

2）预制构件流水线智能化监控系统

虽然大多数装配式构件生产企业均配备了自动化流水线，但无论是国产流水线还是进口流水线，大部分情况下不能实现按节拍进行自动化生产，除国内装配式混凝土结构体系较复杂的因素外，智能化通信落后也是一个主要原因。项目组经过反复试验，精心设计，开发出流水线智能化监控系统。该系统自动识别流水线模台信息（射频卡自动扫描系统），与构件信息匹配对应，通过流水线中央控制系统对流水生产线进行操控，智能化协调不同构件流水节拍，提示模台上的构件关键生产工序，自动记录每一块构件的信息，包括流水节拍、构件尺寸、预留洞口及预埋件、消耗工时数等，并且按照不同项目、不同日期、不同构件种类进行分类记录并统计，便于管理人员后期有针对性的分析改进。自动化流水线如图 3-28、图 3-29 所示。

图 3-28 自动化流水线

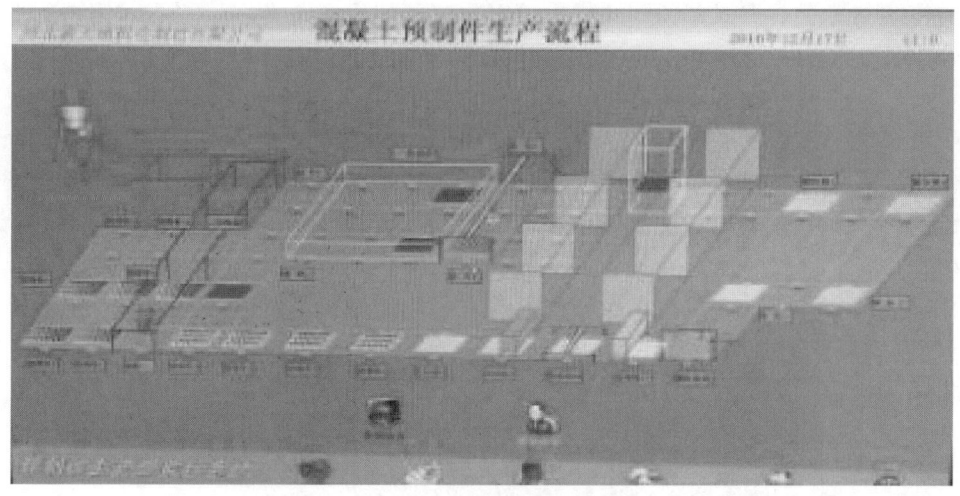

图 3-29 自动化流水线生产流程

流水线智能化监控系统,除对整个生产流程进行合理安排外,还可有效地监控每一道生产工序,并通过系统主屏幕显示 20min、40min、60min、80min 后的流水安排,给下一道工序充足的准备时间。在生产过程中产生的故障、拖延等一系列非正常情况,通过控制系统进行有效的监控,及时反映给管理人员作出判断,避免人为原因造成失误等问题,可实现在线监控(图 3-30)。

2. 预制构件身份管理数字化技术

1)RFID 构件身份识别

预制混凝土构件身份证,英文为 precast concrete identity,简称为 PCID。为每个建筑构件维护一个身份证 PCID,可以追踪每个构件从生产、库存、成本、安装等全部过程的详细数据,为生产构件信息化提供了强有力的支持。建筑构件身份证技术是本系统的关键核心技术。

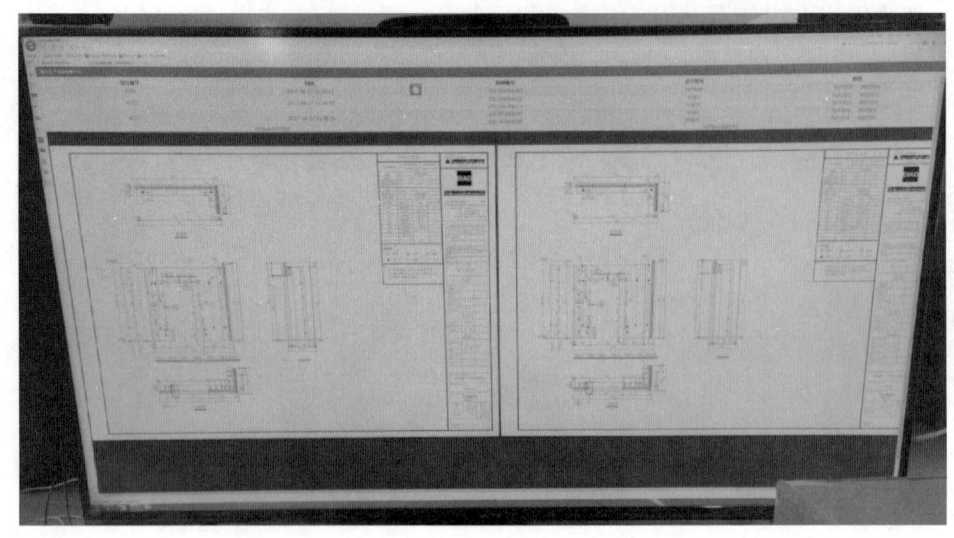

图 3-30 流水线监控画面

与传统制造工业类似,预制构件也可以在工厂的生产线上进行制造,传统制造工业中已经广泛使用的条形码和二维码在国外的预制构件企业也得到了推广应用。由于预制构件生产区别于传统制造业的以机器零件的组装为主,还与施工单位构件安装相配合,条形码和二维码标签只能粘贴或悬挂在构件表面,在潮湿或者肮脏的环境下极易破损,造成信息读取困难,还容易丢失。因此,在信息技术高速发展的今天,单独使用条形码和二维码技术均不是装配式构件信息管理系统的理想选择。

PCIS 系统使用 RFID 射频卡技术作为建筑构件的永久身份证,便于为全产业链和全生命周期服务。将二维码技术作为构件环节的临时身份证可以简化操作,降低管理成本。PCID 埋设见图 3-31。

图 3-31 构件 RFID 身份证

2) 预制构件专用 RFID 标签

与其他行业不同,标签在装配式构件生产过程中遇到的环境更为复杂,比如:长期受到混凝土强碱性腐蚀环境影响;受到构件养护过程中高温高湿环境影响;标签暴露在室外部分可能会受到阳光、雨水、沙尘等的影响;钢筋和施工现场存放的金属建材对读取磁场具有较大影响,可能干扰标签工作。

装配式构件信息管理用标签及外封装材料应具有优良的抗金属影响性能;具有优良的抗冲击和抗震动性能;具有优良的耐腐蚀性能,包括防碱腐蚀、防水、防尘,耐盐水、酒精、油、盐酸等;能够满足在湿度 100％以及温度 $-25\sim100℃$ 下正常工作要求;标签频率应保证不发生读取干扰。

因此,本项目针对装配式构件信息生产、储存和安装特点,重点对 RFID 标签频率、标签埋设深度与合理识别距离、合适的标签形状、标签使用寿命进行了研究。

RFID 标签频率对于装配式构件管理系统至关重要。按载波频率,RFID 产品可分为低频、高频、超高频型。通过分析,低频 RFID 标签阅读距离过小,不适合装配式构件管理。高频 RFID 标签的典型工作频率为 13.56MHz,一般以无源为主,标签与阅读器进行数据交换时,标签必须位于阅读器天线辐射的近场区内,一般情况下小于 1m。当埋设到混凝土里以后,受覆盖保护层和预埋钢筋干扰影响较大,读取成功率较低,也不适合装配式构件管理。

超高频标签的工作频率在 860~960MHz 之间,可分为有源标签与无源标签两类。工作时,射频标签位于阅读器天线辐射场的远场区内,标签与阅读器之间的耦合方式为电磁耦合方式,阅读器天线辐射场为无源标签提供射频能量,将无源标签唤醒。相应的射频识别系统阅读距离一般大于 1m,典型情况为 4~6m,最大可达 10m 以上。超高频射频卡穿透力很强,实际应用过程中应避免近距离物品识别时的信号混乱。

考虑到构件生产、存储、安装过程中射频识别的便利性和准确性,同时为了实现多途径读取和识别构件信息,本项目将装配式构件身份证系统确定为"内置超高频射频卡芯片+外喷涂二维码"模式。

为了实现标签外喷涂二维码功能,项目组最终选用了"卡片式标签"。在构件生产过程中,采用专用方式将标签埋置在构件表面,二维码仍然肉眼可见,确保构件安装前既可采用专用读写器传输信息,也可用智能手机读取信息。构件安装后可用砂浆保护标签,该保护层深度宜为 5~10mm。

经过反复试验研究,装配式构件专用标签频率宜确定为 905~915MHz,其空气中阅读距离为 1m,埋设到混凝土中的阅读距离为 0.5m。

(1) 预制构件专用 RFID 标签打印机

市场销售的标签打印机只能打印一些项目基本信息,满足不了装配式构件信息系统的要求,而且只能一张一张单独制卡,不仅速度慢,而且易出错。项目组对传统标签打印机进行了二次开发,研发出了"装配式构件专用信息管理模块"。专用 RFID 标签打印机(图 3-32)拥有高达 104mm/s 的打印速度,支持多种天线和多种协议,支持 ISO 14443A 标准协议智能标签的读写;整机采用模块化设计,具有结构简单、操作方便等特点。在打印完成射频标签后,打印机会自动对写入芯片的数据进行校验,保证每一张电子标签内数据的准确和完整。为达到读写打印一次完成的目的,将芯片与打印机分离，读写模块加到打印机里，极大地增强了打印机的功能，使得证卡打印更完善。

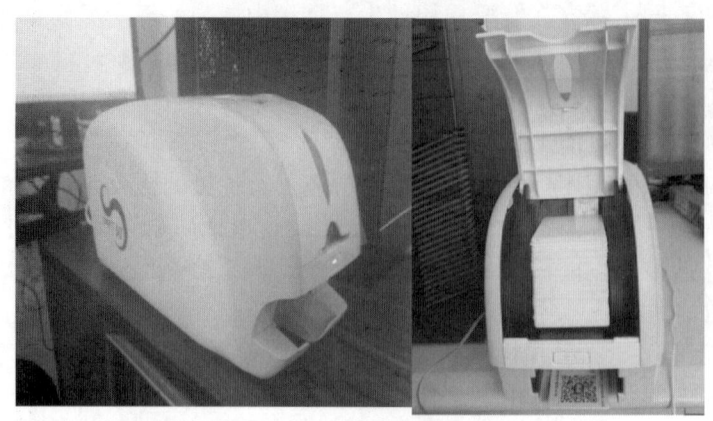

图 3-32 RFID 标签专用打印机

（2）预制构件专用 RFID 读写器

RFID 手持终端又称作 PDA，其具备 RFID 读写功能，可以对 RFID 标签进行识读。在选择不同天线的情况下，国产 RFID 读写器读取距离可增益到 200m，识别速度可达到 200km/h，可以同时识别 200 张以上的标签。项目组通过开发手持 RFID 终端专用程序，实现了预制构件生产、储存、运输、安装过程中的非接触式、快速识别和定位。

本项目组研发的 RFID 手持终端（图 3-33）是一款基于 Windows CE 操作系统模块的工业 PDA，可根据项目应用要求读取各种非接触 RFID 电子标签。同时，它还是一款坚固耐用、集多功能于一体的工业级移动数据采集终端，它将 RFID 识别、二维条码扫描、图像采集、GPS 信息等数据采集模块和 WiFi、蓝牙、GPRS 等无线通信技术结合在一起，可以随时随地的便于采集各种数据，并且通过无线通信与后台服务器实时交互，可满足构件生产、存储、运输等各种移动作业的需求。

（3）RFID 标签埋设规则

为了便于装配式构件信息的读取识别，同时在房屋装修时不影响美观和质量，项目组在大量试验基础上确定了各类构件的 RFID 标签的埋设方法和位置。

①PC 板

PC 板信息卡埋放位置均在内页墙成活面的左上角 150mm×150mm 处

图 3-33 RFID 手持终端

（L 板放在长向左上角），如遇脱模螺栓、埋件、开孔发生冲突可平移错开预埋螺栓。信息卡在二次成活时埋置，嵌进混凝土 5mm，存放时，埋设信息卡端均靠存放架存放。

②PCF 板

PCF 板（L 型）信息卡埋设位置均在立起面的压光面，距上部 250mm 处，（I 字板放在左上角向下 250mm，侧面位置）存放时，信息卡端均靠存放架。

③阳台板

阳台板信息卡埋设位置，内视方向左上角纵梁150mm处，浇筑振捣完毕，成活时将信息卡紧贴内侧模板垂直插入，与模板上沿平齐，注意信息卡有字面紧贴内侧模板。

④扶手板

扶手板信息卡埋设位置，内视方向左上角前墙150mm处，浇筑振捣完毕，成活时将信息卡紧贴内侧模板垂直插入，与模板上沿平齐，注意信息卡有字面紧贴内侧模板。

⑤空调板

空调板信息卡埋设位置，内视正前方，阳台板前梁正中成活面，二次成活时嵌入信息卡抹平，注意信息卡字面向上。

⑥装饰柱（装饰板）

装饰柱（装饰板）信息卡埋设位置均在内视方向左下角150mm×150mm处（装饰柱不含底部凹陷部分），二次成活时嵌入抹平，注意信息卡有字面向上。

⑦装饰梁

装饰梁信息卡埋设位置，内视方向左下角210mm厚度位置，150mm×150mm处，二次成活时嵌入信息卡抹平，注意信息卡有字面向上。

⑧叠合板

叠合板信息卡位置设置在模板面图纸所指方向端，居中向板内侧100mm处，字面向下，对应顶面位置抹光200mm×200mm，另行埋设一个标识卡。

(4) 预制构件编码规则

装配式构件产品采用12位数字编码体系（图3-34），规则如下：

前4位表示工程时间年；

中间3位表示工程编码，每年从1开始编码；

最后5位表示构件流水号，每个工程从1开始编码；

从而实现不同时间、不同工程以及不同构件的有序划分，产品能够做到有章可循，保证了生产流程的有序性，形成统一标准。

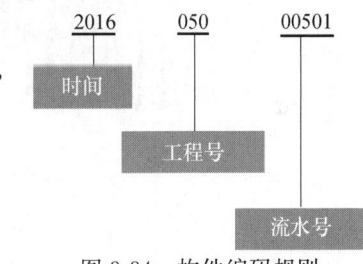

图3-34 构件编码规则

3. 预制构件库存管理数字化技术

装配式混凝土结构的构件种类和规格型号多，出入口的库存管理是预制构件生产厂商痛点之一。主要问题表现在以下两个方面：1) 水平构件，受码放层数限制，空间利用率低。2) 生产量较大时，存储方式不能适应工地安装要求。

目前，构件厂常用的构件码放方式是"按构件种类储存"，由于构件标准化程度低、通用性差，"先进先出的储存计划"往往被工地实际安装进度的多变性打乱，更不适应不同构件混合运输模式，构件出库装车困难大。但是，由于入库相对简单，且往往先生产库存构件，工地安装施工的不利影响有很大滞后性，大多数企业习惯性采用这一模式。另一种储存方式是"按楼层混合存储"，该方法要点是不同品种和不同类型的构件安排在同一库位，生产入库管理相对较难，出库管理相对方便。无论哪种管理方式，一旦数据管理混乱，会严重影响储存场地利用率和装车效率。

1) 库存数据实时统计

为此，本项目对预制构件的存储方案进行了精心设计，有效地解决了上述问题。精准库存总体分为库位编码，库位数字化，立体化存储架，项目模块化整体库存几个模块。

2）库位编码

库位编码规则（图 3-35）：

库区采用字母编码，根据不同构件类型分别存储在 A～W 区；

库位编码由一组 8 位数字组成；

前 3 位表示库区；

中间 2 位表示库架；

后 3 位表示库位流水号。

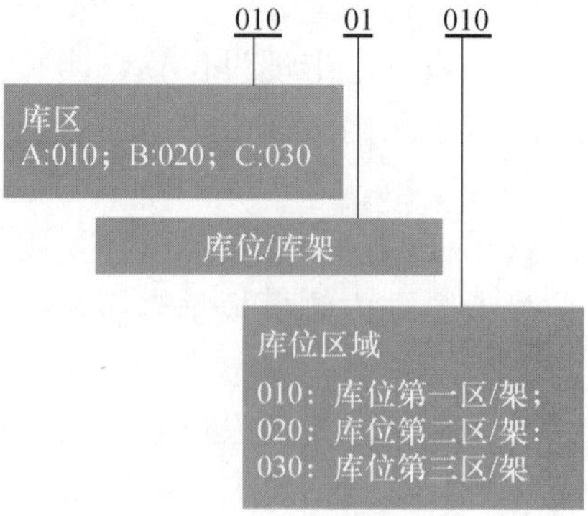

3）库位身份数字化

为每个库位绑定一个 RFID 卡，作为库位的数字化身份 ID。

编码采用分区分段立体空间编码原则，即按照构件的不同类型划分库区，按照楼号、楼层划分库位（图 3-36），通过 RFID 或二维码扫描构件精准入库。其中平板类构件采用燕通公司自主研发的专利产品"平板存储架"进行立体存储，减少编码数量以及烦琐性，便于整体管控。

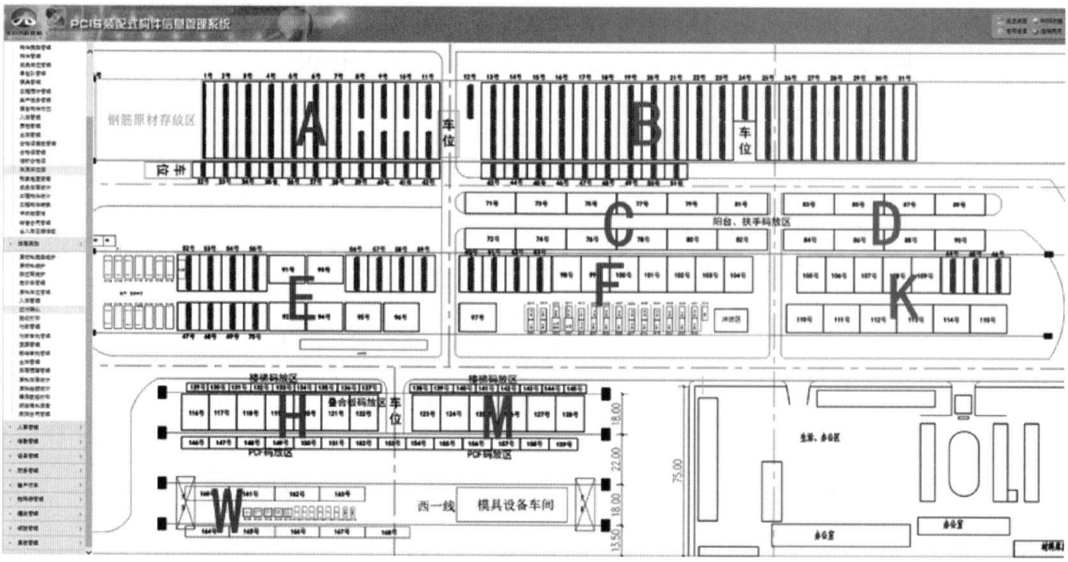

图 3-35 库位编码规则

图 3-36 库位示意图

4. 存储与发货管理信息化实现

存储与发货管理在企业管理中占据举足轻重的地位，在追求效率和质量的今天，能否保证存储和发货的有效进行将直接关系到企业自身的竞争力。装配式预制构件生产企业的市场大环境尚未成型，因此目前构件生产企业大多采用传统的存储和发货管理方式，即按照构件型号进行存储和发货，使存储作业具有分散性，管理易混乱；虽然有部分企业使用了传统的仓库管理软件，但软件本身存在行业不适应性、功能性差、手工输入效率低、易出错、灵活性差、信息孤岛等诸多问题，决定了其无法满足企业用户的需求。

针对传统构件生产企业存储与发货管理模式存在的诸多不足，燕通公司设计的建筑构件信息管理系统中存储与发货管理是根据不同类型构件按楼按层进行存储，其将仓储管理与企业管理、生产管理和供应链管理结合起来，充分考虑施工流水段进度计划，利用优化算法、射频技术、云存储技术和无线网络技术将不同部门、不同区域的不同数据进行统一管理分配，实现了构件存储与发货管理的智能化。这种管理模式避免了传统模式下存储与发货的管理混乱，能够快速精准锁定构件存储位置，降低传统模式下因构件"丢失"而重复制作的额外成本，极大地缩短了吊运、装车时间，尤其是立体存储方式更增加了存储与发货管理的便利性。

5. 待产池模型技术

预制构件生产调度是每个企业必不可少的岗位，或者说是最关键岗位之一，对管理人员分析判断能力、敬业精神要求极高。采用传统管理方式存在以下缺点：

1）当项目规模大或者构件品种复杂时，经常出现构件重复生产或者遗漏，其信息不能及时反馈；

2）劳务部门经常不严格按照生产计划执行，工地暂时不需要的构件拼命生产，挤占了有限的储存场地，已经安排生产计划但未按计划生产的构件信息不能及时反馈；

3）预制构件模台综合利用率较低。

本项目提出的"待产池模型"有效解决了这一难题。"待产池"就是根据厂内库存情况、储存场地情况、施工安装进度、产品质量等因素按工程、按楼栋、按层进行科学排产，通过信息化手段记录已经生产、未生产以及即将生产的每一个构件，并对应每一个模具，合理安排劳务作业层的工作计划。当工地提出供应计划变更，或质检员发现某构件存在质量问题时，可及时调整生产计划，减小对其他构件生产的影响，避免浪费，保证工期，提升生产效率。待产池模型的流程如图 3-37 所示。待发货未生产量统计如图 3-38 所示。产值统计界面 3-39 所示。

6. 物料标准编码技术

为了便于财务分析，项目按照主材与辅材分开的原则制定了科学合理的物料编码体系。物料信息管理有序、编码明确，有效地保证了各项工序的进行。

1）建筑构件基础数据

建筑构件基础数据包括：混凝土、保温板、门洞、窗洞、套筒、钢筋和线盒。其中钢筋有若干种结构，包括上铁、下铁、纵向分布筋、横向分布筋、纵筋、封闭箍筋、洞附加筋、横向分布筋 90°双钩、竖向分布筋 90°双钩、梁上铁 45°双钩、拉筋 135°双钩、横向分布筋 135°单钩、板 X 向分布筋 90°单钩、板 X 向分布筋、板 Y 向分布筋 90°单钩、板 Y 向分布筋、梁下铁 90°单钩和梁上铁 90°双钩。

2）编码规则

建筑构件基础数据编码用汉语拼音首字母来标识；钢筋结构编码分为 3 部分，用 GJ_结构名称首字母_角度_单双钩首字母来表示，具体见表 3-8。

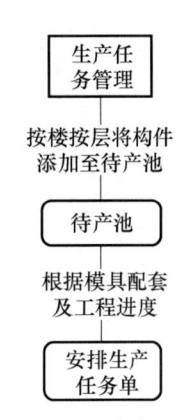

图 3-37 待产池模型流程图

图 3-38 待发货未生产量统计

图 3-39 产值统计

表 3-8 物料编码规则

物料名称		物料编码	物料名称		物料编码
混凝土		HNT		洞附加筋	GJ _ DFJJ
保温板		BWB		横向分布筋 90°双钩	GJ _ HXFBJ _ 90 _ SG
门洞		MD		竖向分布筋 90°双钩	GJ _ SXFBJ _ 90 _ SG
窗洞		CD		梁上铁 45°双钩	GJ _ LST _ 45 _ SG
套筒		TT		拉筋 135°双钩	GJ _ LJ _ 135 _ SG
线盒		XH	钢筋	横向分布筋 135°单钩	GJ _ HXFBJ _ 135 _ DG
钢筋	上铁	GJ _ ST		板 X 向分布筋 90°单钩	GJ _ BXXFBJ _ 90 _ DG
	下铁	GJ _ XT		板 X 向分布筋	GJ _ BXXFBJ
	纵向分布筋	GJ _ ZXFBJ		板 Y 向分布筋 90°单钩	GJ _ BYXFBJ _ 90 _ DG
	横向分布筋	GJ _ HXFBJ		板 Y 向分布筋	GJ _ BYXFBJ
	纵筋	GJ _ ZJ		梁下铁 90°单钩	GJ _ LXT _ 90 _ DG
	封闭箍筋	GJ _ FBGJ		梁上铁 90°双钩	GJ _ LST _ 90 _ SG

第 3 章 预制构件自动化和信息化生产技术

7. 技术、质量、设备信息化管理技术

1) 试验管理

建筑构件建造信息系统中关于试验管理方面主要包括：混凝土抗压强度试验报告、掺合料试验报告、钢材试验报告、轻骨料试验报告、砂试验报告、水泥试验报告、碎（卵）石试验报告、钢筋连接试验报告和外加剂试验报告。系统将试验报告与构件进行准确对应管理，有效地保证了试验质量的管控。试验信息管理界面如图 3-40 所示。

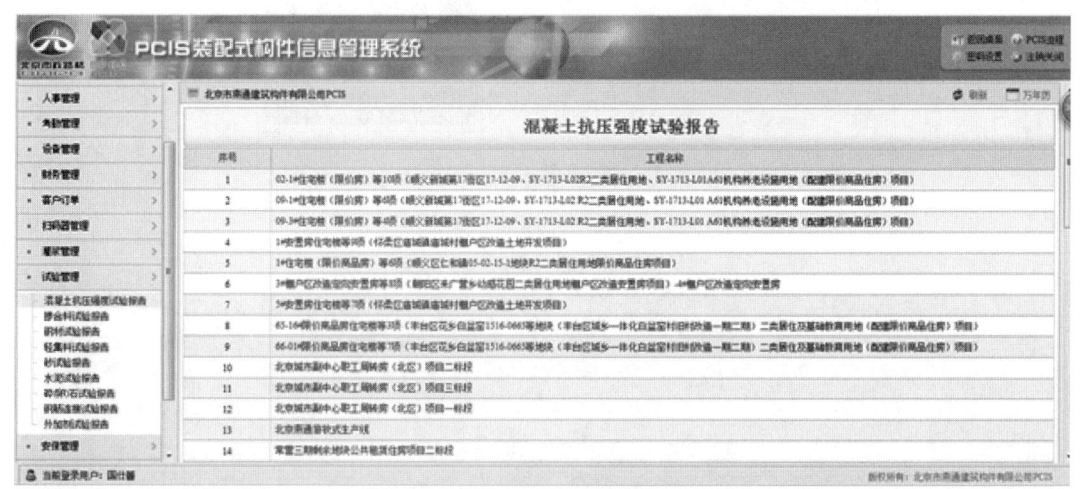

图 3-40　试验信息管理界面

2) 质量管理

质量检验对任何企业都非常重要，是企业生命所在，构件生产企业也不例外。PCIS 系统质检管理主要包括隐检照片、隐检记录管理和构件缺陷管理等。信息化系统的实施极大地提高了质量管理效率，严格把控构件建造的每个环节，为企业质量提供有力保证，如图 3-41～图 3-46 所示。

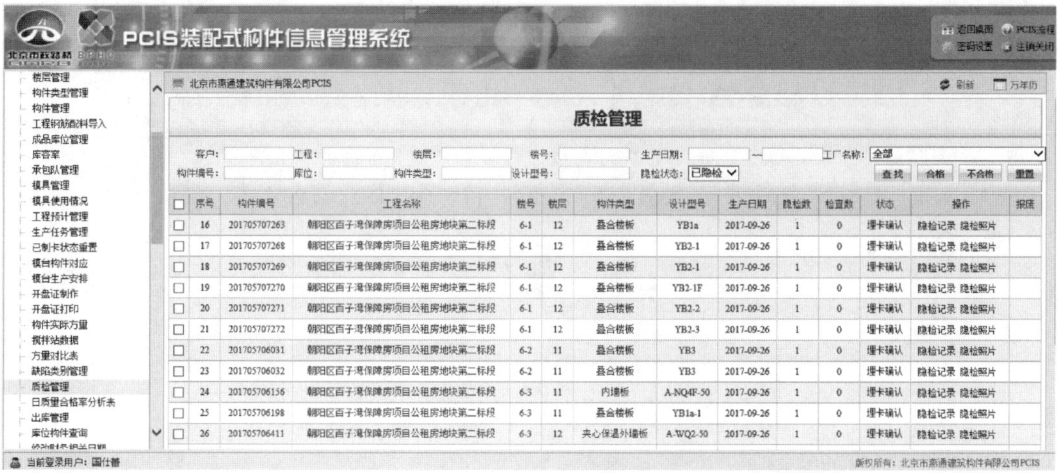

图 3-41　质检管理界面

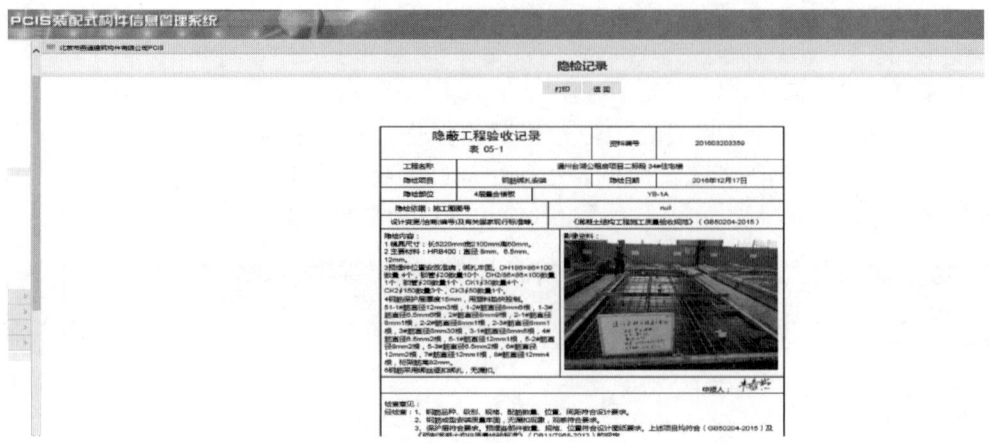

图 3-42　隐检记录

图 3-43　未上传隐检照片统计

图 3-44　缺陷类别管理

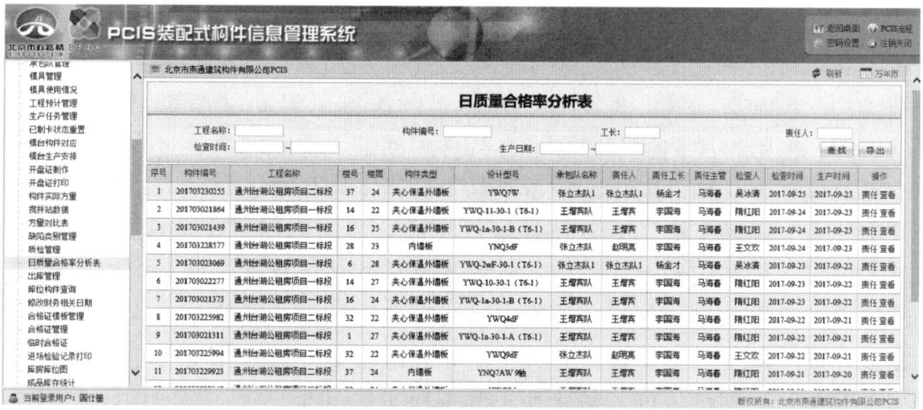

图 3-45 质量合格率管理

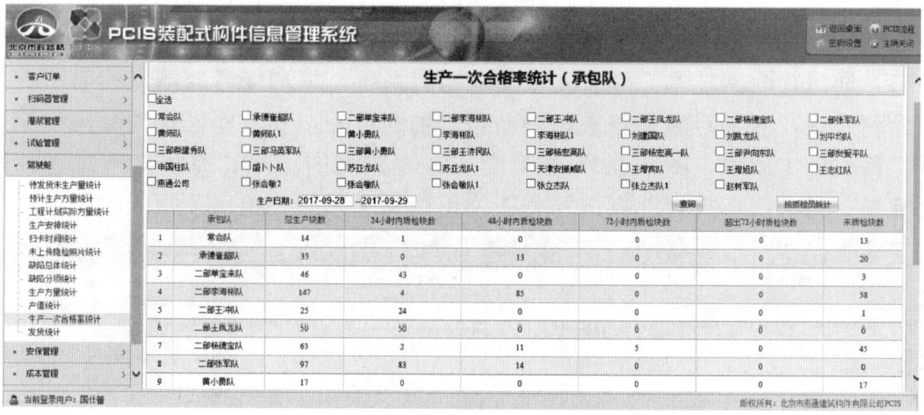

图 3-46 生产一次合格率

3）设备管理

主要用于管理企业的各种设备，从设备类别、设备信息的维护到采购、验收、保养、检修、改造等一系列的管理。设备管理如图 3-47 所示。

图 3-47 设备管理

4) 灌浆饱满度实时监测技术

目前，北京市装配式住宅建设主要采用装配整体式剪力墙结构体系，少量采用框架结构和钢结构。预制剪力墙、框架柱、预制梁的连接主要通过钢筋套筒灌浆技术来实现。在剪力墙、框架柱中钢筋套筒预埋在构件的底部，在现场拼装过程中，上层构件底部预埋套筒套座到下层构件的顶部预留钢筋上，待上层构件正位并完成临时固定后，向钢筋套筒中注入专用灌浆料，灌浆料强度达到设计要求后即可实现构件间的可靠连接。通过该技术可以使得两块预制构件中的钢筋紧密牢固地连接在一起，可以达到甚至超过两根钢筋焊接的效果。钢筋连接套筒灌浆技术在住宅装配式结构节点连接中扮演了非常重要的角色，灌浆效果好坏直接关系到住宅结构的安全，其作用不可小觑。

钢筋套筒灌浆为隐蔽工程，对于孔道灌浆质量检（监）测，目前国内外均无有效办法，政府和业主对装配式结构安全性疑虑重重。针对钢筋套筒灌浆连接效果无损检测这一世界难题，我们进行了灌浆饱满度在线检测关键技术的研究，发明了一种基于振动阻尼衰减原理的检测技术方法、传感器和相应的仪器，可以方便可靠地判断套筒内是否灌满灌浆料。通过物联网技术，建立网络远程监测系统，将现场各监测点的监测数据实时传送给监测系统，达到对灌浆效果远程动态监测的目的，有效保证构件套筒灌浆连接这一隐蔽工程的施工质量。图 3-48 为套筒灌浆在线监测的记录，系统实现了在线监测套筒是否灌满，目前已实现对北京市郭公庄公租房和平乐园公租房项目的阶段性示范。

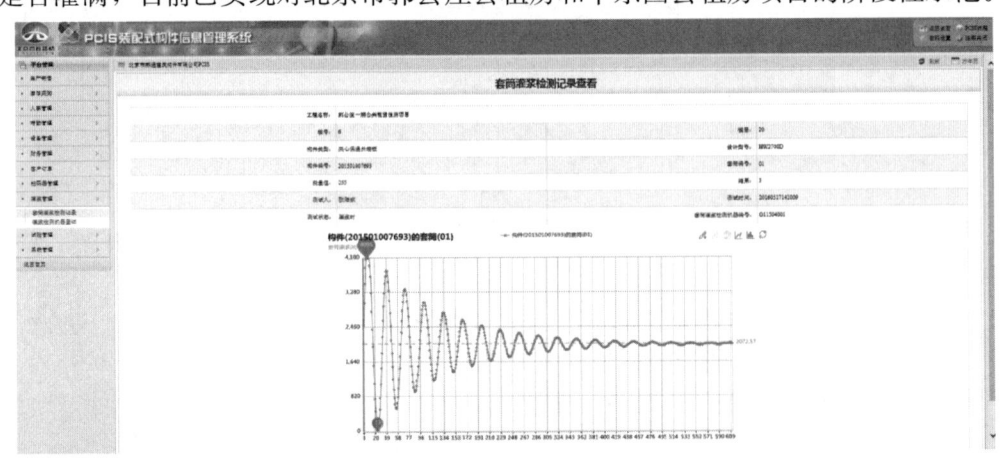

图 3-48　套筒饱满度检测示意图

3.2.4　软件设计

1. 系统总体结构

本系统总体上分为 MES 系统和 ERP 系统两部分。其中：MES 系统主要包含销售合同管理、客户管理、工程管理、楼管理、楼层管理、客户账号管理、构件类型管理、构件管理、工程预计管理、库房库位图、成品库位管理、出库管理、承包队管理、模具管理、模台构件对应、模具使用情况、生产任务管理和模台生产安排等模块。ERP 系统主要包含客户订单管理、客户反馈管理、原材料类型维护、原材料维护、供应商维护、原料库位管理、入库管理、应付确认、财务应付确认、验收打印、出库管理、付款

第 3 章 预制构件自动化和信息化生产技术

管理、付款审批管理、发票管理和发票审批管理等模块。系统总体结构如图 3-49 所示。

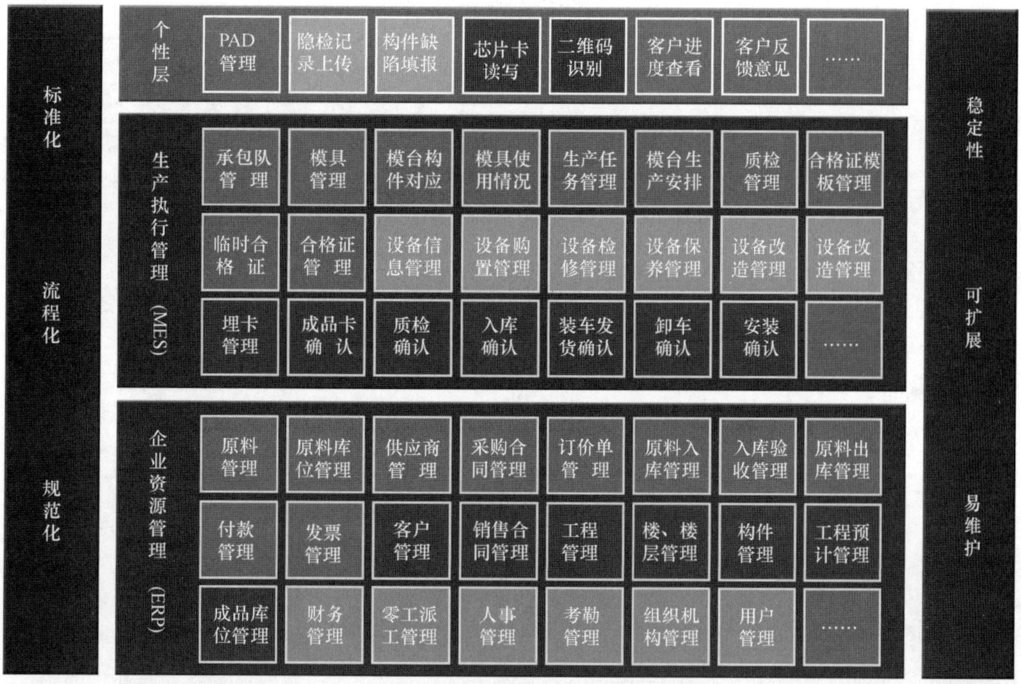

图 3-49 PCIS 总体结构图

2. MES 系统设计

1) 生产销售管理

(1) 功能说明

用于管理整个成品生产过程，从客户、工程、楼号、楼层、构件的维护到生产任务的下发，制卡、埋卡、脱模、质检、入库、出库、安装等一系列的管理。

(2) 流程图

总体流程图如图 3-50 所示。

2) 构件管理

(1) 功能说明

构件管理涉及构件基础数据维护，构件与客户、工程项目的数据关联维护。

(2) 流程图

构件管理流程图如图 3-51 所示。

3) 生产任务管理

(1) 功能描述

生产任务管理包括承包队管理、模具管理、模台构件对应、模具使用情况、生产任务管理、模台生产安排等模块。

(2) 生产任务维护流程图

生产任务流程见图 3-52。

(3) 模台构件对应关系流程图

模台构件对应管理流程见图 3-53。

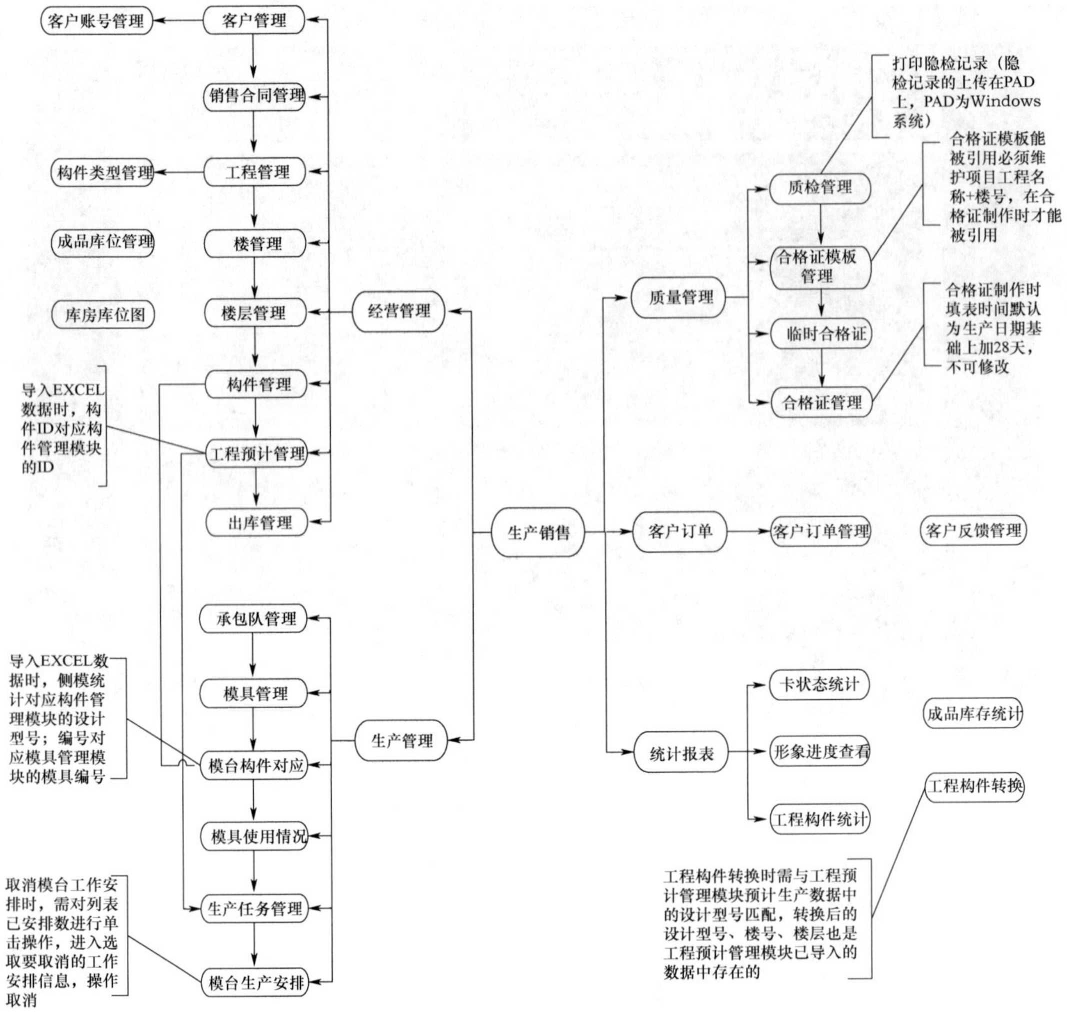

图 3-50 MES 总体流程图

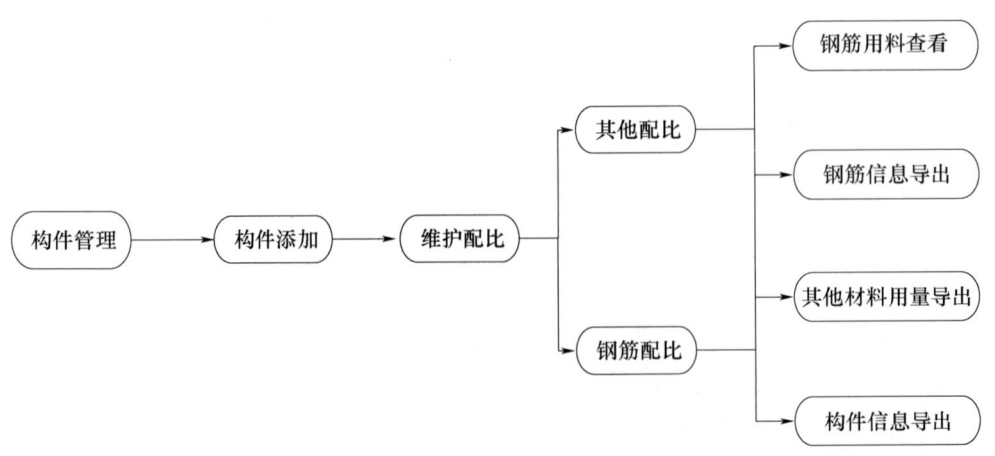

图 3-51 构件管理流程图

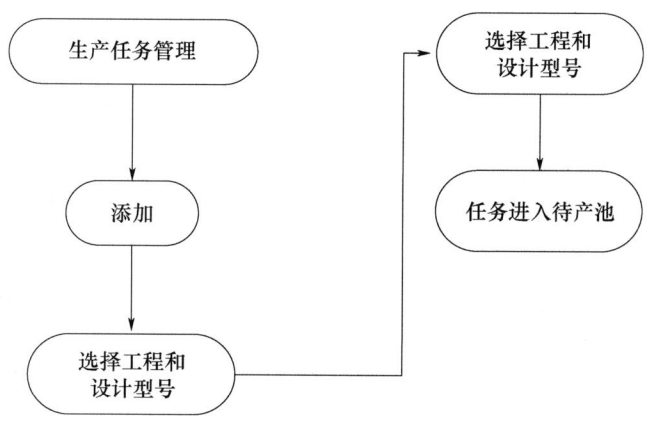

图 3-52　生产任务流程图

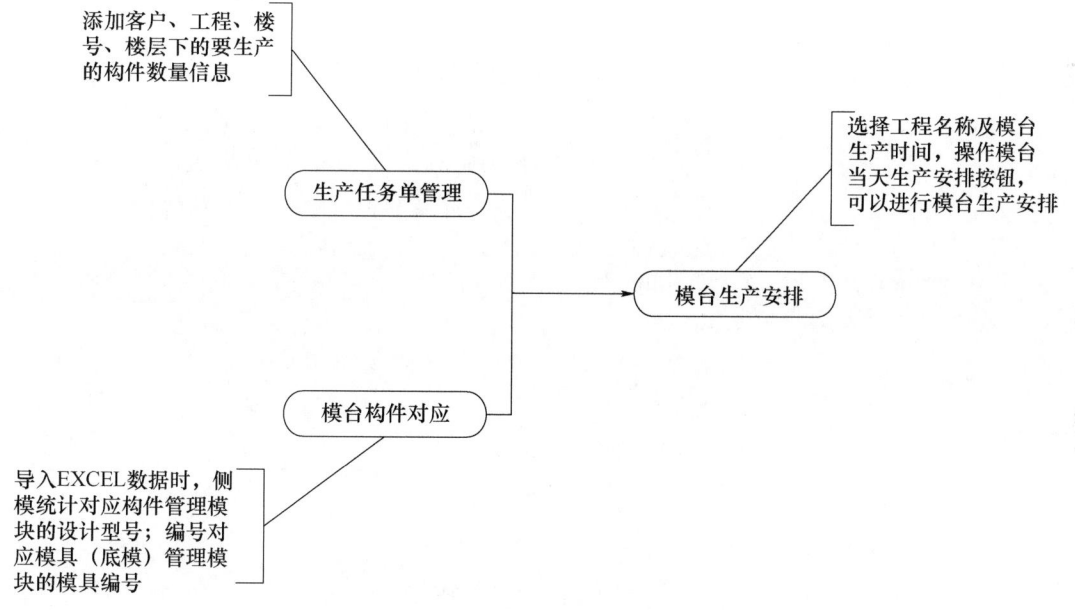

图 3-53　模台构件对应管理流程图

4）构件出入库管理

（1）功能说明

构件出入库管理包括库存库位管理、构件出库管理和构件入库管理等模块。

（2）构件入库流程图

构件入库管理流程见图 3-54。

（3）构件出库流程图

构件出库管理流程见图 3-55。

（4）成品库位管理流程图

构件成品库位管理流程见图 3-56。

5）扫码器管理

（1）功能说明

扫码器作为确认构件生产安装各个环节数据确认工具，在本系统中具有重要功能。

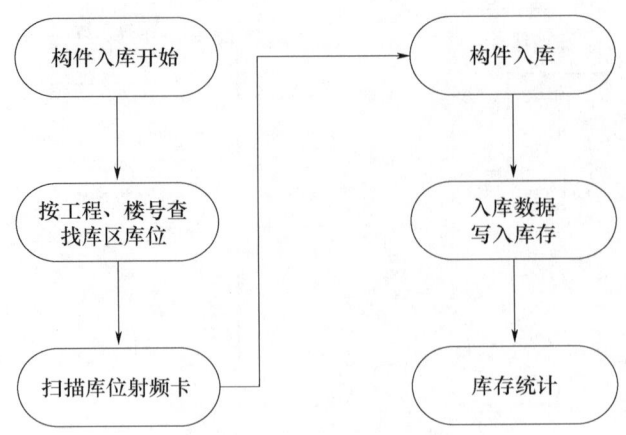

图 3-54 构件入库流程图

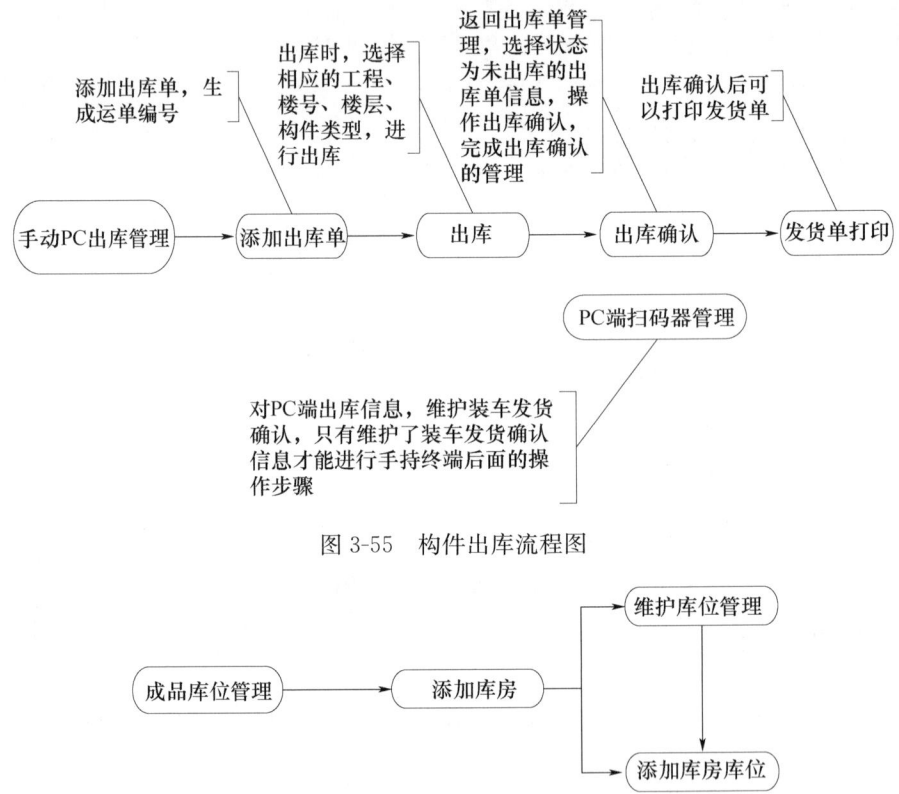

图 3-55 构件出库流程图

图 3-56 成品库位管理流程图

扫码器模块有埋卡确认、成品卡确认、质检确认、收货确认、入库确认、装车发货确认、卸车确认、安装确认、退货确认几个模块。

（2）扫码器工作流程图

扫码器流程图如图 3-57 所示。

第3章 预制构件自动化和信息化生产技术

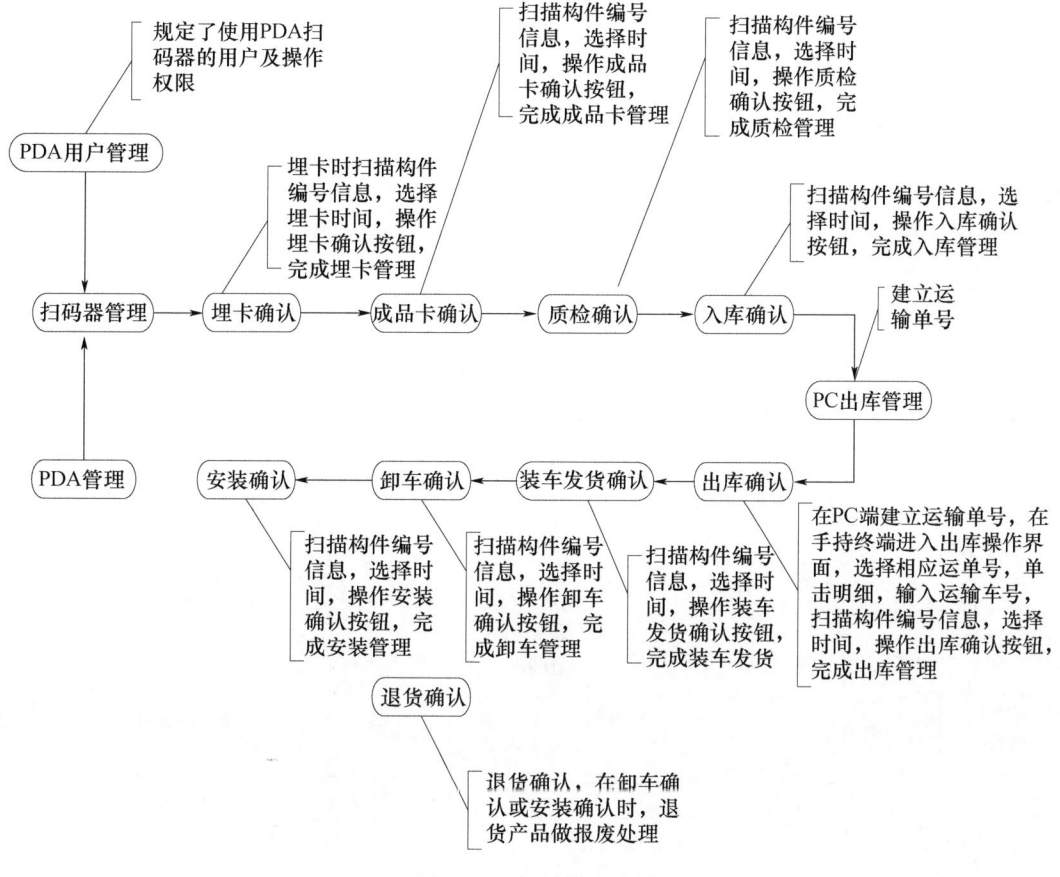

图 3-57 扫码器流程图

3. ERP 系统设计

原材料采购库存管理

1) 功能说明

预制构件生产工厂的原材料主要包括混凝土、水泥、钢筋以及一些辅料如电盒等。本系统的 ERP 部分主要包括装配式构件销售、项目成本计划、项目进度计划（施工进度计划）、物料清单系统（BOM）、物料需求计划（MRP）、库存系统、供应商采购计划及采购作业、财务系统、项目成本分析系统、项目进度分析系统等几个功能。

2) 原材料管理总体流程图

原材料管理流程图如图 3-58 所示。

3) 原材料定价单流程图

原材料定价单流程图如图 3-59 所示。

4) 原材料入库流程图

原材料入库流程图如图 3-60 所示。

5) 原材料出库流程图（图 3-61）

6) 原材料付款流程图（图 3-62）

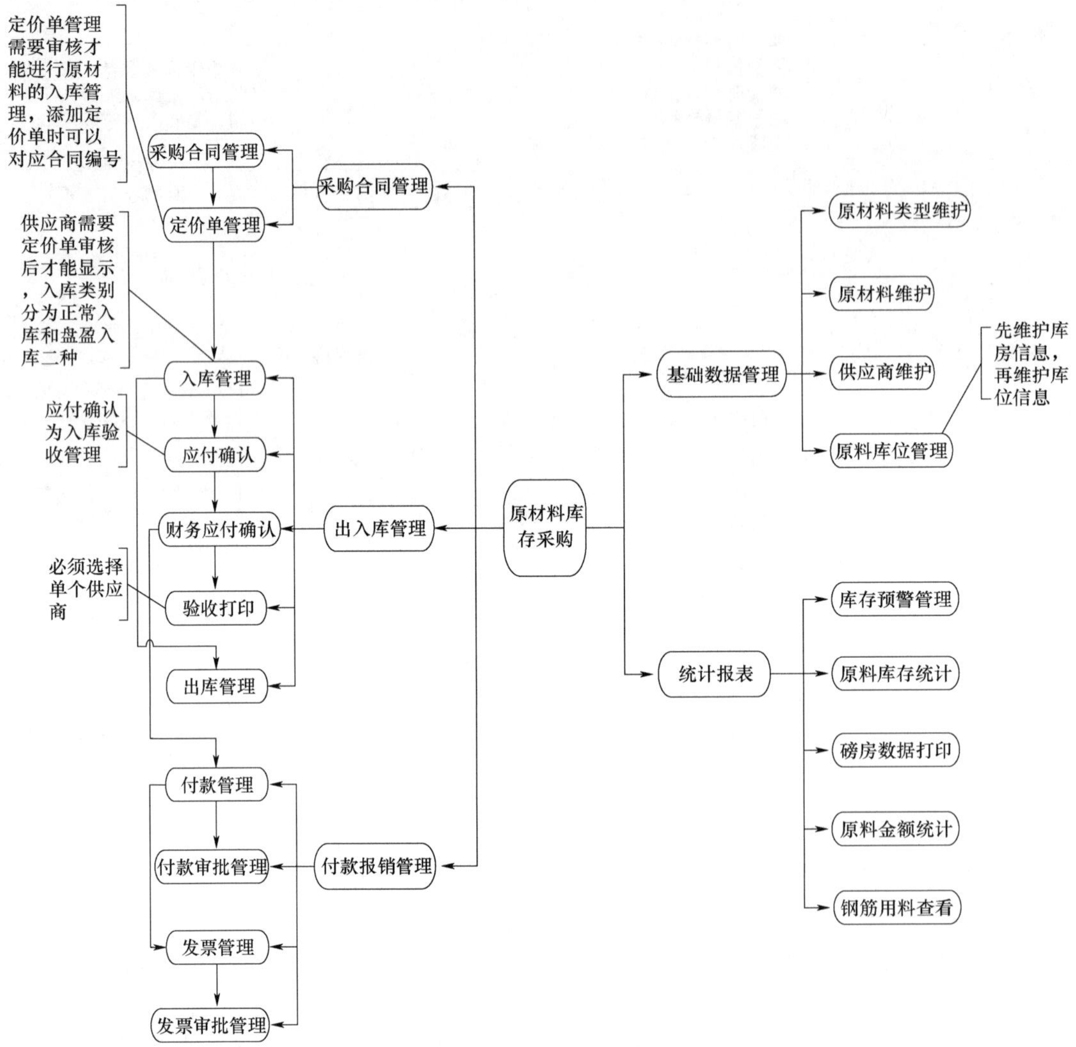

图 3-58 原材料管理流程图

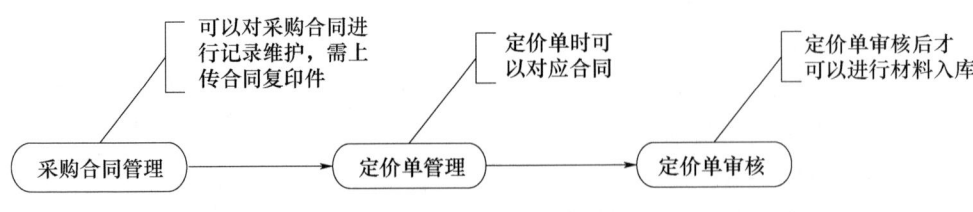

图 3-59 原材料定价单流程图

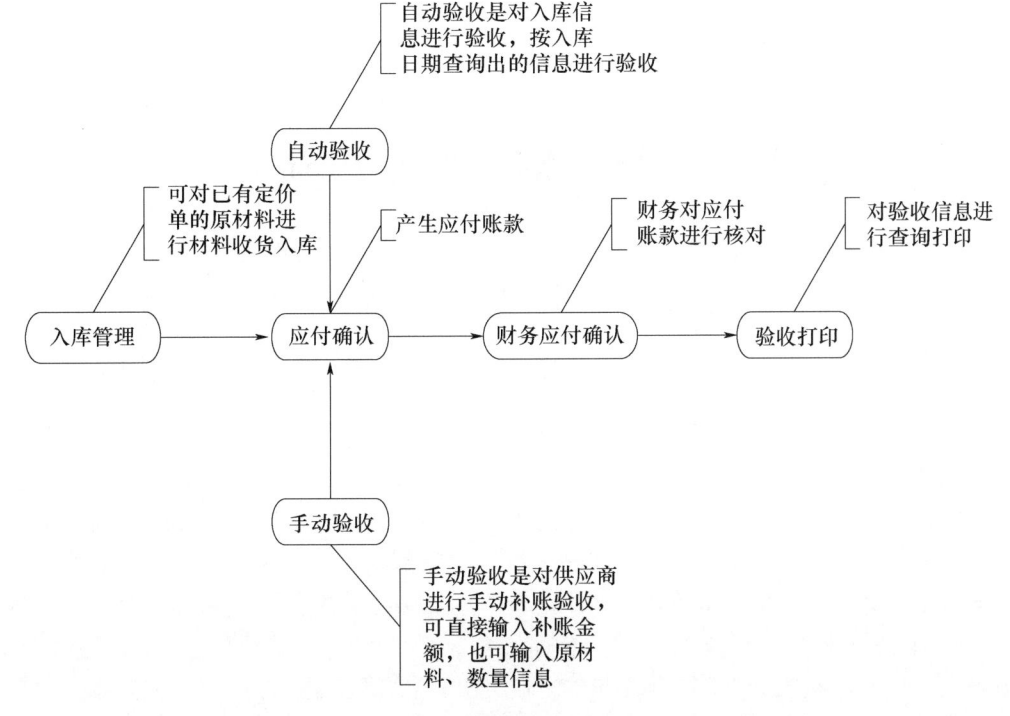

图 3-60　原材料入库流程图

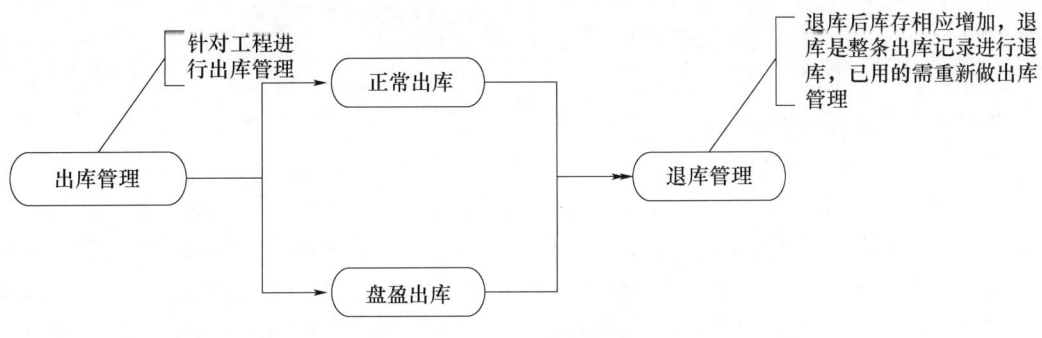

图 3-61　原材料出库流程图

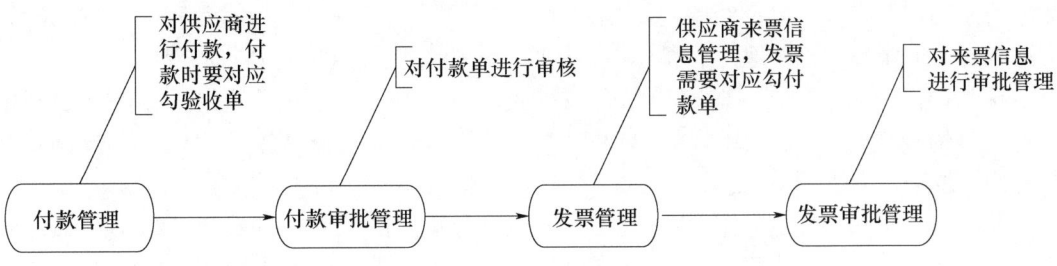

图 3-62　原材料付款流程图

第4章 预制构件质量控制技术

4.1 概述

2018年以来,装配式建筑受到各地政府和建筑行业的高度关注,出台了鼓励装配式建筑发展产业政策,带动了一大批企业和专业人员进入装配式建筑领域,全产业链投资踊跃,全国各地掀起"建设预制工厂和发展装配式建筑的热潮"。目前装配式建筑正在以北京、上海、深圳等特大城市为引领,迅速拓展到中东部的大中城市,全国推进装配式建筑发展取得了显著成效。同时,预制工厂增长快速,2018年新建工厂约200家,生产线约400条,全国预制构件工厂近1000家。但是,预制构件工厂分布不均衡,多数区域PC需求市场没有形成,造成PC工厂闲置现象比较突出,局部区域预制工厂资源紧缺。

目前,PC工厂主要存在5方面问题:(1)安全、质量管理水平参差不齐。北京市原有16家北京市结构性部品目录库企业的综合水平较高,管理经验较丰富。大多数新建工厂的管理人员素质、专业技能一时难以跟上,造成预制构件的质量参差不齐。个别京外企业,在钢筋选用、保温材料、吊装预埋件、内外叶墙拉结件等方面存在安全和质量隐患。(2)生产效率低,生产成本高。预制构件标准化程度低,工厂专业化分工不够,导致劳动生产率极低,目前平均效率约$0.5m^3/$(人·天)。模具摊销成本高、人工费高,造成装配式预制构件生产成本居高不下。虽然销售价格维持在较高水平,但大多数企业也仅仅微利,如果将土地和流水线设备投资折旧计入的话,基本还是无利可图。(3)企业产品供应不及时。某些企业深化设计水平低,产品错误率高;产业链不完善,模具设计和加工周期长、质量差;信息化管理水平低,预制构件生产计划、储存、运输和安装不协调;多个企业出现不能满足业主需求计划的违约事件。(4)人才短缺和人才流动加剧。预制构件工厂数量的爆发式发展,造成有经验的深化设计、产品研发、质量和生产管理人员跳槽频繁,劳务队流动加剧。(5)外地工厂和挂靠工厂成为安全、质量监管的薄弱地带。

预制构件作为工业产品,其出厂合格率应保证100%。最重要的是,要提高预制构件生产时的脱模合格率。根据预制构件生产工艺流程,应重点把控深化设计、模具制造和使用、原材料和配件、混凝土、加工过程以及储存运输等环节质量。

装配式剪力墙住宅预制构件中最复杂,也是最重要的预制构件当属"结构装饰保温一体化预制外墙板(以下称三明治外墙板)"。三明治外墙板由3层组成,即内部的结构受力层(以下称内叶墙)、起装饰保护作用的面层(以下称外叶墙)和夹在中间的保温层组成,面层和保温层通过专用的玻璃纤维拉结件或不锈钢拉结件固定在结构受力层上,3层结构在工厂内一次性预制完成(图4-1)。少数三明治外墙板板中还设置了防止冷凝水的空腔层。

第4章 预制构件质量控制技术

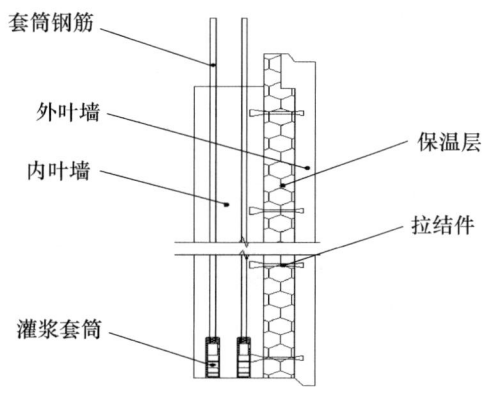

图4-1 三明治外墙板

三明治外墙板中内叶墙可以采用普通钢筋混凝土，也可采用兼具隔热保温性能的轻骨料钢筋混凝土，其厚度通过结构受力分析确定；外叶墙可在工厂做成清水混凝土、涂料、瓷板（或瓷砖）、石材等多种饰面效果，兼具长效装饰作用；保温层受内外层混凝土防护，既提升保温节能效果、延长保温寿命，又解决了常用有机保温材料的防火问题。复合保温板保温、装饰均在工厂内完成，在大幅度提高施工质量的同时可大大加快施工速度，工期节约明显。

4.2 质量管理

预制构件厂在生产构件前，必须根据项目的具体情况编制预制构件的生产方案，其中需对质量控制提出要求，并通过生产工艺、原材采购等各方面采取支持质量控制的措施。

4.2.1 驻厂监造

监理单位应监督预制混凝土构件生产企业，严格按相关规范及设计要求生产，因此需要监理单位派人员往构件生产单位驻厂监造，并应根据混凝土构件的类型、规模、特色等生产特点编制生产监理细则，认真履行进场材料验收、见证、隐蔽检查、旁站及巡查等工作。

4.2.2 首件、首段验收

为加强工程质量控制，减少预制构件的不合格产品，确保工程进度稳步前进，需对工程项目上的每种预制构件进行首次验收，由建设单位组织预制构件首件验收，邀请监理单位、设计单位、施工单位对同类型预制构件的首次生产进行验收，待五方检查后，构件方可开始批量生产；施工单位应在首个施工段预制构件安装和钢筋绑扎完成后，由建设单位组织设计单位、监理单位和施工单位进行首段验收，合格后方可继续施工。

4.2.3 隐蔽检查

待预制构件钢筋绑扎完成，预埋件埋设完成后，混凝土浇筑前，应对预制构件的钢筋进行隐蔽检查。对钢筋的规格、间距、预埋件大小、数量、保温连结件的规格、位置和数量等进行检查，与图纸核对无误，并符合尺寸偏差要求后，拍照留存，填写隐蔽检查记录表,方可进行混凝土浇筑等后续工序。

4.2.4 出厂检验

预制构件装车前,应组织监理、质量员等进行出厂检验,经检验符合设计和规范要求后,在构件明显位置进行标识,并随车携带相应的预制构件的质量证明文件。

4.3 关键材料、工序质量控制技术

4.3.1 套筒质量及安装控制

灌浆套筒钢筋连接技术在国外已经过几十年的工程实践检验,是一项比较成熟的技术,也是我国装配式剪力墙住宅体系中墙板水平缝纵筋连接的常用技术之一。为了保证内墙板和外墙板在工地现场的安装精度和快速施工,如何保证灌浆套筒和预留插筋的位置准确就成为构件加工过程中最重要的内容。

1. 套筒质量控制

1) 钢筋灌浆套筒种类

国内外采用的钢筋灌浆套筒种类繁多,从材质方面可分为球墨铸铁套筒和钢质套筒;从结构型式上可分为整体式套筒和组合式套筒;从加工方式上可分为切削式机械加工套筒和滚压加工套筒;从钢筋连接方面可分为半灌浆套筒和全灌浆套筒。

目前,北京市的装配式公租房工程中使用的钢筋套筒主要有两种:一种是钢质组合式机械加工半灌浆套筒,结构型式如图4-2所示;另一种是滚压型全灌浆套筒,结构型式如图4-3所示。根据连接钢筋的公称直径,装配式公租房工程使用的套筒直径主要有12mm、14mm、16mm和18mm四种规格。

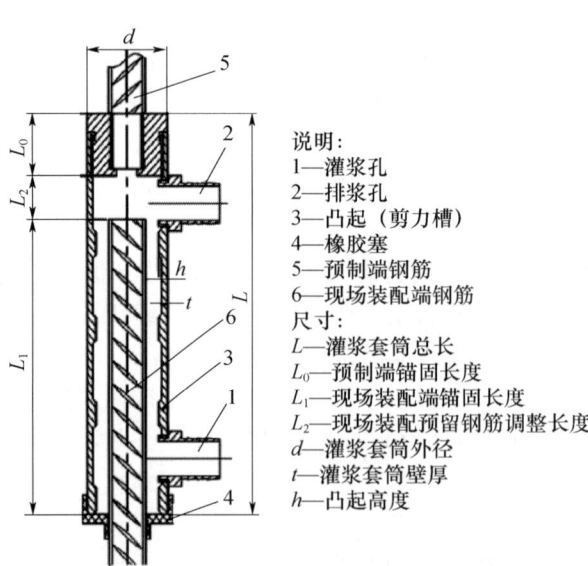

图4-2 组合式半灌浆套筒结构示意图

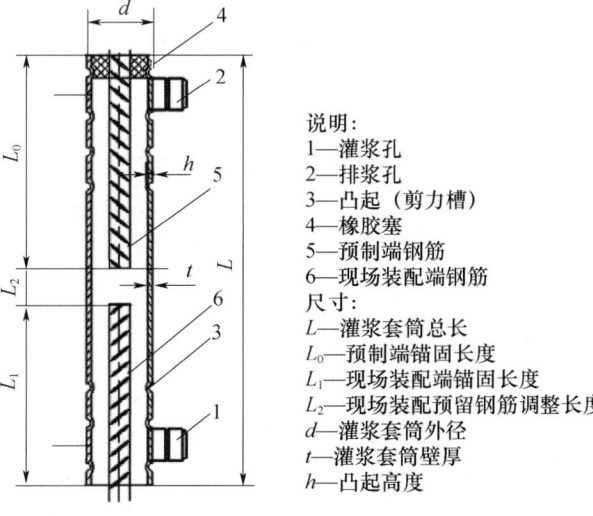

图 4-3 滚压型全灌浆套筒结构示意图

2)灌浆套筒选型

钢筋套筒应用中主要存在两个方面的问题：一是价格竞争日趋激烈，个别OEM工厂质量难以保证；二是半灌浆套筒螺纹端质量差。套筒灌浆腔内凸起高度、凸起构造、有效锚固长度等对钢筋连接性能影响大，个别供应商缺乏套筒连接性能研究经验，供应的滚轧套筒加工变形量明显较低，结构设计合理性也存在疑问，实际应用中需要引起重视。

灌浆套筒选型首先要考虑满足结构受力要求，其次要考虑灌浆连接接头的综合成本。影响接头成本的主要因素包括：套筒本身的采购价格、接头钢筋长度、半灌浆套筒钢筋套丝加工和安装费用、单个套筒灌浆料用量等。半灌浆套筒方面，采用钢棒机械切削加工的套筒，原材料耗费比较大，加工效率比较低，尤其是大规格套筒加工难度大、成本较高，相比而言，钢管切削组合式套筒有成本优势。滚压型全灌浆套筒由于采用专用自动化生产设备，大大提高了生产效率，降低材料损耗，更加经济环保，套筒采购成本优势明显。

3)灌浆套筒采购和使用控制

(1)套筒灌浆连接钢筋应采用符合现行国家标准的带肋钢筋，钢筋直径不宜小于12mm，也不宜大于40mm。单侧灌浆端锚固长度不宜小于插入钢筋公称直径的8倍。灌浆段套筒最小内径（环形凸起部分内径）与连接钢筋公称直径的差值不得小于行业标准规定数值：对于直径12～25mm钢筋不宜小于10mm，对于直径28～40mm钢筋不宜小于15mm，半灌浆套筒长度应确保连接钢筋锚固长度不小于插入钢筋公称直径的8倍，滚压型全灌浆套筒沿长度方向的中心点两端无滚压环肋的平直段长度不宜小于4.5倍钢筋直径。

(2)加强检验环节控制，保证套筒质量。同一工程项目宜采购同一厂家生产的同材料、同类型灌浆套筒。套筒采购前应制作3个灌浆套筒连接接头进行工艺检验，其结果应符合JGJ 355—2015《钢筋套筒灌浆连接应用技术规程》7.0.5条要求。套筒采购时应加强进场检验,做到同一厂家、同一牌号、同一规格的钢筋及同一炉(批)号、同一规格的灌浆套筒,每 1000 个接头为一个验收批,每批随机抽取 3 个制作灌浆套筒连接接头试件进行抗拉强度检验,其检验结果均应符合 JGJ 355—2015《钢筋套筒灌浆连接应用技术规程》7.0.6 条要求。

(3) 套筒和灌浆料应匹配使用。构件厂应采用由接头型式检验确定的与选用灌浆料相匹配的灌浆套筒,施工中不得随意更换,否则应重新进行接头型式检验、工艺检验。

2. 套筒和钢筋安装控制

1) 半灌浆套筒螺纹连接质量控制

半灌浆套筒螺纹连接端的连接螺纹公差带应符合现行国家标准 GB/T 197—2018《普通螺纹 公差》中 6H、6f 级精度规定。半灌浆套筒接头连接时首先用管钳扳手拧紧,做到钢筋丝头与灌浆套筒顶紧凸台相互顶紧,然后用扭力扳手校核拧紧扭矩,保证拧紧扭矩值符合表 4-1 的规定。

表 4-1 钢筋直螺纹安装时的最小拧紧扭矩值

钢筋直径(mm)	≤16	18~20	22~25	28~32	36~40
拧紧扭矩(N·m)	100	200	260	320	360

2) 套筒和钢筋定位控制

灌浆套筒连接的内、外墙板在工地安装时要达到精确定位和安装尺寸精度要求,必须保证灌浆套筒和连接钢筋位置准确、连接钢筋长度符合要求,这是构件生产质量控制的重点。

北京市装配式公租房建设始于 2014 年,生产墙板时学习借鉴相关经验采用橡胶棒进行灌浆套筒定位,由于工程量较小,橡胶棒周转使用次数少,使用效果不错。但是,随着装配式公租房项目试点规模的扩大,采用橡胶棒进行套筒定位的缺点越来越突出,比如:橡胶棒弹性较大,易弯曲,极易造成套筒轴线不垂直;橡胶棒易老化,使用一定次数后,如不及时更换极易造成套筒偏位;橡胶棒更换频繁,成本较高。针对橡胶棒定位的缺点,北京市燕通建筑构件有限公司开发出一种专用定位钢棒系统,由于定位效果好、成本低,被全国同行广泛采用。定位钢棒的直径比相应规格套筒内径小 1~2mm,可以在钢制边模上实现快速安装。定位铜棒系统不仅能保证套筒准确定位和良好的垂直度,还设置了防套筒偏移措施和防灌浆管堵塞措施。实际应用表明,墙板中的套筒位置精度小于 2mm,可以确保墙板在施工现场的快速高效安装。

3) 套筒内部检查、清理

预制墙板脱模后,要用高压水枪冲洗侧面以形成粗糙面,很多带有缓凝剂组分的水泥砂浆会被冲入灌浆套筒内,应及时采取措施将冲入套筒内的砂浆清理干净,因为缓凝剂失效后形成的硬化砂浆会污染套筒内壁,给灌浆接头造成质量隐患(图 4-4、图 4-5)。为保证万无一失,外墙板发货及安装前应逐个对灌浆套筒进行检查。

第 4 章 预制构件质量控制技术

图 4-4 粗糙面冲洗

图 4-5 套筒内壁被冲洗砂浆污染

4.3.2 内外叶墙变形和拉结件使用控制

三明治外墙板中外叶墙通过专用拉结件固定在内叶墙上,其承受的荷载包括外叶墙自重荷载、脱模时的模板粘接力、正负风压荷载、地震力、外叶墙本身温度变化应力、三明治外墙板各层之间的温度变化应力、干燥收缩应力、运输和安装荷载等多方面,因此,科学合理地选择使用拉结件异常重要。

1. 内、外叶墙变形控制

1) 外叶墙受温度影响变形控制

在冬季,太阳会造成外叶墙外表面温度急剧上升;在夏季,雨水会造成外叶墙外表面温度急剧下降,这两种情况都会造成外叶墙的弯曲变形。为减少温度变形的不利影响,可采取以下措施:①控制外叶墙的最小设计厚度。根据欧洲等国家的经验,外叶墙厚度不宜小于 6cm。②控制三明治外墙板最大设计宽度。③使用特种混凝土材料提高外叶墙的刚度,或提高外叶墙的抗开裂性能。④外表面使用明亮的表面防护材料,减少温度差。⑤科学合理地选择内外叶墙拉结件类型和布置。

2) 内外叶墙干燥收缩变形控制

混凝土干燥收缩是一个从外向里扩散的过程。干缩会造成内外叶墙向相反的方向变形(图 4-6),外部迅速干燥和内部缓慢干燥会造成巨大的弯曲应力。可采取如下措施减小其不利影响:①使用吸水性小的保温层,或在传统保温层上覆盖防水层;②刚生产出来的三明治外墙板应避免直接暴露在恶劣环境下;③清水混凝土表面应尽早涂刷防护剂;④表面使用瓷砖、石材或防止失水作用的装饰面材。

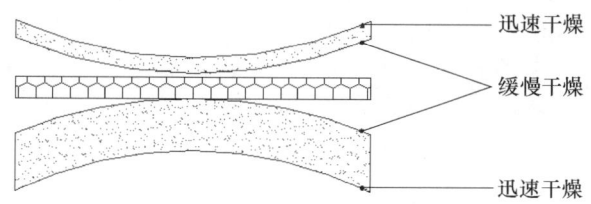

图 4-6 内外叶墙干燥收缩变形示意

2. 拉结件选用

1) 内外叶墙拉结件种类

装配式混凝土剪力墙结构住宅大量采用结构保温装饰一体化外墙板。这种外墙板为非组合式夹芯保温结构，由内叶、外叶混凝土层及中间保温层构成，内、外叶墙通过保温拉结件实现可靠连接。因此，保温拉结件是保证夹芯保温外墙板质量的关键元件，按照材料种类，可分为金属拉结件（以不锈钢为主）和纤维增强塑料（FRP）拉结件两类，按几何形状可分为针式、板式、夹形（别针交叉式）、桁架式等类型。按照产品体系分为三类：①GFRP（玻璃纤维增强塑料）保温拉结件。常用产品有：美国Thermomass拉结件和南京斯贝尔拉结件，如图4-7所示。这类产品的使用可靠性比较依赖工人责任心。②不锈钢拉结件（图4-8）。国内主要采用板式和针式两种产品，由于安装简便可靠，市场占有率越来越大。③桁架式拉结件（碳钢＋不锈钢）（图4-9）。起源于欧洲，近两年开始在国内推广应用。

2) 拉结件使用问题

①标准缺乏问题。国内出台了FRP拉结件应用技术标准，但对于应用量大的金属拉结件，由于不同产品体系差异较大，目前还没有统一的产品及应用技术标准。②深化设计问题。保温拉结件排版多数依靠配件厂家技术人员，采用的设计方法不公开、不透明；各类产品的设计安全水准不统一，比如设计规范（荷载及荷载组合）、设计方法（分项系数法、容许应力法）不统一；引进欧洲的产品存在与国内标准的衔接问题。③部分国产仿制拉结件存在质量问题。

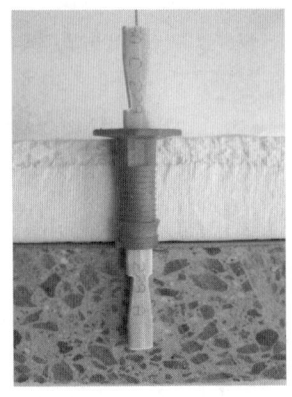
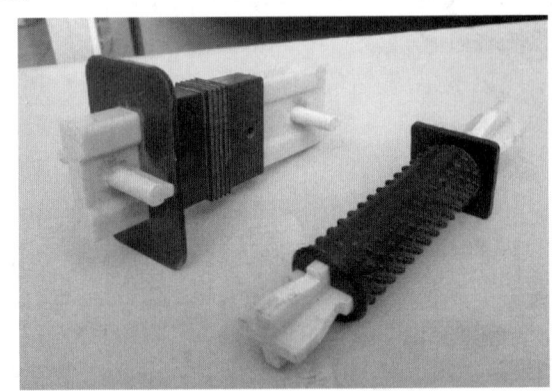

(a) GFRP拉结件（美国Thermomass）　　(b) GFRP拉结件（南京斯贝尔）

图4-7　GFRP保温拉结件

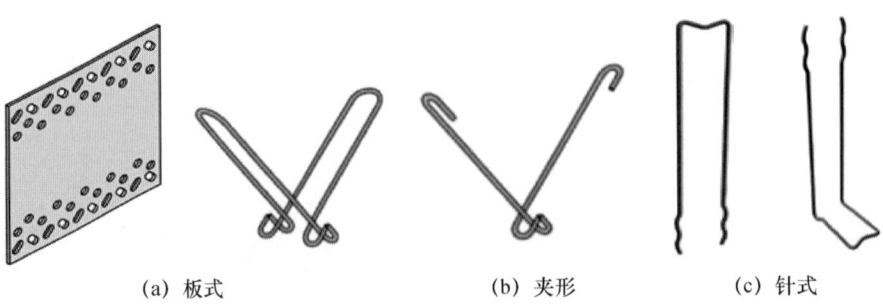

(a) 板式　　　　　　　　(b) 夹形　　　　　　　　(c) 针式

图4-8　不锈钢拉结件图

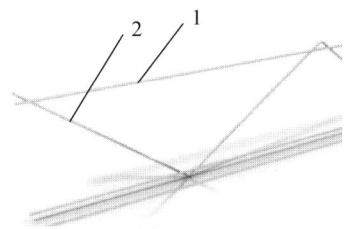 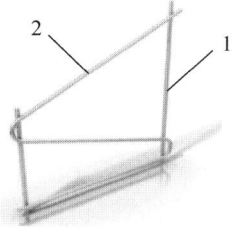

(a) 连续桁架式拉结件　　(b) 独立桁架式拉结件

1—钢弦杆；2—钢腹杆

图 4-9　桁架式拉结件

3. 拉结件安装控制

1) FRP 拉结件安装控制

①保温板上拉结件安装位置必须用专用开孔器开孔，孔直径比拉结件直径略大即可，以减少冷热桥影响；②严禁用铁器击打拉结件尾部和中部封盖，防止拉结件损坏或粘结失效；③采用反打工艺时，应根据季节变化及时调整外叶墙混凝土凝结时间，控制内外叶墙混凝土浇筑时间差≤30min，避免拉结件和混凝土粘结失效；④三明治外墙板预制外挂墙板（PCF）部分，应及时清理落在拉结件暴露部分上的混凝土；⑤严格控制蒸汽养护温度小于60℃，防止保温板体积变形造成的拉结件滑动失效；⑥严格控制拉结件离墙边缘的距离和拉结件布置间距符合设计要求，保证拉结件实际受力和理论计算一致。

2) 不锈钢拉结件安装控制

①不锈钢材质和力学性能要符合设计要求；②板式拉结件安装如图4-10所示。附加锚筋安装要符合设计要求，特别是PCF，要注意后浇混凝土施工时不得遗漏附加锚筋；③针式拉结件安装时封闭端需与外叶墙板或内叶墙板内的钢筋可靠连接，且注意保证波浪形末端的锚固深度；④外叶墙厚度为50mm时，拉结件埋深最小为45mm，混凝土保护层最小厚度为5mm；外叶墙厚度为60mm时，拉结件埋深最小为50mm，混凝土

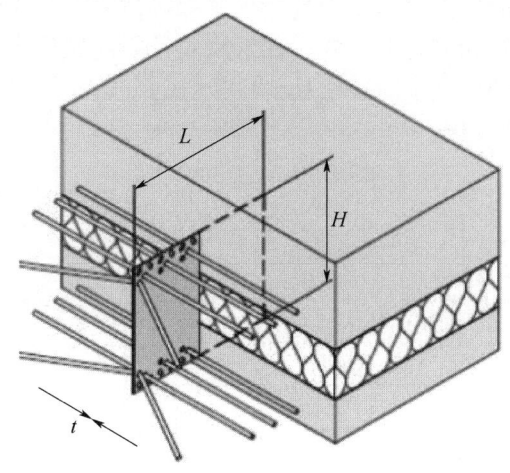

图 4-10　不锈钢板式拉结件安装示意

保护层最小厚度为10mm；外叶墙厚度为70~120mm时，拉结件埋深最小为55mm，混凝土保护层最小厚度为15mm；⑤脱模造成的拉结件弯曲要及时恢复原状。

4.3.3 保温层选择和设计

1. 保温层材料选择

长期以来，在墙体保温材料市场中，虽然有机类保温材料由于密度低、可加工性好、保温隔热效果好等优点一直牢牢占据着市场主导地位，但其易燃安全性能差、变形系数大、透气性差、耐老化性差、使用寿命较短的缺点也很明显。目前，国内外采用的有机保温材料主要是：燃烧性能等级不低于 B_1 级的挤塑保温板（XPS）和硬泡聚氨酯。酚醛板是现有有机保温板材中吸水率最大的，直接影响了其保温性能，使用量较少。

传统的无机类保温材料虽然防火性能好、使用寿命长，但是密度大、保温隔热效果差、施工烦琐、质量稳定性差的缺点也很突出。如：层状结构的岩棉板，由于吸水率大，随着时间推移导热系数会明显增加，不适合在三明治外墙板中大面积应用，但可以少量用于门窗洞口的防火隔离带部位。近几年在外保温中大量使用的低密度泡沫混凝土材料，不仅导热系数偏大，而且施工中极易破碎，也不适合在三明治外墙板中使用。真空绝热板是近年来开发和研究的一种新型高效绝热保温材料，燃烧性能可达到 A_2 级，导热系数低于 0.008W/（m·K），可大大减小保温层厚度，应用于三明治外墙板系统有利于克服其存在易破坏，造成真空失效的明显缺点，是值得探索推广的新产品。

实际工程应用表明，保温材料存在的问题比较突出，既有材料质量问题，也有标准缺失和个别指标检测不准确问题。①个别项目采用的保温材料达不到 B_1 级有机保温材料要求；②目前检测方法，大多数 B_1 级有机保温材料的燃烧指数指标难以达标；③VIP保温板（真空绝热板）易破损，真空保持困难；④随着节能标准要求的提高，保温层厚度越来越大，安装时分两层布置、拼缝不严、随意开洞、内外叶板拉结件选用不当等应用问题越来越多，缺乏应用标准问题凸显。

三明治外墙板采用的保温材料应综合考虑其保温性能、防火性能和耐久性能三大指标，力争做到和混凝土结构同寿命。常用保温材料性能对比如表4-2所示。

表4-2 常用保温材料性能参考

材料种类	导热系数（25℃）[W/（m·K）]	抗压强度（kPa）	密度（kg/m³）	吸水率（%）	燃烧性能等级
挤塑保温板	≤0.030	≥100	22~35	≤2	不低于B_1级
石墨挤塑保温板	≤0.024	≥100	22~35	≤2	不低于B_1级
硬泡聚氨酯板	≤0.024	≥150	≥32	≤3	不低于B_1级
岩棉板	≤0.040	≥40	≥150	—	A级
真空绝热板	0.010	200	100~160	—	A_2级

2. 保温层厚度设计

保温层厚度设计应重点考虑以下因素：

1) 无论何种保温材料，其导热系数随时间推移而变化，正常情况下会逐步趋于稳定。保温层厚度设计时，不得采用新生产保温材料导热系数检测值。无可靠经验时，可采用表4-2中数值。

2) 蒸汽养护对保温材料导热系数往往产生不利影响，造成保温效果下降。设计人员应关注不同蒸汽养护温度对保温材料体积膨胀率和导热系数的影响。无可靠经验时，应控制蒸汽养护温度低于60℃。

3) 每一种类型的复合保温外墙都要进行保温材料排版，尽量减少板缝冷（热）桥对整体保温的影响。当板缝大于2cm时要用现场发泡聚氨酯进行封闭。

4) 内外叶墙拉结件、金属埋件、保温板上直径过大的拉结件预穿孔以及各种预留孔洞也会造成整体保温效果下降。应尽量减少通孔数量。

5) 保温层设计厚度应考虑保温材料外防护层对保温的不利影响，应适当加厚。

6) 根据北京地区装配式剪力墙体系设计经验，在75%节能条件下，设计要求传热系数不大于$0.45W/(m^2 \cdot K)$的三明治外墙板（内叶墙厚20cm，外叶墙厚6cm），选用的硬泡聚氨酯保温层厚度宜大于6cm，挤塑保温板厚度宜大于8cm。

4.3.4 构件成型质量控制

1. 模具及使用

1) 玻璃钢边模

目前，预制构件生产大多数采用钢模板，由于模板质量大，不仅需要大量人工，且需要行车配合，劳动效率很低，人工成本高。叠合板类构件采用开口钢质边模，不利于网片筋精确定位，往往造成保护层不合格。针对钢质边模缺点，北京燕通公司发明了玻璃钢边模（图4-11），质量只有钢模板的四分之一，大大提高了工作效率，实现了降本增效。叠合板用玻璃钢边模设计为2层，网片筋夹在2层边模之间，并有效固定在模台上，确保了叠合板钢筋保护层合格。墙板用玻璃钢边模也很受操作工人欢迎，但要注意使用过程中防止变形。

图4-11 玻璃钢边模

2) 复杂构件钢模具

外观尺寸：外观尺寸精度直接关系着预制构件的安装和外观效果。模具的底座应牢固，根据预制构件的长度和高度设计模具的固定模式，对大尺寸的构件设计要加装侧面支撑以防止倾倒，并保证长边的平直和尺寸的准确；对较高的构件侧面要加横向工装措施，以保证垂直方向的平整度（图4-12）；对尺寸大、质量重的构件对角方向要加斜拉支撑，以保证整体的尺寸在精度范围内。

边角尺寸：预制构件外观质量主要取决于模具制作精度，尤其是边线平直顺滑程度和角度精确。应根据不同的边、角，设计合适的制作方案，保证尺寸精度、角度准确、截面平滑整齐；直线边宜采用钢板拼接方式，拼接应严密、无错台；圆弧边角可采用整体下料，一次弯折加工而成；外饰面四周多采用倒角效果，在保证脱模质量的同时增加外观美感。

接缝处漏浆处理：包括预制构件的边线和倒角密封。边模在底模上面时，一般用密封胶做好密封，将缝隙封堵；边模在底模侧面时，一定要用顶推丝杠、定位销栓等固定措施固定好，使侧模与底模接合紧密；接合处粘贴泡沫密封条（图4-13），多余部分使用工具切割掉，保证拼缝处不漏浆、直线顺直。对于有倒角的模具，倒角处也要密封，防止漏浆。

图4-12 模具侧面横向工装

图4-13 模具边角密封

2．脱模剂选择

脱模剂选择不好，会造成预制构件表面出现沾模、外观效果不匀、表面气泡、不光滑等缺陷。脱模剂选择要点：①具有易脱模、涂刷方便、成模快、易清洗、对混凝土无有害影响、性能稳定、耐水性和耐候性好等特性；②脱模后构件表面气泡少，有光亮感；③不影响混凝土表面装饰效果，混凝土表面不留浸渍印痕、反黄变色；④不腐蚀钢模、钢筋、混凝土；⑤常温下不挥发，给施工带来足够操作时间；⑥减少界面气泡，使界面混凝土光滑和色泽光亮。

3．预埋件和预留孔洞定位控制

预制构件预埋件和预留孔洞的种类多、数量多、位置精度要求高，是可能造成产品不合格缺陷的最主要环节。生产过程控制要点：①预埋件安装前要检查固定位置是否准确；②内置螺母埋件要预先对丝扣进行防护；③线管要绑扎在钢筋骨架上，预埋件不得倾斜，预埋件下口密封以免水泥浆进入；④操作过程中，严禁脚踩钢筋骨架。

4．混凝土质量控制

原材料方面要重点控制砂子含泥量、石子粒形和级配；叠合板及薄壁构件应选用最大粒径20mm以下的粗骨料；宜选用低收缩早强型聚羧酸系减水剂。配合比设计方面，着重考虑胶凝材料的用量、掺合料的掺量以及砂率等因素对混凝土耐久性、外观质量以及抗裂性能的影响。根据混凝土成型工艺的要求，综合考虑和易性、施工性、外观质量及经济性因素，选择配合比，并经反复试验和试生产验证，最终确定配合比。清水混凝土要注意原材料厂家稳定，保证预制构件外观颜色一致。

除免振捣自密实混凝土外，混凝土坍落度不宜过大，且要具有良好的和易性，混凝土坍落度宜控制在 80~200mm。适当降低混凝土坍落度，既有利于提高混凝土早期强度，减低蒸汽养护成本，也有利于预防过振、离析泌水、浮浆，有利于减少塑性裂缝，提高产品外观质量。

5. 振捣控制

混凝土振捣要点：①无论哪种振捣方式，均不可振捣钢筋和模具。②经过试验确定振捣时间，不得漏振、欠振和过振，否则容易出现气泡、砂线、色差等外观缺陷。③注意振捣的均匀性。④振捣薄板类构件时，振捣棒应平卧使用。⑤生产清水混凝土构件时，振捣应特别注意防止过振和保证均匀性。

6. 养护控制

预制构件养护不仅影响强度，更影响外观质感，还严重影响成本。控制要点：①养护的方式：优先采用自动温控养护系统，尤其是对于清水混凝土预制构件更重要。②蒸养制度：养护温度对预制构件外观质感有较大的影响，如：温度高、拆模早、颜色浅白；反之，颜色深灰。③蒸养管口布置方式：养护时根据构件的尺寸、形状合理布置蒸汽管道。根据经验，应在模板两端各布置一根蒸汽管道；对长度超过 10m 的构件，应在模板中间增设一根蒸汽管道。应避免蒸汽直吹构件，尽量保证蒸汽在构件周围均匀循环。④对于三明治外墙板，蒸汽养护温度对保温材料体积膨胀率、导热系数有一定影响，当蒸养温度过高时，挤塑板、硬泡聚氨酯板等有机类保温材料会发生蒸养爆裂现象（图 4-14），应严格控制最高蒸养温度不超过 60℃。

要重视脱模强度控制与后期养护。一般地，预制构件脱模强度应大于 20MPa，可有效防止板类和薄壁构件开裂现象，提高清水混凝土外观质量。

图 4-14 挤塑板高温蒸养爆裂

7. 质量通病及防治措施

预制构件在生产过程中，总会受各种环境、施工工艺等因素的影响导致混凝土质量问题，而这些问题通常是有规律可循的，也是可以防治的。

1）蜂窝（混凝土表面缺少水泥砂浆而形成石子外露）

（1）防治措施

严格控制混凝土配合比，做到经常检查，计量准确；混凝土拌和均匀，坍落度、和易性符合要求；混凝土下料高度超过2m应设串筒和溜槽。

（2）一般缺陷处理措施

较小蜂窝：洗刷干净后，用1：2或1：2.5水泥砂浆抹平压实；较大蜂窝：凿去蜂窝处薄弱松散颗粒，刷洗干净，支模用高一级细石混凝土仔细填塞捣实；较深蜂窝：如清除困难，可埋压浆管、排气管、表面抹砂浆或灌注混凝土封闭后，进行水泥压浆处理。

2）麻面（混凝土表面粗糙，但无骨料外露）

（1）防治措施

模板表面清理干净，不得沾有干硬水泥砂浆等杂物；浇筑混凝土前，模板应浇水充分湿润，模板缝隙应用油毡纸、腻子等堵严；模板隔离剂应选用长效的，涂刷均匀，不得漏刷；混凝土应分层均匀振捣密实，至排除气泡为止。

（2）处理措施

后续表面粉刷的，可不处理；表面不粉刷的，在麻面部位浇水充分湿润后，用原混凝土配合比去掉石子的砂浆抹平压光。

3）孔洞（混凝土中空穴深度和长度均超过保护层厚度）

（1）预防措施

控制粗骨料最大粒径，在钢筋密集处及复杂部位，应采用细石混凝土进行浇筑。超过500mm高度构件，应分层浇筑。预留孔洞应在其周围均匀布料，严防漏振。砂石中混有黏土块、模板工具等杂物掉入混凝土内，应及时清除干净。

（2）一般缺陷处理措施

将孔洞周围的松散混凝土和软弱浆膜凿除，用压力水冲洗，支设带托盒的模板，洒水充分湿润后用高强度等级细石混凝土仔细浇灌捣实。

4）漏筋（构件内钢筋未被混凝土包裹而外露）

防治措施：

浇筑混凝土前应加强检查，以保证钢筋位置和保护层厚度准确；钢筋密集时应选用适当粒径的石子，且保证混凝土配合比准确和良好的和易性；浇筑高度超过2m，应用串筒和溜槽进行下料，以防止离析；模板应严密，且充分湿润；混凝土振捣严禁撞击钢筋，在钢筋密集处，可采用刀片或振动棒振捣；操作时避免踩踏钢筋，如有踩弯或脱扣等及时调直修整；保护层混凝土要振捣密实；正确掌握脱模时间，防止过早拆模，碰坏棱角。

5）缺棱掉角

（1）防治措施

混凝土浇筑后应认真浇水养护；拆除侧面非承重模板时，混凝土应具有1.2MPa以上强度；吊运模板，防止撞击棱角；运输时，将成品阳角用草袋等保护好，以免碰损。

（2）处理措施

将棱角处松散颗粒凿除，用水冲洗充分湿润后，视破损程度用1：2或1：2.5水泥砂浆抹补齐整，或支模用比原构件高一个强度等级的细石混凝土捣实补平，认真养护。

6) 表面不平整（构件表面凹凸不平）

防治措施：

严格按施工规范操作，浇筑混凝土后，应根据水平控制标志或弹线用抹子找平、压光，终凝后浇水养护；模板应有足够的强度、刚度和稳定性，应支在坚实地基上，有足够的支撑面积，并防止浸水，以防止地面下沉；混凝土强度达到 1.2MPa 以上，方可在已浇筑混凝土的构件上踩踏。

4.3.5 构件吊装和储存

1. 吊装预埋件选择和使用

吊装预埋件是内、外墙板脱模、运输、安装过程中的重要受力部件，直接关系到施工安全和结构质量，目前主要采用内埋式吊钉。

1）内埋式吊钉种类

内埋式吊钉在欧洲等国家使用很普遍，称为圆锥头吊装锚栓体系或球头锚钉体系，由吊装锚栓（吊钉）、拆模器（包括空心填充物和附件）以及吊具三部分组成。用于内、外墙板的常用内埋式吊钉分为直型和偏心型两种（图 4-15），可根据荷载等级进行选定（13～450kN），常用为 25kN 和 50kN 两个型号。在欧洲，内埋式吊钉使用的钢材材质为 20Mn2，最小抗拉强度为 75000psi（517MPa），吊钉拉拔承载力安全系数应大于 3。

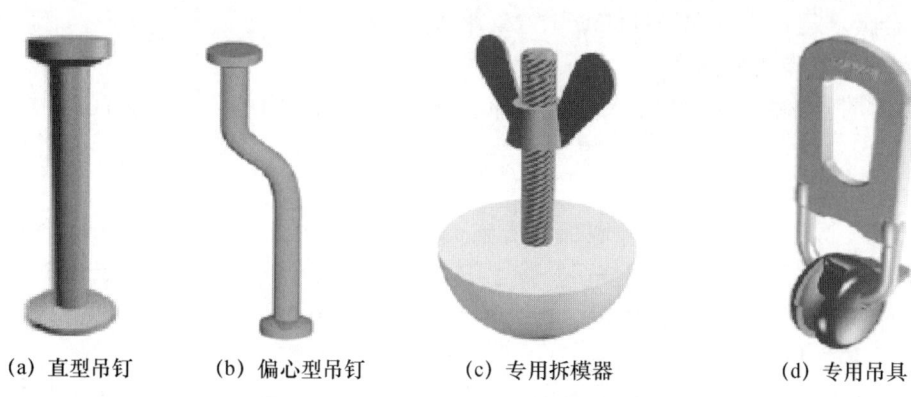

(a) 直型吊钉　　(b) 偏心型吊钉　　(c) 专用拆模器　　(d) 专用吊具

图 4-15　吊钉、专用拆模器和吊具

2）内埋式吊钉选择和使用控制

（1）吊钉选用

直型吊钉主要用于内墙板和质量较小的三明治外墙板，偏心型吊杆用于质量较大的三明治外墙板。同一个工程选用的吊钉种类不宜超过 2 种，以免频繁更换专用吊具，降低吊装效率。

（2）吊钉安装

吊钉埋置深度、距构件边缘距离以及吊钉间距应符合产品说明书的要求。对于较薄的板在吊钉周围应布置加强钢筋，避免吊点处混凝土发生局部破坏。应保证单根吊钉拉拔承载力安全系数大于 3。

（3）吊钉有效数量

要根据吊装时实际受力的吊钉数量进行吊钉设计，不得以实际安装数量进行简单的平均计算。

（4）脱模荷载控制

在设计没有要求的情况下，混凝土脱模强度应在 15MPa 以上。脱模时，钢模板黏附力系数宜取 $1kN/m^2$（或脱模吸附系数不小于 1.5），动力系数宜取为 1.5。起吊之前，应尽可能多地移除模板零件，以便最小化模板黏附力。如果不施加额外作用力无法移除模板，可使用楔来减少黏附力。

（5）吊索扩展角控制

吊运时，应采取措施保证起重设备的主钩位置、吊具及构件重心在竖直方向上重合；吊索与构件水平夹角不宜小于 60°，且不应小于 45°；吊运过程应平稳，不应有偏斜和大幅度摆动。

（6）吊钉、吊具检查

作业前应对吊具、吊索和吊钩等进行检查，完好无损时，再投入使用。

2. 构件吊装专用吊具

1）模数化通用墙板吊装梁

预制构件吊装应根据构件类型准备不同吊具。对于墙板吊装，施工单位通常采用模数化通用吊装梁进行吊装作业（图 4-16、图 4-17）。其优点可根据预制墙板的吊环位置采用合理的起吊点，用卸扣将钢丝绳与外墙板的预留吊环连接；缺点是对于 PCF 板、大规格叠合板、超轻质装饰构件的应用效果不好。

2）PCF 墙板专用吊具

目前，墙板构件的翻转和吊装受力依靠预埋在预制构件内部的吊钉实现，为了保证混凝土的锚固效果，吊钉必须预埋在尺寸和体积较大的混凝土中，如夹芯保温外墙板的内页墙板中（图 4-18）。

对于 PCF 构件，混凝土内叶墙板现浇施工，外叶墙板厚度只有 5～6cm，预埋吊钉的锚固达不到要求。为此，燕通公司开发了 PCF 板专用吊具（图 4-19）。起吊时，将该专用吊具下部杆件穿过 PCF 板外叶墙板上预留的起吊孔，该吊具上部与吊索相连。

3）叠合板专用吊具

叠合板从生产、储存到安装全过程中，脱模工况是最不利环节，其主要原因：一是叠合板脱模时强度较低，一般只有 15～20MPa；二是对于大尺寸的叠合板平板结构，脱模吸附力大；三是多点起吊时，各点受力不均匀。为此，燕通公司开发了叠合板专用吊具，如图 4-20、图 4-21 所示。

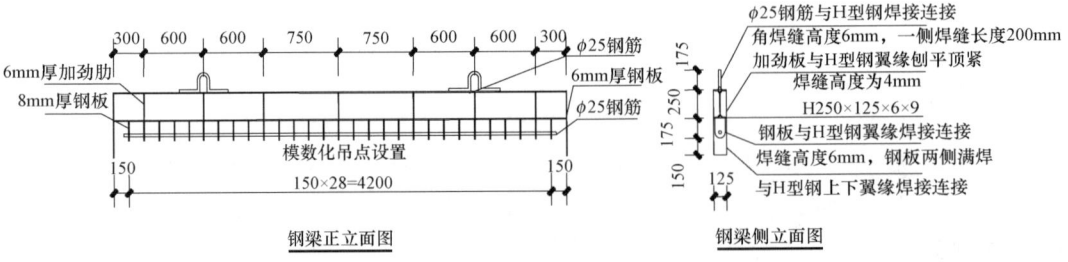

图 4-16 模数化通用吊梁平面及剖面图

第 4 章 预制构件质量控制技术

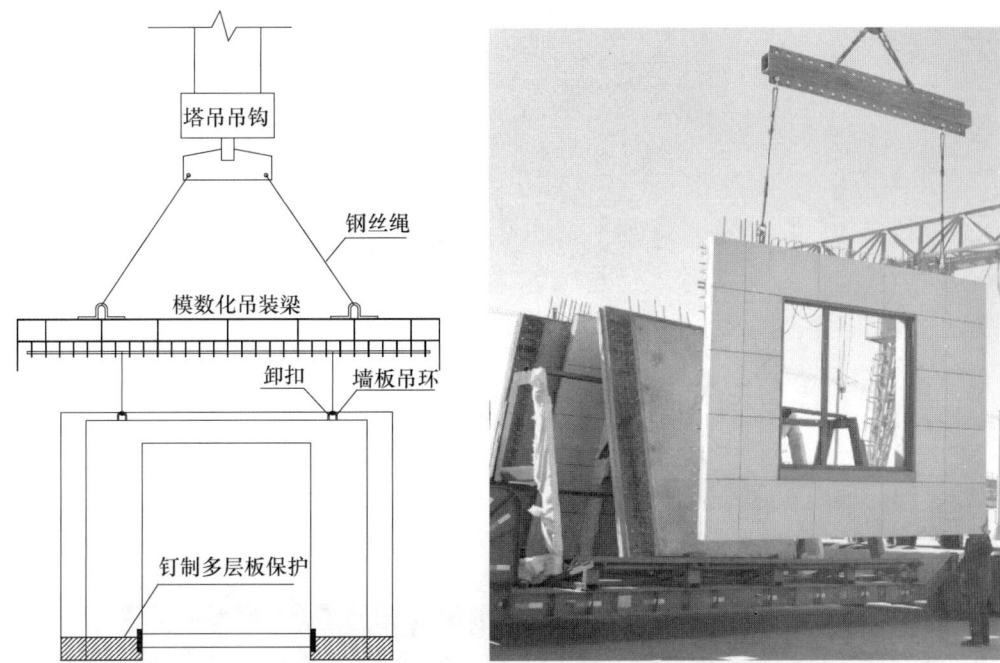

图 4-17 预制墙板模数化通用吊梁吊装示意图

图 4-18 夹芯保温外墙板吊钉预埋位置

图 4-19 PCF 板专用吊具

图 4-20 叠合板专用吊具

图 4-21 叠合板专用吊具使用情况

4) 聚合陶外墙装饰构件专用吊具

北京燕通公司针对百子湾公租房项目外立面装饰需求，与通达豪森公司合作研发了聚合陶外墙装饰构件。该聚合陶装饰构件设计干密度为 $600kg/m^3$，在脱模、吊装、安装过程中操作不当极易造成开裂破坏，研发了一种"吊装、安装一体化预埋件"（图 4-22、图 4-23），构件脱模和吊装时作为吊具使用，构件安装时与"过渡金属件"通过膨胀螺栓固定在 60mm 厚的外叶板上，通过静载试验验证了该预埋件的安全性（图 4-24）。

图 4-22 聚合陶外墙装饰构件专用吊具

图 4-23 聚合陶外墙装饰构件专用吊具实物图
（预埋件和吊梁）

图 4-24 聚合陶外墙装饰构件专用吊具承载力试验

3. 水平构件立体储存

燕通公司自主研发的专利产品"一种用于预制混凝土平板构件存储架",采用层架式立体存储架结构,充分考虑了人工及吊装设备作业对存储设备的通用性、便利性要求,减少了作业浪费,降低了人工作业强度,有助于实现存储标准化作业,提升管理质量;便于水平构件的存储和吊运,极大地节省了存储空间,减少了构件的污损;有效地防止平板构件在存储过程中的偏移与滑落,保障平板构件安全及作业人员的人身安全;存储架的分层设计可以一次性吊装若干块平板构件,增加搬运灵活性,减少倒运次数及构件倒运损坏,且节省人力物力;存储架可实现立体化堆码存储,且构件存储易标识,便于装配式构件的存储管理。该立体存储架可广泛用于预制混凝土平板或其他类似构件的存放、运输及仓储管理领域。立体存储架如图 4-25 所示。

图 4-25 水平构件立体存储架系统

第 5 章 工程应用案例

5.1 总体情况

装配式构件系列研究成果在北京市进行了推广应用,总建筑面积达 500 万 m^2 以上,其中带竖向墙板的项目建筑面积超过 $300m^2$。

主要介绍马驹桥公租房、温泉 C03 公租房、北京副中心周转房、郭公庄一期公租房、平乐园公租房、台湖公租房、百子湾公租房和焦化厂公租房等 8 个项目的 12 个合同标段总建筑面积 212 万 m^2 工程的情况(表 5-1)。

表 5-1 成果应用情况

工程项目名称	建筑面积(万 m^2)	成果应用情况			
		新型饰面	真空绝热板	信息化系统	耐候密封胶
马驹桥公租房项目	21	应用	无	应用	应用
温泉 C03 公租房项目	8.7	应用	应用	应用	无
北京城市副中心职工周转房(北区)项目一标段	14.5	应用	无	应用	无
郭公庄一期公租房项目	21.2	应用	应用	应用	无
北京市朝阳区平乐园公租房项目	15.9	应用	无	应用	无
北京市通州区台湖公租房项目(1 号标、2 号标)	57.5	应用	无	应用	无
北京市朝阳区百子湾保障房项目公租房地块(1 号标、2 号标)	47.3	应用	无	应用	无
北京市朝阳区焦化厂公租房项目(1 号标、2 号标、3 号标)	25.72	应用	应用	应用	无
合计	211.82				

5.2 工程应用案例

5.2.1 案例 1:马驹桥公租房项目

该项目由北京市保障性住房投资中心开发(图 5-1),于 2014 年开工建设,2017 年竣工验收,是目前通州区最大的公租房项目,由 10 栋 16 层主住宅楼及幼儿园、托老所、学校、商业配套等设施组成,总建筑面积达 21 万 m²,预制率达 50%。自 2 层顶板开始进行 PC 构件拼装,预制构件由燕通公司自主深化设计、生产供应,包括楼梯板、叠合板、空调板、阳台板、内墙、复合保温外墙、PCF 墙板、女儿墙等 PC 构件总约 2.3 万 m³。

图 5-1　马驹桥公租房项目

预制三明治外墙板采用了"外叶墙（60mm）＋硬泡聚氨酯保温层（50mm）＋内叶墙（200mm）"三层结构,设计传热系数 0.45（W/m²·K）,清水混凝土外立面。该项目是国内首个装配式剪力墙结构＋装配式装修 V1.0 规模化保障房小区,北京首个全部清水混凝土外立面小区。

首次采用在构件内植入 RFID 芯片技术,进行预制构件存储、出厂、运输、施工全程管理,显著提高了装配式建筑施工效率;采用了课题研究的耐候密封材料,与其他密封胶比较,不仅操作简单、施工周期短、施工效率高,而且对环境无污染,密封、防水性能良好,进而打胶后的墙体接缝平整度质量规整、牢固,无裂纹、变形、脱落等质量弊病产生。

项目获得了"北京市结构长城杯银质奖""北京市建筑（竣工）金质奖""2017 年度中国土木工程詹天佑奖优秀住宅小区金奖""全国优秀示范小区"和住房城乡建设部"2017 年中国人居环境范例奖"等荣誉称号。

5.2.2　案例 2：温泉 C03 公租房项目

北京市海淀区温泉 C03 限价房转公租房项目,由北京市保障性住房投资中心开发（图 5-2）。于 2014 年开工建设,是北京市首个通过验收的全装配式结构工程,预制率达 45%,装配率达 72%。总建筑面积约 8.7 万 m²,由 4 栋 16 层楼组成,1～16 层使用了叠合板、楼梯板、楼梯梁、隔墙板等预制构件,4～16 层使用了内、外墙板预制构件。该项目预制构件由燕通公司自主深化设计和生产供应。

该项目采用装配式剪力墙结构＋装配式装修体系,在国内首次采用课题研发的真空绝热板预制三明治复合外墙板［外叶墙 60mm＋真空绝热板 25mm＋内叶墙 200mm,设计传热系数 0.33（W/m²·K）］,并采用清水混凝土外饰面,充分发挥了装配式建筑外墙低能耗、美观、耐用等优点。同时,通过施工优化,实现了装配式住宅建筑地上施工工期 4d/层的高效施工。

该项目荣获住房城乡建设部"2017 年中国人居环境范例奖"。

图 5-2　温泉 C03 公租房项目

5.2.3　案例 3：北京城市副中心职工周转房（北区）项目

北京市城市副中心职工周转房项目工程位于北京市通州区潞城镇，为北京市重点工程。北区一标段于 2017 年 5 月率先开工建设。项目由北京市保障房建设投资中心开发建设，中国建筑设计院有限公司设计，北京光华建设监理有限公司监理。采用装配整体式混凝土剪力墙结构，共 12 个地块，4 个标段，总建筑面积为 555246（地上）m^2，建筑高度 50.8m，计划投资额 650000 万元。全部采用装配式建筑结构，主体结构预制率约 54%，装配式构件包括外墙板、内墙板、楼梯、阳台板、预制挂板、叠合板，总量 14.5 万 m^3。装配式构件深化设计、生产供应及灌浆施工均由北京市燕通建筑构件有限公司完成。

该项目的结构装饰保温一体化外墙在国内首次采用了瓷板反打和装饰造型清水混凝土饰面（硅胶模混凝土饰面）技术，对构件制作精度、饰面防护和耐久性均提出了很高的要求。瓷板采用米黄色、褐色、浅灰色和深灰色等 4 种色系，装饰造型清水混凝土采用仿砖造型（表 5-2）。项目施工效果如图 5-3～图 5-5 所示。

表 5-2　外墙板应用情况

标段	地块	楼栋数量	构件数量	构件方量（m^3）	供应时间（月）	饰面形式	瓷板色系
一标	3 地块	5	4952	6060.527	11.5	普通清水+瓷板饰面	米黄色/褐色/浅灰色
一标	4 地块	7	7351	8721.953	10.5	普通清水+瓷板饰面	米黄色/褐色/浅灰色
一标	5 地块	6	6643	7992.464	9.5	普通清水+瓷板饰面	米黄色/褐色/浅灰色
二标	12 地块	5	6845	9027.875	12.5	普通清水+瓷板饰面	米黄色/褐色
三标	2 地块	6	6022	7595.299	6.5	普通清水+瓷板饰面	米黄色/褐色/浅灰色/深灰色
三标	8 地块	6	8129	10369.349	8.5	普通清水+瓷板饰面	米黄色/褐色/浅灰色/深灰色
三标	11 地块	2	4176	5121.405	9	普通清水+瓷板饰面	米黄色/褐色/浅灰色/深灰色
四标	1 地块	4	4544	5617.717	10	普通清水+仿砖造型清水	浅灰色/深灰色
四标	9 地块	4	6375	7510.316	6.5	普通清水+仿砖造型清水	浅灰色/深灰色
四标	10 地块	6	9705	11570.214	11.5	普通清水+仿砖造型清水	浅灰色/深灰色
合计		51	64742	79587.119			

图 5-3　瓷板反打饰面建筑

图 5-4　硅胶模混凝土饰面建筑

图 5-5　北京城市副中心职工周转房工程全貌

5.2.4　案例 4：郭公庄一期公租房项目

该项目为国内首个开放街区项目（图 5-6），采用装配式剪力墙结构和集成化内装 2.0 版，清水混凝土外饰面。由 6~21 层住宅楼 20 栋组成，总建筑面积 21.2 万 m^2，地上建筑面积 14.7 万 m^2，共 3002 户。

图 5-6　郭公庄一期公租房项目

该项目特点是外立面复杂，构件品种多，尤其是承重装饰构件多。首层装配全部采用 PCF 板，在北京市尚属首次，施工难度大。装配式构件共 14 类，638 种规格，总计 13550 块，共计 9000 余 m³。在装配式构件生产、运输、安装环节全面采用了北京燕通建筑构件有限公司研发的装配式构件信息管理系统（PCIS）。夹芯保温外墙板设计构造为"钢筋混凝土结构层（200mm）＋真空绝热板保温层（30mm）＋钢筋混凝土饰面保护层（60mm）"，采用 GFRP 拉结件（Thermomass 公司）。

项目荣获住房城乡建设部"2017 年中国人居环境范例奖"。

5.2.5 案例 5：平乐园公租房项目

该项目总建筑面积 15.9 万 m²，2 号、3 号楼地上建筑面积 1.8 万 m²（图 5-7、图 5-8），采用装配式剪力墙结构和集成化内装 2.0 版，外立面为清水混凝土效果，外墙板为带飘窗的三明治保温墙板。项目由北京市建筑设计研究院六所进行施工图设计，燕通公司深化设计，城乡集团总承包。装配式构件包括：带飘窗三明治外墙板、内墙板、阳台板、空调板、叠合板、楼梯、装饰板等，构件总方量 8999m³，数量 10478 块。夹芯保温外墙板设计构造为"钢筋混凝土结构层（200mm）＋硬泡聚氨酯板保温层（80mm）＋钢筋混凝土饰面保护层（60mm）"，采用佩克公司桁架拉结件。

图 5-7 平乐园公租房 2 号楼

图 5-8 平乐园公租房 3 号楼

5.2.6 案例 6：台湖公租房项目

该项目为超大型群体住宅工程，由 B1 地块（图 5-9）及 D1 地块组成，B1 地块由北京城乡建设集团有限责任公司总承包，D1 地块由北京城建集团总承包，位于北京市通州区台湖镇，总建筑面积 57.5 万 m²。32 栋住宅楼全部采用装配式混凝土结构和装配式装修，预制率 54%。住宅楼最高 27 层，高 79.6m。装配式构件总量 7.5m³，全部由北京燕通建筑构件有限公司供应。

夹芯保温外墙板设计构造为"钢筋混凝土结构层（200mm）＋石墨挤塑板保温层（80～90mm）＋钢筋混凝土饰面保护层（60mm）"，拉结件采用不锈钢材质的板式拉结件和针式拉结件组合体系。内、外墙板主筋采用钢筋套筒灌浆连接工艺,这是北京市首次采用滚压全灌浆套筒的装配式住宅项目。

图 5-9　台湖 B1 地块装配式公租房项目

5.2.7　案例 7:朝阳区百子湾公租房项目

该项目位于朝阳区广渠路,由北京市保障房建设投资中心开发建设,北京市建筑设计研究院有限公司深化设计,北京英诺威建设工程管理有限公司监理(施工见图 5-10,完工后见图 5-11)。该项目是一个超大型、外立面特别复杂的群体住宅工程,总建筑面积 47.3 万 m^2,地上建筑面积 30.3 万 m^2,包括 1 号、3 号、5 号~10 号等 8 栋装配式剪力墙结构住宅。其中,1 号、9 号、10 号为一标段,由北京住总第三开发建设有限公司施工总承包。3 号、5 号、6 号、7 号、8 号为二标段,由北京建工集团有限责任公司施工总承包。

项目装配式构件品种复杂,包括三明治保温外墙板、内墙板、楼梯、楼梯隔板、阳台板、空调板、预制挂板、女儿墙、叠合板和连梁等 10 类,构件总体积 4.5 万 m^3,全部由北京燕通建筑构件有限公司供应。

图 5-10　百子湾公租房项目施工中

图 5-11 百子湾公租房项目完工效果

5.2.8 案例 8：焦化厂公租房项目

该工程项目位于北京市朝阳区垡头地区焦化厂，项目用地南至化工路，西至焦化厂棚户区改造房项目，北至焦化厂二街，冬至规划焦化厂东五路。工程由北京燕枫工程项目管理有限责任公司开发，北京建筑设计研究院有限公司设计，中国城乡建设集团有限责任公司施工，北京市燕通建筑构件有限公司供应构配件。

焦化厂公租房项目共 3 栋公租房，包括 17 号、21 号、22 号楼，全部按照超低能耗标准进行设计和施工，为首批获得北京市超低能耗奖励的 9 个项目之一。其中 17 号楼采用装配式剪力墙结构，21 号、22 号楼采用现浇剪力墙结构。17 号楼总建筑面积 9114m²，地上 7307m²，建筑高度 54m。地下 5 层，地上 19 层，地上 4 层及以上采用装配式剪力墙结构，地上转换层及以下为现浇混凝土剪力墙结构。

该项目外墙板采用"钢筋混凝土结构层 200mm＋硬泡聚氨酯板 30mm＋真空绝热板保温层 30mm＋硬泡聚氨酯板 30mm＋钢筋混凝土饰面保护层 60mm"，传热系数达 0.17W/(m²·K)，采用 GFRP 拉结件（Thermomass 公司）。项目施工情况如图 5-12 所示。

图 5-12 焦化厂公租房项目

参 考 文 献

[1] Bennenk W. SCC is an excellent concrete for precast industry [C]. In: Proceedings 1st of international symposium on design, proformance and use of self-consolidating concrete. China, 2005: 581-588.
[2] 薛洲海, 叶燕华, 孙锐. 双板预制混凝土剪力墙中的自密实混凝土模板侧向压力 [J]. 南京工业大学学报（自然科学版）, 2014, 3: 106-110.
[3] 李书进, 王宁宁, 周明凯. 自密实混凝土预制生态护坡构件的试验研究 [J]. 混凝土, 2015, 11: 114-117.
[4] 高建鹏. 自密实混凝土在 PC 构件中的应用 [J]. 江西建材, 2017, 2: 14-15.
[5] 吴玉杰, 姜国庆. 实用型自密实高性能混凝土配制技术 [J]. 混凝土与水泥制品, 2000, 5: 49-50.
[6] 杨玉启. 免蒸养混凝土配制技术的研究 [D]. 北京: 北京工业大学, 2008.
[7] 郭永智, 李培彦, 李秋义. 微米级超细矿渣粉与硅灰性能对比研究 [J]. 混凝土, 2008, 10: 67-69.
[8] 赵松蔚. 预制混凝土早强免蒸养外加剂试验研究 [D]. 济南: 山东建筑大学, 2017.
[9] 刘振华. 预制混凝土早期强度试验 [D]. 济南: 山东建筑大学, 2015.
[10] 郑立霞, 曹源, 李卓球, 等. 早强混凝土脱模强度的试验研究 [J]. 武汉大学学报, 2012, 2: 81-83.
[11] 张勇, 吴永杰, 杨玉启, 等. 绿色低能耗混凝土在预制构件中的应用 [J]. 混凝土世界, 2016, 10: 76-79.
[12] 徐佳琦. 早强免蒸养混凝土试验研究 [D]. 济南: 山东建筑大学, 2017.
[13] 张惠敏. 预制建筑制品自密实混凝土制备方法 [D]. 南京: 东南大学, 2016.
[14] 李伟, 王高明, 江芸, 等. 硅酸盐-硫铝酸盐复合水泥体系物理性能及水化机理研究 [J]. 材料导报, 2014, 11: 407-409.
[15] 兰明章, 王晓英, 王剑锋, 等. 硫铝酸盐基促强减缩剂与硫铝酸盐水泥对比分析 [J]. 硅酸盐通报, 2017, 6: 2054-2058.
[16] 尹衍梁, 詹耀裕, 赖宜政. 预制混凝土构件外饰面工艺应用 [J]. 混凝土世界, 2012, 35 (5): 53-57.
[17] 蒋勤俭, 刘昊, 黄清杰. 面砖饰面混凝土外墙板生产工艺关键技术研究 [J]. 混凝土世界, 2017, 97 (5): 56-64.
[18] 徐松. 浅析石材饰面保温装饰板 [J]. 中国住宅产业设施, 2014, 6: 20-26.
[19] 陈志惠. 一种石材饰面保温装饰三明治板应用技术研究 [J]. 墙材革新与建筑节能, 2016, 9: 61-63.
[20] 张心亚, 黄洪, 阎虹, 等. 高耐候、耐污外墙乳胶涂料的配方设计 [J]. 江苏大学学报（自然科学版）, 2009, 30 (2): 183-187.
[21] 曾玉燕, 方军, 陈剑华, 等. 高耐候性纳米三明治外墙涂料 [J]. 涂料工业, 2003, 33 (10):

1-4.
[22] 金贞玉,邹国华. 聚乙烯醇-硅溶胶基水性外墙涂料 [J]. 电镀与涂装, 2013, 32 (3): 66-70.
[23] 酒新英. 有机硅改性丙烯酸高耐候性外墙涂料 [J]. 中国涂料, 2006, 24 (5): 36-37.
[24] 陈明毅, 张熠, 陈树云, 等. 高性能硅丙外墙涂料的研究 [J]. 上海涂料, 2009, 47 (1): 7-9.
[25] 赵斌, 潘志华, 徐赛赛, 等. 外墙涂料的研究现状与展望 [J]. 化工新型材料, 2018, 46 (6): 257-260.
[26] 敖琳. 亚洲清水混凝土建筑中的艺术表现研究 [D]. 开封: 河南大学, 2017.
[27] 侯明华, 王旭峰, 蒋金生. 清水混凝土工程技术的发展研究 [J]. 化工新型材料, 2005, 34 (3): 12-14.
[28] 王建君. 高性能自密实清水混凝土的研究及应用 [D]. 杭州: 浙江工业大学, 2012.
[29] 常双九. 预制彩色混凝土饰面处理技术应用研究 [J]. 混凝土世界, 2013, 47 (5): 46-51.
[30] 陈建莲, 李中华. 丙烯酸树脂改性的研究进展 [J]. 现代涂料与涂装, 2009, 14 (3): 28-32.
[31] 袁绍煅, 刘洪珠, 张英. 氟碳聚合物涂料的高性能及其应用 [J]. 现代涂料与涂装, 2000, 5 (4): 7-9.
[32] 刘荣, 高文元. 新型建筑保温隔热材料的研究及应用进展 [J]. 中国陶瓷工业, 2013, 20 (5): 25-28.
[33] 王勇, 崔正, 董明哲, 等. 聚苯乙烯泡沫塑料阻燃技术研究进展 [J]. 中国塑料, 2011, 25 (9): 6-10.
[34] F. J. 迪茨恩, G. 格拉克, G. 赫曼, 等. 阻燃性聚苯乙烯泡沫材料: 中国, 99814260.3 [P]. 2002.
[35] 陈勇军, 李斌, 刘岚, 等. 阻燃型硬质聚氨酯泡沫塑料研究进展 [J]. 塑料科技, 2012, 40 (3): 103.
[36] 崔锦峰, 刘永亮, 郭军红, 等. 阻燃聚氨酯硬泡的研究现状及发展趋势 [J]. 中国建材科技, 2012, 21 (1): 68.
[37] 王金平, 陈景辉. 阻燃聚氨酯硬泡在建筑领域中的应用 [J]. 消防技术与产品信息, 2011 (3): 57.
[38] Tarakcilar A R. The effects of intumescent flame retardant inclu-ding ammonium polyphosphate/pentaerythritol and fly ash fillers onthe physicomechanical properties of rigid polyurethane foams [J]. Journal of Applied Polymer Science, 2011.
[39] Thirumal M, Singha N K, Khastgir D., et al. Halogen-free flame-retardant rigid polyurethane foams: effect of alumina trihydrate and triphenylphosphate on the properties of polyurethane foams [J]. Journal of Applied Polymer Science, 2010.
[40] Xu Z B, Kong W W, Zhou M X, et al. Effect of surface modification of montmorillonite on the properties of rigidpolyurethane foam composites [J]. Chinese Journal of Polymer Science, 2010.
[41] 李茹, 张军. 聚氨酯/蒙脱土三明治阻燃硬质泡沫材料的研究 [J]. 中国塑料, 2005, 19 (8): 21-26.
[42] 石晓. 酚醛泡沫塑料的共混改性研究 [J]. 材料开发与应用, 2000, 15 (6): 11-13.
[43] 黄剑清, 潘安健. 聚氨酯预聚体增韧酚醛泡沫的研究 [J]. 玻璃钢/三明治材料, 2011, (6): 37-39.
[44] 宋长友, 黄振利, 陈丹林, 等. 岩棉外墙外保温系统技术研究与应用 [J]. 建筑科学, 2008, 24 (2): 84.
[45] 李振菠, 赵艳霞. 玻璃棉及其制品的应用 [J]. 保温隔热材料与节能技术, 2017, 1: 15-17.
[46] 王旭, 袁守谦, 李海潮. 矿渣棉生产发展现状的综素 [J]. 中国冶金, 2014, 24 (8): 18-21.

[47] 李杰，张玉柱，刘卫星，等. 高炉渣调质作为矿渣纤维原料 [J]. 环境工程学报，2013，7 (12)：4971-4977.

[48] 闫振甲. 泡沫混凝土发展状况与发展趋势 [J]. 墙材革新与建筑节能，2016，6：19-23.

[49] 徐文，刘兴亚，朱清华. 外墙外保温用化学发泡泡沫混凝土板的试验研究 [J]. 混凝土，2012，3：131-134.

[50] 张宪圆. 硅钙膨胀珍珠岩保温板的开发及性能研究 [D]. 广州：华南理工大学，2011.

[51] 徐长伟，马世方，陈勇，等. 膨胀珍珠岩保温砂浆防水性研究 [J]. 混凝土，2015，311 (9)：110-113.

[52] 胡素芳，陈代章. 新型膨胀珍珠岩保温材料的研究 [J]. 中国非金属矿工业导刊，2000，13 (1)：17-18.

[53] 李文丹，陈建华，陆洪彬，等. 二氧化钛包覆空心玻璃微珠隔热涂料 [J]. 涂料工业，2008，3：33-36.

[54] 张都. 膨胀玻化微珠保温板性能优化及应用研究 [D]. 北京：北方工业大学，2017.

[55] CHEN Z, XU T. Ultrafine fiberglass core material for vacuum insulation panels produced by centrifugal-spinneret-blow process [C] //12th International Vacuum Insulation Symposium. Xi'an：Northwestern Polytechnical University Press，2015：63-67.

[56] WANG Z, ZHANG Q, GUO R. Low thermal conductivity of high-silica glass fiber felt by nano-modification [C] //12th International Vacuum Insulation Symposium. Xi'an：Northwestern Polytechnical University Press，2015：49-51.

[57] 翟传伟，李壮贤. 用于真空绝热板的高阻隔三明治膜及其制造方法：WO2013107100A1 [P]. 2013.

[58] WANG L, CHEN Z, CAO Y. Research on the barrier development of vacuum insulation panels using thermoplastic polyurethane material：With features of good wear and puncture resistance [C] //12th International Vacuum Insulation Symposium. Xi'an：Northwestern Polytechnical University Press，2015：104.

[59] DI X, CHEN Z, LIN X, et al. Investigation of non-evaporable Barium matrix composite getter for VIPs [C] //12th International Vacuum Insulation Symposium. Xi'an：Northwestern Polytechnical University Press，2015：67-72.

[60] AI X, ZHONG X. The technology and application of the free activation combinations-getters in VIP [C] //12th International Vacuum Insulation Symposium. Xi'an：Northwestern Polytechnical University Press，2015：74-80.

[61] 胡检君，苏振国，杨金龙. 建筑外墙外保温隔热材料的研究与应用 [J]. 材料导报，2012，26：290-294.